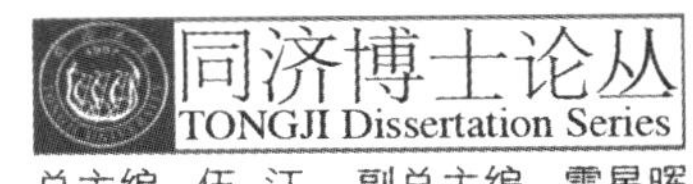

总主编 伍 江 副总主编 雷星晖

张常光 张庆贺 著

统一强度理论在非饱和土及隧道收敛约束法中的应用研究

Application of Unified Strength Theory in Unsaturated Soils and the Convergence-Confinement Method

内 容 提 要

强度理论包括材料强度理论和结构强度理论，结构强度理论及应用研究具有重要的理论意义和实用价值。本书在连续介质理论和工程应用的框架下，以统一强度理论为基础，对非饱和土强度理论及工程应用和隧道收敛约束法的应用改进进行了系统的研究，所得结论对岩土工程和隧道工程的结构设计具有重要的指导意义。

图书在版编目(CIP)数据

统一强度理论在非饱和土及隧道收敛约束法中的应用研究/张常光，张庆贺著. —上海：同济大学出版社，2017.8
(同济博士论丛/伍江总主编)
ISBN 978-7-5608-6982-7

Ⅰ.①统… Ⅱ.①张…②张… Ⅲ.①强度理论—应用—非饱和—混凝土强度—研究②强度理论—应用—隧道工程—研究 Ⅳ.①TU528.07②U45

中国版本图书馆 CIP 数据核字(2017)第 091051 号

统一强度理论在非饱和土及隧道收敛约束法中的应用研究

张常光 张庆贺 著

出 品 人 华春荣 责任编辑 陆克丽霞 卢元姗
责任校对 徐春莲 封面设计 陈益平

出版发行 同济大学出版社 www.tongjipress.com.cn
(地址：上海市四平路 1239 号 邮编：200092 电话：021-65985622)
经 销 全国各地新华书店
排版制作 南京展望文化发展有限公司
印 刷 浙江广育爱多印务有限公司
开 本 787 mm×1092 mm 1/16
印 张 13.5
字 数 270 000
版 次 2017 年 8 月第 1 版 2017 年 8 月第 1 次印刷
书 号 ISBN 978-7-5608-6982-7

定 价 64.00 元

“同济博士论丛”编写领导小组

组　　　长：杨贤金　钟志华

副　组　长：伍　江　江　波

成　　　员：方守恩　蔡达峰　马锦明　姜富明　吴志强
徐建平　吕培明　顾祥林　雷星晖

办公室成员：李　兰　华春荣　段存广　姚建中

“同济博士论丛”编辑委员会

袁万城　莫天伟　夏四清　顾　明　顾祥林　钱梦騄
徐　政　徐　鉴　徐立鸿　徐亚伟　凌建明　高乃云
郭忠印　唐子来　闾耀保　黄一如　黄宏伟　黄茂松
戚正武　彭正龙　葛耀君　董德存　蒋昌俊　韩传峰
童小华　曾国荪　楼梦麟　路秉杰　蔡永洁　蔡克峰
薛　雷　霍佳震

秘书组成员： 谢永生　赵泽毓　熊磊丽　胡晗欣　卢元姗　蒋卓文

总 序

在同济大学110周年华诞之际，喜闻“同济博士论丛”将正式出版发行，倍感欣慰。记得在100周年校庆时，我曾以《百年同济，大学对社会的承诺》为题作了演讲，如今看到付梓的“同济博士论丛”，我想这就是大学对社会承诺的一种体现。这110部学术著作不仅包含了同济大学近10年100多位优秀博士研究生的学术科研成果，也展现了同济大学围绕国家战略开展学科建设、发展自我特色，向建设世界一流大学的目标迈出的坚实步伐。

坐落于东海之滨的同济大学，历经110年历史风云，承古续今、汇聚东西，秉持“与祖国同行、以科教济世”的理念，发扬自强不息、追求卓越的精神，在复兴中华的征程中同舟共济、砥砺前行，谱写了一幅幅辉煌壮美的篇章。创校至今，同济大学培养了数十万工作在祖国各条战线上的人才，包括人们常提到的贝时璋、李国豪、裘法祖、吴孟超等一批著名教授。正是这些专家学者培养了一代又一代的博士研究生，薪火相传，将同济大学的科学研究和学科建设一步步推向高峰。

大学有其社会责任，她的社会责任就是融入国家的创新体系之中，成为国家创新战略的实践者。党的十八大以来，以习近平同志为核心的党中央高度重视科技创新，对实施创新驱动发展战略作出一系列重大决策部署。党的十八届五中全会把创新发展作为五大发展理念之首，强调创新是引领发展的第一动力，要求充分发挥科技创新在全面创新中的引领作用。要把创新驱动发展作为国家的优先战略，以科技创新为核心带动全面创新，以体制机制改革激发创新活力，以高效率的创新体系支撑高水平的创新型国家建设。作为人才培养和科技创新的重要平台，大学是国家创新体系的重要组成部分。同济大学理当围绕国家战略目标的实现，作出更大的贡献。

大学的根本任务是培养人才，同济大学走出了一条特色鲜明的道路。无论是本科教育、研究生教育，还是这些年摸索总结出的导师制、人才培养特区，“卓越人才培养”的做法取得了很好的成绩。聚焦创新驱动转型发展战略，同济大学推进科研管理体系改革和重大科研基地平台建设。以贯穿人才培养全过程的一流创新创业教育助力创新驱动发展战略，实现创新创业教育的全覆盖，培养具有一流创新力、组织力和行动力的卓越人才。“同济博士论丛”的出版不仅是对同济大学人才培养成果的集中展示，更将进一步推动同济大学围绕国家战略开展学科建设、发展自我特色、明确大学定位、培养创新人才。

面对新形势、新任务、新挑战，我们必须增强忧患意识，扎根中国大地，朝着建设世界一流大学的目标，深化改革，勠力前行！

万　钢

2017 年 5 月

论丛前言

承古续今，汇聚东西，百年同济秉持“与祖国同行、以科教济世”的理念，注重人才培养、科学研究、社会服务、文化传承创新和国际合作交流，自强不息，追求卓越。特别是近20年来，同济大学坚持把论文写在祖国的大地上，各学科都培养了一大批博士优秀人才，发表了数以千计的学术研究论文。这些论文不但反映了同济大学培养人才能力和学术研究的水平，而且也促进了学科的发展和国家的建设。多年来，我一直希望能有机会将我们同济大学的优秀博士论文集中整理，分类出版，让更多的读者获得分享。值此同济大学110周年校庆之际，在学校的支持下，“同济博士论丛”得以顺利出版。

“同济博士论丛”的出版组织工作启动于2016年9月，计划在同济大学110周年校庆之际出版110部同济大学的优秀博士论文。我们在数千篇博士论文中，聚焦于2005—2016年十多年间的优秀博士学位论文430余篇，经各院系征询，导师和博士积极响应并同意，遴选出近170篇，涵盖了同济的大部分学科：土木工程、城乡规划学(含建筑、风景园林)、海洋科学、交通运输工程、车辆工程、环境科学与工程、数学、材料工程、测绘科学与工程、机械工程、计算机科学与技术、医学、工程管理、哲学等。作为“同济博士论丛”出版工程的开端，在校庆之际首批集中出版110余部，其余也将陆续出版。

博士学位论文是反映博士研究生培养质量的重要方面。同济大学一直将立德树人作为根本任务，把培养高素质人才摆在首位，认真探索全面提高博士研究生质量的有效途径和机制。因此，“同济博士论丛”的出版集中展示同济大学博士研究生培养与科研成果，体现对同济大学学术文化的传承。

“同济博士论丛”作为重要的科研文献资源，系统、全面、具体地反映了同济大学各学科专业前沿领域的科研成果和发展状况。它的出版是扩大传播同济科研成果和学术影响力的重要途径。博士论文的研究对象中不少是“国家自然科学基金”等科研基金资助的项目，具有明确的创新性和学术性，具有极高的学术价值，对我国的经济、文化、社会发展具有一定的理论和实践指导意义。

“同济博士论丛”的出版，将会调动同济广大科研人员的积极性，促进多学科学术交流、加速人才的发掘和人才的成长，有助于提高同济在国内外的竞争力，为实现同济大学扎根中国大地，建设世界一流大学的目标愿景做好基础性工作。

虽然同济已经发展成为一所特色鲜明、具有国际影响力的综合性、研究型大学，但与世界一流大学之间仍然存在着一定差距。“同济博士论丛”所反映的学术水平需要不断提高，同时在很短的时间内编辑出版 110 余部著作，必然存在一些不足之处，恳请广大学者，特别是有关专家提出批评，为提高同济人才培养质量和同济的学科建设提供宝贵意见。

最后感谢研究生院、出版社以及各院系的协作与支持。希望“同济博士论丛”能持续出版，并借助新媒体以电子书、知识库等多种方式呈现，以期成为展现同济学术成果、服务社会的一个可持续的出版品牌。为继续扎根中国大地，培育卓越英才，建设世界一流大学服务。

伍　江

2017 年 5 月

前　言

强度理论包括材料强度理论和结构强度理论，结构强度理论及应用研究具有重要的理论意义和实用价值。一个合理又恰当的强度理论，不仅可以提高工程的质量和耐久性，而且还能带来巨大的经济效益和社会效益。结构的强度理论效应有时比计算方法改进的影响还大得多，但现有的结构强度理论解析研究进展缓慢，只采用了一两个零散的单一准则，有的甚至是不合理的，并且不能在理论上给出总的变化规律。统一强度理论包括了现有的各种主要强度理论，它可以适合于各类不同特性的工程材料，同时，统一强度理论覆盖了外凸极限面的所有区域，可以给出一系列有序的理论解答，为结构强度理论效应的研究提供了一个有效的手段和理论基础。统一强度理论在非饱和土强度方面的应用还是空白，同时，在隧道收敛约束法中的应用也仅仅是一个开始，缺乏深入的系统研究。本书在连续介质理论和工程应用的框架下，以统一强度理论为基础，对非饱和土强度理论及工程应用和隧道收敛约束法的应用改进进行了系统的研究，所得结论对岩土工程和隧道工程的结构设计具有重要的指导意义。主要研究内容与成果如下：

(1) 将非饱和土抗剪强度公式分为4类，分析当前抗剪强度公式的特点及研究不足，指出吸附强度表达式的不同导致了抗剪强度公式的多样性，并总结当前非饱和土真三轴试验的研究现状以及完整真三轴试验的研究内容。

(2) 利用双剪应力概念建立了复杂应力状态的非饱和土统一强度理论，它包括饱和土的统一强度理论和非饱和土的Mohr－Coulomb强度准则，而且还包括很多其他新的强度准则。其极限线覆盖了从内边界的 Mohr - Coulomb 强度准则到外边界的双剪应力强度理论之间的所有区域，可适用于各种不同特性的非饱和土。利用刚性和柔性真三轴仪的试验结果进行了试验验证，同时指出外接圆 Drucker - Prager 准则不能反映非饱和土的真实强度特性，非饱和土统一强度理论可以线性逼近拓展的非线性 SMP 准则。

(3) 拟合了高基质吸力的一个抗剪强度参数，结合非饱和土平面应变抗剪强度统一解，推导了非饱和土主动及被动土压力、地基极限承载力和临界荷载的解析解。所得解析解具有广泛的理论意义，基于 Mohr - Coulomb 强度准则的结果是解析解中参数 $b=0$ 时的特例，参数 b 取其他值可得到一系列新的解答；当基质吸力为零时，得到饱和土对应解；土体侧压力系数 $k_0=1$ 时，得到自重应力场如同静水压力时的地基临界荷载。经与主动土压力及地基极限承载力的试验结果比较，验证了对应解析解的正确性，并探讨了中间主应力、高低基质吸力及分布和侧压力系数的影响特性。

(4) 所得深埋圆形岩石隧道弹-脆-塑性应力和位移的解析新解是真正意义上的理论解析解，综合反映了中间主应力、围岩脆性软化、剪胀特性、塑性区半径相关的弹性模量和不同弹性应变定义等影响，是一系列有序有规律解的集合，能退化为众多已有解答，而且还包含很多其他新的解答，具有广泛的适用性和很好的可比性。经与统一弹-塑性有限元结果以及广义 Hoek - Brown 经验强度准则半解析解的比较，进一步验证了解析新解的正确性。

(5) 通过与其他位移释放系数、支护力系数、弹性数值模拟结果以及工程实测数据等比较，充分说明了 Vlachopoulos 和 Diederichs(2009) 以围岩塑性区最大半径 $R_{\max}$ 为基础的位移释放系数的正确性和广泛适用性，并得出：以 Panet(1995) 为代表的弹性位移释放系数低估了支护压力，以 Hoek(1999) 为代表的塑性位移释放系数仅适用于相对半径 $R_{\max}/r_{\mathrm{i}}=2$ 的隧道围岩；由支护力系数得到的支护压力偏小，围岩稳定变形偏大。

(6) 结合代表性硬岩和软岩两种岩体，对比分析各影响因素以及因空间效应差异、不同支护起始位置方法等所造成的收敛约束不同，得出：隧道结构的强度理论效应显著，相应的支护可以减弱或改用轻型支护；理想弹-塑性模型或不考虑围岩剪胀特性低估了隧道塑性区范围和变形，设计偏危险；半径相关的围岩塑性区弹性模量得到的围岩位移和特征曲线处于上、下限之间，能体现隧道开挖卸载受扰程度的距离渐进变化；塑性区弹性应变应优先选用更合理和准确的第三定义，各因素之间存在相互影响；不宜将依据距开挖面较远处得到的支护压力而设计的支护结构随意前移，应依据围岩特性，合理地适时进行支护。

目 录

第1章 绪论

1.1 课题背景和研究意义

强度理论是研究材料在复杂应力下屈服和破坏的规律，它包括屈服准则、破坏准则、多轴疲劳准则、多轴蠕变条件，以及计算力学和计算程序中的材料模型等[1]。合理的材料强度是保证相应工程结构的使用安全和充分节约材料的一个基本条件，一个合理又恰当的强度理论，不仅可以提高工程的质量和耐久性，而且还能带来巨大的经济效益和社会效益。由于大多数工程结构材料和自然界的岩石、土体等材料，都处于复杂应力作用下，因此强度理论研究具有重要的理论意义和应用价值。

强度理论包括材料强度理论和结构强度理论[2]，材料强度理论研究的是各种材料的强度随复杂应力状态改变而变化的规律，并建立相应的计算准则（屈服准则、破坏准则等）。结构强度理论研究的是结构在荷载增加或减小的过程中，从弹性到塑性直到破坏的过程，以及结构在荷载作用下的强度和承载能力。从数学上讲，材料强度理论是一个六维应力空间问题，即使对于各向同性材料，也是一个三维主应力空间问题。结构强度理论则研究的是场（平面和空间）的问题，包括弹塑性应力场、应变场、滑移线场（平面应变）、特征线场（平面应力和空间轴对称）、板壳等结构的极限分析以及结构弹性区、损伤区、塑性区、破裂区等。结构强度理论研究与材料强度理论研究是紧密关联的，结构强度理论的研究也需要对材料强度理论的选用进行研究，将二者的研究相结合在理论上和工程实践中都有重要的意义。针对岩土材料及岩土工程，强度理论研究则包括岩土材料强度理论和岩土结构强度理论[3]，二者是紧密相关的，应建立二者相结合的研究方法。如孙钧将材料流变理论和结构流变理论相结合[4]，沈珠江将土力学理论与土体结构理论相结合[5]，俞茂宏将材料强度理论与结构强度理论相结合[6]，均形成了系统的研究成果。

近年来，随着国民经济的持续稳定增长，极大地带动了资源的开采和能源的开发及储存，交通体系的完善和城镇的都市化进程，以及土木水利等基础建设领域的大繁荣。在规划、勘察、设计和施工中，遇到了各式各样的复杂地质条件，给各方面均提出了更高的要求，地表非饱和土工程和深埋地下工程是其代表性工程之一。

非饱和土分布十分广泛，与工程实践密切联系的地表土几乎全都是非饱和土[7]。干旱与半干旱地区由于蒸发量大于降水量，这些地区的表层土是严格意义上的非饱和土；路基、土坝等的压实填土和基坑开挖后的回填土也都处于非饱和状态。广义的土是指非饱和土，饱和土是非饱和土的特例，但非饱和土与饱和土在工程性质上存在很大差别，如膨胀土、残积土、湿陷性土和压实土等非饱和土[8]，特别是膨胀土和湿陷性土，含水量或饱和度的变化常使这两种土的工程性质发生巨大变化，导致非饱和土边坡滑移失稳，或使地表隆起或沉降，并给其上的建筑物和构筑物的安全带来威胁，每年造成的经济损失不亚于水灾、台风、地震等[9]。

非饱和土的理论研究虽取得了一定进展，但远没有饱和土土力学理论成熟。在实际工程中，常将非饱和土看成是饱和土，用传统饱和土的理论来计算强度和变形，这显然忽视了非饱和土的力学特性。如在非饱和黏土地层中，用现有的常规试验方法（不能量测吸力）所得到的粘聚力实际包含有真粘聚力和吸附强度两种不同性质的组成部分，其中真粘聚力的数值很小，而吸附强度的数值虽大却是不稳定的，随着土层含水量的变化而改变。如果设计者不加分辨地将这种不稳定的吸附强度误认作是稳定的粘聚力来设计，就可能招致工程事故和失败[10-11]。因此，必须对非饱和土的真实强度特性进行深入研究，才可能进一步提高设计工作的精度，并有助于实际有效工程措施的制定和实施。另外，非饱和土的研究应尽量与现有的饱和土土力学的原理、方法和成果联系起来[12]，建立既反映了非饱和土的主要特性，同时在形式上也比较简便的实用分析和计算方法，并逐渐在工程中推广应用。

资源的开采和能源的开发和储存都在向深部发展[13]，一批大型水电工程正在兴建，还有一些大型地下洞室正在规划和设计当中，深部岩体中埋设放射性核废物也已列入国家的发展规划。如我国的铜陵狮子山铜矿开采深度为 1 100 m，开滦赵各庄矿开采深度为 1 159 m，雅砻江锦屏二级水电站最大埋深达2 525 m，青藏铁路隧道、南水北调西线工程许多洞段的埋深都超 1 000 m，拟建的高放核废料处置库埋深达 700 m 等。随着地下工程埋深的不断增加，地质条件变得更为恶劣和复杂，可概括为“三高一扰动”，即高地应力、高地温、高岩溶水压，再加上开挖扰动，使得深部工程围岩的地质力学环境较浅部发生了很大变化，表现出其特有的力学特征。收敛约束法在上述深埋地下工程施工中得到了广泛的应用，与经验类比等设计方法不同[14]，该方法将支护结构和围岩视为一个受力整体，隧道支护设计需要考虑的问题已不仅局限于支护结构本身的强度和稳定性，而是将注意力更多地投向围岩，以充分发挥围岩的自承载能力。但在采用收敛约束法施工时，也遇到了很多问题，如高地应力下岩石强度准则的选取、围岩屈服范围及变形控制、开挖扰动的描述和评估、开挖面的空间效应、支护时机和支护设计等。总之，面对高地应力作用下的深埋岩石隧道工程，采用何种强度准则描述三向不等高地应力下的岩石强度，开挖扰动的合理评价，以及更好地完善改进收敛约束方法的各特征曲线，都成了颇具挑战性的课题。

尽管岩土体一般情况下应被视为非连续介质，但在一定条件下仍满足连续介质力学的基本假定。连续性模型是功能模型，而不是实际的物理模型，这种情况在岩体中更为突出[15]。人们已经发现，连续介质力学的弹性或弹塑性理论分析对于趋势的预测研究具有不可估量的价值，而且有些情况完全可以采用这种分析来预测岩体的力学行为或求解岩体的极限荷载。

材料的屈服准则或强度准则对结构的强度分析有较大的影响，即结构的强度理论效应，有时其比计算方法的改进影响还大得多[16]，如果计算方法的差别引起的误差为 10%，则采用不同的强度理论计算的结果可能相差 30%之多。结构强度理论的研究需要考虑其对应材料强度理论的选用，现有结构强度理论效应的研究只采用了一两个零散的单一准则，有的甚至是不合理的，不能在理论上给出总的变化规律[3]。统一强度理论[6]包括了现有的各种主要强度理论，它可以适合于各类不同特性的材料，同时统一强度理论覆盖了外凸极限面的所有区域，可以给出一系列有序的理论解答，为结构强度理论效应的研究提供了一个有力的手段和理论基础。本书在连续介质理论和工程应用的框架下，以统一强度理论为基础，将非饱和土强度理论及其工程应用、隧道收敛约束法的应用改进作为研究对象，进行了细致深入的系统研究，具有重要的理论意义和实际工程应用价值。

1.2 非饱和土的强度特性

1.2.1 非饱和土的基质吸力和抗剪强度

仅从力学角度而言，非饱和土不同于饱和土的最主要特征就是非饱和土中存在负的孔隙水压力，负的孔隙水压力是相对于孔隙气压力而言的。非饱和土的吸力包括基质吸力和溶质吸力两部分[9]。基质吸力通常同水的表面张力引起的毛细现象联系在一起，其大小等于孔隙气压力 u_a 和孔隙水压力 u_w 之差，即基质吸力 $=(u_a-u_w)$。对于黏性土和砂土来说，基质吸力通常为吸力的主要组成部分，且易受外界环境的影响。溶质吸力较小，且随含水量的变化较小，只有对于土中含水量和含盐量均较高的高塑性黏土，溶质吸力才会变得较为重要。所以，从与工程问题联系的紧密程度来说，重点研究基质吸力即可。如：房屋下的地基覆土因雨水积聚使其基质吸力下降，地基土强度降低，从而引起基础隆沉；连续暴雨使边坡土的基质吸力下降，危及非饱和土边坡的稳定等。实际上，在低吸力范围内，基质吸力控制着非饱和土的工程行为，在高吸力时，基质吸力几乎在数值上与总吸力相等，因此本书主要讨论的是基质吸力。基质吸力能反映以非饱和土的结构、土颗粒成分及孔隙大小和分布形态等为特征的基质对土中水分的吸持作用，是控制非饱和土力学性状的关键因素[17]。

非饱和土的强度是土体粒间作用力的宏观反映，是非饱和土理论研究的最主要内容之一，贯穿于非饱和土土力学发展的整个过程，在侧向土压力、地基承载力和边坡稳定分析中都具有重要作用。国内外众多学者通过试验研究或理论分析，提出了许多非饱和土的抗剪强度理论和公式，并逐步应用于岩土工程实践，其中最为著名的当属 Bishop 有效应力抗剪强度公式和 Fredlund 双应力状态变量抗剪强度公式。

Bishop 和 Blight(1963)[18]基于饱和土有效应力原理，提出的非饱和土有效应力抗剪强度公式为

$$\begin{aligned}\tau_f &= c' + [(\sigma - u_a) + \chi(u_a - u_w)]\tan\varphi' \\ &= c' + (\sigma - u_a)\tan\varphi' + \chi(u_a - u_w)\tan\varphi' \end{aligned} \tag{1-1}$$

式中，c'，φ' 分别为饱和土的有效粘聚力和有效内摩擦角，与基质吸力(u_a-u_w)无关；$(\sigma-u_a)$ 为净法向应力；参数 χ 为有效应力参数，与饱和度及其他很多因素

有关，不具有单值性，因而在工程实践中 Bishop 有效应力抗剪强度公式未能得到广泛应用。

Fredlund 等(1978)[19]在双应力状态变量 $(\sigma-u_a)$ 和 (u_a-u_w) 的基础上，基于 Mohr - Coulomb 强度理论，提出的非饱和土双应力状态变量抗剪强度公式为

$$\tau_f = c' + (\sigma - u_a)\tan\varphi' + (u_a - u_w)\tan\varphi^b \tag{1-2}$$

式中，φ^b 为与基质吸力相关的角，$\tan\varphi^b$ 表示基质吸力对抗剪强度贡献的速率。角 φ^b 值的大小可根据给定净法向应力 $(\sigma-u_a)$ 下，不同基质吸力 (u_a-u_w) 所对应的抗剪强度曲线的斜率确定。

由式(1-1)和式(1-2)可以看出，非饱和土的抗剪强度由有效粘聚力 c'，净法向应力 $(\sigma-u_a)$ 引起的抗剪强度，以及基质吸力 (u_a-u_w) 引起的抗剪强度所组成。净法向应力引起的抗剪强度与有效内摩擦角 φ' 有关，而基质吸力引起的抗剪强度与有效应力参数 χ 或角 φ^b 有关。

非饱和土的抗剪强度与饱和土的抗剪强度相比，最大的不同就在于基质吸力对抗剪强度的贡献。如果定义由基质吸力所引起的抗剪强度为吸附强度 c_s，则式(1-1)和式(1-2)中的吸附强度 c_s 分别为

$$c_s = \chi(u_a - u_w)\tan\varphi' \tag{1-3}$$

$$c_s = (u_a - u_w)\tan\varphi^b \tag{1-4}$$

令式(1-3)和式(1-4)相等，则

$$\chi = \tan\varphi^b / \tan\varphi' \text{ 或 } \tan\varphi^b = \chi\tan\varphi' \tag{1-5}$$

可见仅从非饱和土抗剪强度来看，Bishop 有效应力抗剪强度公式和 Fredlund 双应力状态变量抗剪强度公式的物理概念基本相同，其差别仅在于分别采用了有效应力参数 χ 和角 φ^b 两种不同的参数形式。但在力学意义上却有着本质的不同，式(1-1)属于有效应力公式，即净法向应力和由基质吸力引起的有效法向应力能直接叠加；式(1-2)属于双应力状态变量公式，净法向应力和基质吸力不能叠加。

吸附强度 c_s 是一种与外力无关的摩擦强度，它来源于基质吸力所产生的负孔隙水压力，负孔隙水压力在土骨架的内部产生有效应力，因而产生这种与外力无关的摩擦强度。由于吸附强度与外力无关，当用常规试验方法进行试验时，吸附强度与一般粘聚力的性质相似，所以又可称之为表观粘聚力[17]。

当土的含水量发生变化时，基质吸力和吸附强度都随之变化，因而吸附强度又是不稳定的。吸附强度随着含水量的增加而降低，直至接近饱和时完全消失。

当前众多学者对非饱和土的抗剪强度进行了大量的试验和理论研究，提出了各自的抗剪强度公式，主要差别在于吸附强度 c_s 的表达式不同，如：有的结合土-水特征曲线[20-27]，有的采用双曲线、对数、幂函数等曲线拟合[28-41]，有的则采用分段函数[42-45]，具体表达式将在本书第 3 章中给出。提出的抗剪强度公式逐渐考虑了更多因素的影响，如：净法向应力对非饱和土进气值或吸附强度的影响[42-43]，土体剪胀性对抗剪强度的影响等[26-27]；同时，工程实用化的非饱和土总应力抗剪强度研究也取得了一定成果[46-58]，但其理论基础不强，有待更多的室内试验和实际工程现场监测数据的检验。

现有的非饱和土抗剪强度公式均是基于 Mohr - Coulomb 强度理论而建立的，抗剪强度参数由非饱和土对称三轴压缩试验或直剪试验确定，进而应用到其他复杂应力状态。Mohr - Coulomb 强度理论属于单剪强度准则，只考虑了最大主应力 σ_1 和最小主应力 σ_3，没有考虑中间主应力 σ_2 对强度的影响，存在先天的不足。已有非饱和土的真三轴试验结果表明，中间主应力对非饱和土的强度影响显著[59-60]，现有非饱和土抗剪强度公式不能反映非饱和土的真实应力状态和强度特性，也不能充分发挥非饱和土的强度潜能和自承载能力，应该采用更合理的强度理论，结合非饱和土常规三轴压缩试验，建立符合工程实际受力状况的非饱和土强度理论，完善非饱和土的理论基础。

1.2.2 非饱和土真三轴试验

岩土工程中常常遇到三维分析问题，量测和研究土单元在三维应力状态下的应力-应变-强度特性具有理论和实践意义，真三轴仪的设计与试验研究一直是一个活跃并且具有挑战性的研究领域。试验土样通常是边长为 70 mm(或更大)的立方体(或长方体)，真三轴仪的基本要求是对土样施加 3 对独立的主应力，使土样产生均匀的应力和应变。但因复杂应力状态下基质吸力的控制技术、量测技术和吸力平衡时间等原因，当前对非饱和土进行试验研究最多的仍是常规三轴压缩试验，非饱和土在这类试验中处于 $\sigma_1 > \sigma_2 = \sigma_3$ 的轴对称特殊应力状态，难以反映实际工程中非饱和土所处的真实复杂应力状态和强度特性。非饱和土真三轴试验研究的进展一直非常缓慢，直到现在国内还没有对非饱和土开展真三轴试验研究，国外也仅有少数几所大学开展了非饱和土的真三轴仪的研制和试验工作。最具代表性的非饱和土真三轴仪为：日本名古屋工业大学的Matsuoka教授等研制的刚性非饱和土真三轴仪[59]，以及美国路易斯安那州立大学的Hoyos教授等研制的柔性非饱和土真三轴仪[60-62]。他们利用自己的非饱和土真三轴仪，分别开拓性地进行了控制基质吸力的非饱和粉砂真三轴试验研究。

Matsuoka教授等(2002)[59]在砂性土真三轴仪的基础上，改进控制基质吸力的试验装置，成功研制了非饱和土真三轴仪，采用6块滑动的刚性板进行加载，故称为刚性真三轴仪，试验装置如图1-1所示，上下加载板分别装有两块进气值为300 kPa的高进气陶瓷板。这种刚性真三轴仪只能采用高进气陶瓷板直接量测基质吸力$(u_a - u_w)$，即负u_w法$(u_a = 0,\ u_w < 0)$，不能控制孔隙气压力u_a。另外，因刚性加载板之间的相关干扰，此刚性真三轴仪只能进行应力Lode角θ_σ在0°～30°范围内的真三轴试验$\{\theta_\sigma = \arctan[\sqrt{3}(\sigma_2 - \sigma_3)/(2\sigma_1 - \sigma_2 - \sigma_3)]\}$。

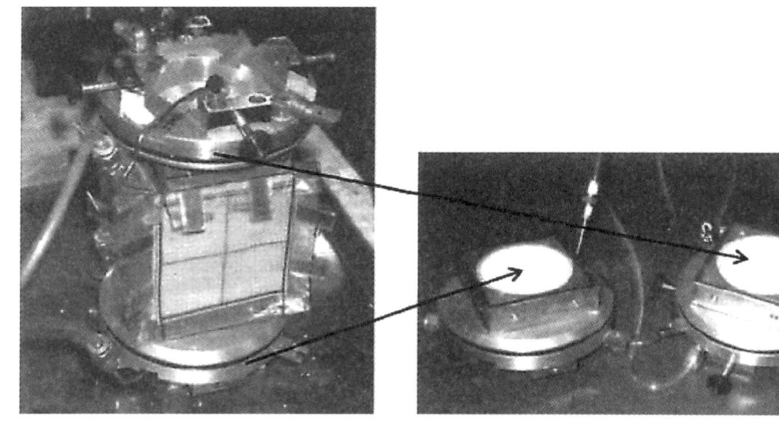

图1-1 刚性真三轴仪[59]

Hoyos教授等(2001)[62]研制的非饱和土真三轴仪，如图1-2所示，其顶部和侧边共5个加载板均采用柔性橡胶加载板，底部为刚性支座，故称为柔性真三轴仪，下部加载板装有一块高进气陶瓷板。柔性加载板利用橡胶囊里的液体或气体，可对非饱和土样施加3个直角方向的力。试验中采用轴平移技术量测基质吸力$(u_a - u_w)$，可分别独立控制孔隙气压力u_a和孔隙水压力u_w，并能实现较大范围的基质吸力$(u_a - u_w)$。

研制非饱和土真三轴仪的最大困难在于孔隙气压力u_a和孔隙水压力u_w的控制和量测技术，柔性真三轴仪相比刚性真三轴仪有所改进。但这两种真三轴

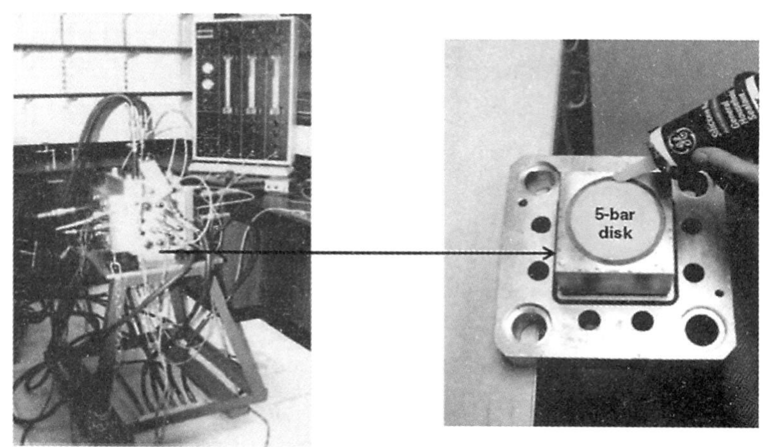

图 1-2　柔性真三轴仪[62]

仪存在一些共同的不足[62]：(1) 刚性加载板易腐蚀，堵塞高进气陶瓷板，影响孔隙气压力 u_a 的控制；(2) 橡胶柔性加载板的耐久性很差，特别是长时间与28℃～38℃的液体接触时；(3) 不能控制非饱和土中孔隙水的温度，影响基质吸力的平衡时间；(4) 只能采用应力加载控制，在接近强度峰值时需特别小心；(5) 不能量测孔隙气和孔隙水的体积变化，难以全面评价真三向应力下非饱和土的变形特性。Hoyos 教授等(2005，2010)[63-64]对上述不足进行了部分改进，研制了新型柔性真三轴仪，但其基本原理却没有改变。

利用非饱和土真三轴仪，可对各种不同种类的非饱和土，开展大量真三轴试验研究，试验内容应包括在应力 Lode 角 θ_σ 的整个 60°范围内，不同平均净主应力 $\sigma_{oct}[\sigma_{oct}=(\sigma_1+\sigma_2+\sigma_3)/3-u_a]$、不同基质吸力$(u_a-u_w)$下的强度特性，这样才可以更全面地评价复杂应力状态下非饱和土的空间三维强度特性。已有的 Matsuoka 教授等的刚性真三轴试验结果[59]和 Hoyos 教授等的柔性真三轴试验结果[60]都存在一定的不足，将结合具体试验参数在第 3 章中详细探讨。

1.2.3　非饱和土抗剪强度的非线性

Fredlund 最初提出的双应力状态变量抗剪强度式(1-2)是 Mohr-Coulomb 强度准则的线性扩展，即抗剪强度与基质吸力之间是线性关系，角 φ^b 为常数。但后来很多试验资料都表明，抗剪强度与基质吸力之间的关系是非线性的[35,44,65-67]，即角 φ^b 为基质吸力的函数。图 1-3 所示为 Gan 和 Fredlund

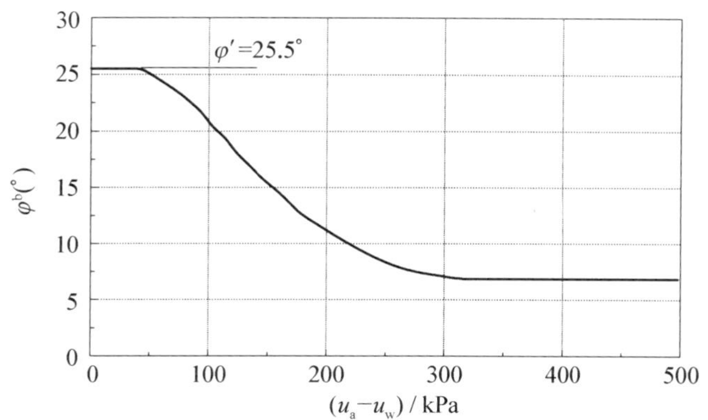

图1-3 冰渍土角 φ^b 随基质吸力的变化[66]

(1987)[66]的非饱和冰渍土的试验结果，低基质吸力下的角 φ^b 为 25.5°，等于冰渍土的有效内摩擦角 φ'；当基质吸力在 50～250 kPa 时，角 φ^b 明显降低；当基质吸力超过 300 kPa 时，角 φ^b 接近常数，约为 7°。

图 1-3 所示的角 φ^b 随基质吸力的变化很具代表性，Fredlund 和 Rahardjo (1993)[9]曾指出只有假定非饱和土的抗剪强度是非线性的，不同应力路径或步骤的试验方法才能为同一种土给出相同唯一的破坏线。

非饱和土的吸附强度 c_s 随基质吸力的变化与其进气值 $(u_a-u_w)_b$ 和残余基质吸力 $(u_a-u_w)_r$ 密切相关[35]，如图 1-4 所示。假定基质吸力处于 0～500 kPa 的范围内，具有不同进气值 $(u_a-u_w)_b$ 和残余基质吸力 $(u_a-u_w)_r$ 的 4 种非饱和土，表现出明显不同的强度特性：进气值 $(u_a-u_w)_b$ 大于 500 kPa 的非饱和土，其吸附强度随基质吸力的增加而直线增加；进气值 $(u_a-u_w)_b=200$ kPa、残余基质吸力 $(u_a-u_w)_r$ 大于 500 kPa 的非饱和土，其吸附强度随基质吸力的变化可分成两段，当基质吸力小于 200 kPa 时，吸附强度线性增加，当基质吸力大于 200 kPa，吸附强度增加的速率有所减缓，但一直在增大，此情况下角 φ^b 的变化可与图 1-3 所示的冰渍土相对应；进气值 $(u_a-u_w)_b=100$ kPa、残余基质吸力 $(u_a-u_w)_r=500$ kPa 的非饱和土，其吸附强度随基质吸力的变化亦可分成两段，但基质吸力在 300～500 kPa 范围内时，吸附强度几乎没有增加，即角 φ^b 接近零；进气值 $(u_a-u_w)_b=100$ kPa、残余基质吸力 $(u_a-u_w)_r=300$ kPa 的非饱和土，其吸附强度随基质吸力的变化可分成 3 段，当基质吸力大于 300 kPa 时，吸附强度随着基质吸力的增加反而降低，即角 φ^b 小于零。工程实践中，常见的基质吸力一般都不大于 500 kPa。各种非饱和土的进气值 $(u_a-u_w)_b$ 差异较大，

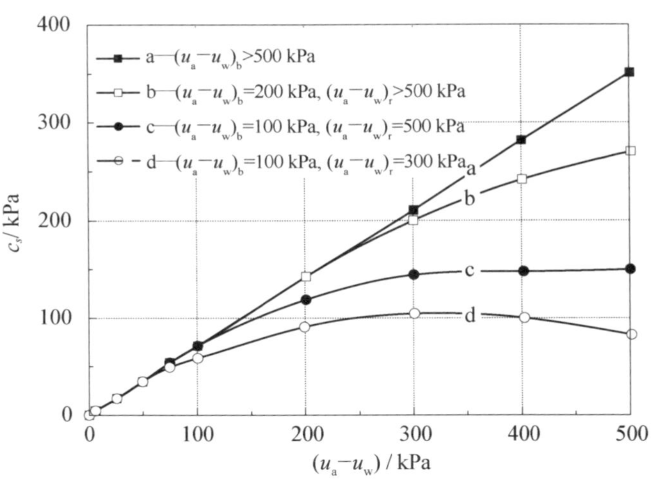

图 1-4　吸附强度随基质吸力的变化[35]

但多数都小于 500 kPa，残余基质吸力$(u_a-u_w)_r$却常大于 500 kPa，因此，图 1-4 中所示的情况(b)和(c)是实际工程中最为常见的。它们所对应的角 φ^b 在基质吸力小于进气值时为常数，一般略小于或等于有效内摩擦角 φ'；而在较大的基质吸力范围内，角 φ^b 具有明显的非线性，随着基质吸力的增加，角 φ^b 不断减小并趋于一稳定较小值。

为了反映非饱和土抗剪强度的非线性变化，即吸附强度与基质吸力的非线性关系，或角 φ^b 与基质吸力的非线性关系，很多学者提出了用双曲线、对数、幂函数等曲线拟合的经验抗剪强度公式[28-41]，一定程度上反映了吸附强度的非线性，但经验拟合公式缺乏理论基础，难以深入了解和反映非饱和土抗剪强度非线性的机理。近年来，不少学者更倾向于采用分段函数来描述吸附强度的非线性[42-45]，Houston 等(2008)[44]基于大量不同非饱和土的常规三轴压缩和直剪试验数据，提出的角 φ^b 与基质吸力的双曲线关系最具代表性，即当基质吸力小于进气值时，角 φ^b 等于有效内摩擦角 φ'；当基质吸力大于进气值时，角 φ^b 按双曲线规律减小，典型的分段函数拟合结果，如图 1-5 所示。

Fredlund 和 Rahardjo(1993)[9]建议采用 2 段直线来表示抗剪强度的非线性，分界点对应非饱和土的进气值 $(u_a-u_w)_b$，第一段角 φ^b 等于有效内摩擦角 φ'，第二段角 φ^b 等于稳定时的较小角。或者，在整个基质吸力范围内不分段，取角 φ^b 均等于稳定时的较小角，但由此得到的抗剪强度过于保守。

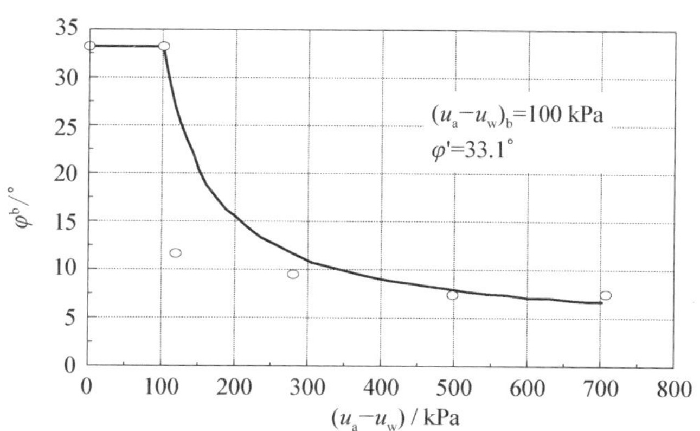

图 1-5 分段函数的典型拟合结果[44]

1.3 岩石的中间主应力效应及强度理论

1.3.1 岩石的中间主应力效应试验及规律

岩石真三轴试验是一种最全面的强度试验，它不仅是建立岩石强度准则的重要资料，更是检验准则的有效依据。岩石真三轴试验要求对试件施加3对相互独立均匀的主应力，对试验机的加载能力与控制、变形量测、端部摩擦约束效应的减小等要求都非常高。真三轴试验研究的一个重要内容，就是研究中间主应力效应。岩石中间主应力效应的研究，不仅具有理论上的意义，而且具有巨大的工程实际意义和社会经济效益。一方面，如果岩石强度与中间主应力 σ_2 无关，岩石强度理论只需考虑最大主应力 σ_1 和最小主应力 σ_3，则可以得到很大简化；在复杂应力试验设备研制中，也只需要有施加两个方向应力的试验机；在工程实践中只需分析最大、最小主应力，可以很方便地应用现有强度理论来解决实际问题。另一方面，岩石中间主应力效应研究又是一个十分困难的问题，除了真三轴试验设备复杂、试验技术要求高、经费投入大以外，还有[6]：静水应力效应掩盖了中间主应力效应，要把它独立出来，需要明确的力学和物理概念；Mohr-Coulomb强度准则和Hoek-Brown经验强度准则可以适用于拉压特性不同的岩石材料，又可以解释静水应力效应，已被广泛接受和了解，而这两个理论都没有考虑中间主应力 σ_2；在理论上要提出一个有一定的物理概念、数学表达式简单又能反映中间主应力效应的新强度理论并非易事。因此，岩石中间主应力效应问题已成为各国学者热心研究而常见不衰的一个兴趣问题[6]。

从20世纪初 von Karman 和 Boker 开始，已有100年的历史，他们发现岩石三轴拉伸时的强度高于三轴压缩的强度，这是 Mohr - Coulomb 强度准则和 Hoek - Brown 经验强度准则所不能解释的。20世纪60年代取得重要进展，70年代有比较明确的结论，代表性研究者有 Hobbs(1962)[68]，Murrel(1965)[69]，Handin 等(1967)[70]，Hoskins(1969)[71]。在20世纪七八十年代，日本东京大学的 Mogi 教授为岩石中间主应力效应的阐明做出了杰出的贡献[72-76]，他改造原有轴对称三轴试验机，成功研制了世界上第一台岩石真三轴试验机，得到一系列不同小主应力 σ_3 时的中间主应力效应曲线，用试验结果充分证明了岩石中间主应力效应的存在。Michelis(1985，1987)[77-78]对大理岩进行了真三轴试验，并指出中间主应力效应是岩石材料的重要特性。Takahashi 和 Koide(1989)[79]对沉积岩进行了真三轴强度和变形试验。近年来美国威斯康星大学的 Haimson 等(2000，2002，2005，2006，2007，2010，2011)[80-87]改进了 Mogi 的真三轴试验机，提高其加载能力，简化操作程序，对多种脆性硬岩进行了真三轴试验，探讨中间主应力对强度、变形和剪胀的影响规律，同时利用电子扫描显微镜观测裂纹发展和应变局部化情况，并将岩石真三轴试验结果应用到确定地应力分布等，台湾车笼埔断层粉砂岩的真三轴试验结果[86]，如图1-6所示。

从20世纪80年代以来，国内真三轴试验机的研制取得了很大进展，代表性研究有：张金铸和林天健(1979)[88]、许东俊和耿乃光(1982，1985)[89-90]，对多种不同岩石进行真三轴试验，发现了中间主应力效应的区间性。尹光志等

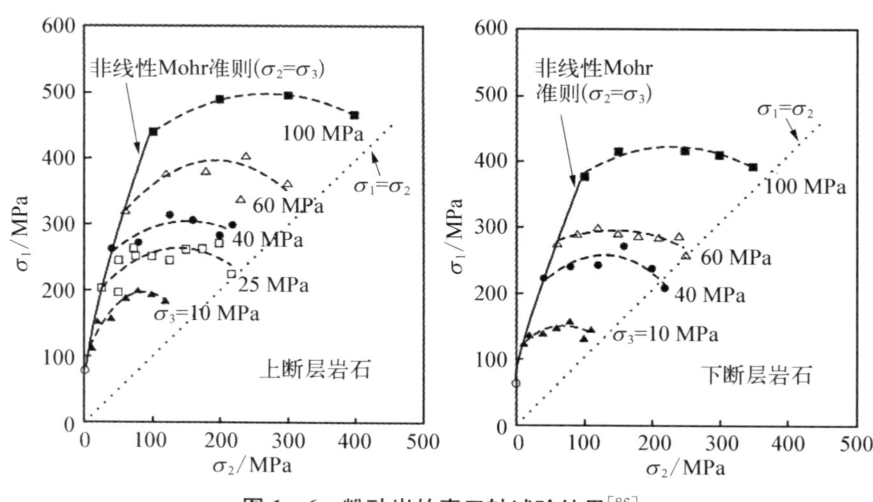

图1-6 粉砂岩的真三轴试验结果[86]

(1987)[91]对嘉陵江石灰岩的真三轴试验也得出同样的结论。许东俊和耿乃光(1984,1985)[92-94]指出，中间主应力 σ_2 的改变(在 σ_1 和 σ_3 都不变的情况下,增加或减小 σ_2)，可以引起岩石的破坏,甚至可能引发地震。李小春和许东俊(1990)对拉西瓦水电站的花岗岩进行了较完整的真三轴试验,并验证了双剪应力强度理论的正确性。陶振宇和高廷法(1993)[96-97]对红砂岩进行了中间主应力效应试验,并收集了国内外多种岩石真三轴试验资料，分析后指出中间主应力影响系数(在 σ_3 一定时,从 $\sigma_2=\sigma_3$ 开始变化 σ_2 的过程中,所得最大极限荷载 σ_{1max} 相对于对称三轴压缩时强度的提高系数）最低为18%，最高为75%,一般为25%～40%。顾金才等(1994)[98]研制了拉-压真三轴仪,进行了岩石模型材料的真三轴试验，并验证了广义双剪应力准则的正确性。冯夏庭等(2006，2008，2009)[99-101]对多种硬岩进行了卸荷与支护不同应力路径下的真三轴与声发射试验。刘汉东等(2007,2008)[102-103]采用LY-C拉-压真三轴仪对完整岩体和节理岩体模型进行了试验。

以上岩石真三轴试验结果和得出的曲线都是十分珍贵的,但有些试验的数量不够或只集中于某一些特殊的应力状态,比较系统的岩石极限面试验应包括:中间主应力效应试验、不同应力角的子午极限线试验和 π 平面极限线试验,可为工程中验证和选用强度理论提供更加全面的依据。

另外,Mogi(1981)[76],Tiwari 和 Rao(2004,2007)[104-105]对各向异性岩石进行了真三轴试验,指出中间主应力效应与弱面倾向、岩石种类等密切相关。连志升和张金铸(1982)[106],朱维申和张强勇等(2007,2008,2010)[107-109],陈安敏和顾金才等(2004)[110],何满潮等(2005)[111]以及姜耀东等(2004)[112],对真三向应力作用下的隧道变形与破坏开展了大型地质力学模型试验研究,更加全面地认识真实地应力下岩石的强度特性、破裂过程及机制和隧道的锚固效应。

总之,岩石的中间主应力效应已经被大量的试验所证实,并认为是岩石的一个重要特性。岩石中间主应力效应的基本规律为[6]：

(1) 中间主应力 σ_2 对岩石的强度有明显的影响。在小主应力 σ_3 一定的应力状态下,增加 σ_2 的各种应力状态(即 $\sigma_1 \geqslant \sigma_2 > \sigma_3$）下的岩石强度均大于 $\sigma_1 > \sigma_2 = \sigma_3$ 轴对称压缩状态下的强度,因此常规三轴压缩状态下所得出的岩石强度均偏低,考虑中间主应力 σ_2 效应，可以提高岩石的强度20%～30%。

(2) 中间主应力效应存在区间性。中间主应力 σ_2 从 $\sigma_2=\sigma_3$ 的下限值增加到 $\sigma_2=\sigma_1$ 的上限值的过程中,岩石的强度先逐步增加,达到一定峰值后随 σ_2 的继续增加而逐步降低。三轴拉伸 $\sigma_2=\sigma_1>\sigma_3$ 时岩石的强度略高于三轴压缩 $\sigma_2=$

$\sigma_3 < \sigma_1$ 时的强度。

(3) 在一定应力状态下，单独改变(增加或减小)中间主应力可以引起岩石的破坏。岩石越致密坚硬，中间主应力效应越大，但仍小于小主应力的围岩效应。

在工程应用中，考虑岩石的中间主应力效应，可以充分发挥岩石材料的强度潜能，减弱支护强度或衬砌厚度，减小工程投资，这是对岩石中间主应力效应及其应用的一个重要推动。但如何在理论上用比较简单的数学表达式描述岩石强度，对其中间主应力效应的各个规律进行解释，并且能灵活地适用于各种岩石不同程度的中间主应力效应，这是 20 世纪 90 年代以来的又一难题[6]。

1.3.2 岩石强度理论

岩石强度理论是研究岩体强度理论的基础，是岩石本构关系的重要组成部分。研究岩石强度理论的目的，就在于根据一定应力状态下岩石强度试验的结果，建立其强度准则，从而得到一般应力状态下的岩石破坏判据。建立一种科学合理的岩石强度理论，对于工程设计、灾害预防、资源开发等领域都具有重要意义。俞茂宏(1988)[113]将众多强度理论划分为单剪强度理论、双剪强度理论和八面体剪应力强度理论三大系列。沈珠江(1995)[114]则分为理论公式、经验公式和内插公式三大类。

在岩石强度理论的发展历程中，最初引用金属强度(屈服)理论和土体强度理论，后来随着岩石试验技术的发展，逐渐发现岩石材料的基本力学特性[115]：拉压强度不等，拉伸子午线与压缩子午线不重合(即应力 Lode 角效应)，静水应力效应，中间主应力效应及其区间性，不同的岩石材料具有不同程度的中间主应力效应，以及屈服面的外凸性等。结合已有岩石试验结果，修正金属和土体的强度理论，至今已提出不下几十种岩石的屈服或破坏准则。

当前岩土工程中最常用的当数 Mohr - Coulomb 强度准则和 Drucker - Prager 准则，二者对中间主应力的处理为两个极端情况。

Mohr - Coulomb 强度准则的公式为

$$\frac{\sigma_1-\sigma_3}{2}=\frac{\sigma_1+\sigma_3}{2}\sin\varphi+c\cos\varphi \tag{1-6}$$

式中，c，φ 为材料的粘聚力和内摩擦角。

Mohr - Coulomb 强度准则属于单剪强度理论，只考虑了最大剪应力 τ_{13} [$\tau_{13}=(\sigma_1-\sigma_3)/2$] 及其面上的正应力 σ_{13}[$\sigma_{13}=(\sigma_1+\sigma_3)/2$] 对材料屈服或破坏的影响，只适用于 $\sigma_2=\sigma_3<\sigma_1$ 的轴对称特殊应力状态，没有考虑材料的中间主应力 σ_2 效应，与很多材料的真三轴试验结果相差较大。

Drucker - Prager 准则的表达式为

$$\sqrt{J_2}=\alpha_d I_1+k_d \tag{1-7}$$

式中，α_d，k_d 为材料强度参数，可由粘聚力 c 和内摩擦角 φ 来表示，也可以直接拟合试验数据得到；$I_1=\sigma_1+\sigma_2+\sigma_3$，为应力张量第一不变量，也称为静水应力；$J_2=[(\sigma_1-\sigma_2)^2+(\sigma_2-\sigma_3)^2+(\sigma_3-\sigma_1)^2]/6$，为应力偏量第二不变量。

Drucker - Prager 准则属于八面体剪应力强度理论，也称为广义 Mises 准则，考虑了中间主应力效应和静水应力效应，并且具有光滑圆锥极限面，在大型计算软件中得到了广泛的应用和推广。但 Drucker - Prager 准则认为中间主应力 σ_2 对材料强度的影响和小主应力 σ_3 一样，高估了 σ_2 对材料强度的提高作用，同时没有反映岩土材料拉压异性、应力 Lode 角效应等基本力学特性，难以和岩土材料的真三轴试验相吻合。

在众多岩石经验强度公式中，Hoek - Brown 经验强度准则被工程所接受，广泛应用于岩石边坡和地下隧道工程，其主要原因在于它与许多岩石轴对称三轴试验结果相吻合，同时参数取值能反映岩体的结构特征。Hoek - Brown 准则是 Hoek 和 Brown(1980)[116]通过试错法拟合大量轴对称三轴试验结果提出的，最初应用于完整岩石，中间曾多次调整[117]，最新 2002 版的广义 Hoek - Brown 经验强度准则[118]的表达式为

$$\sigma_1=\sigma_3+\sigma_c\left[m_b\frac{\sigma_3}{\sigma_c}+s\right]^a \tag{1-8}$$

$$m_b=m_i\exp\left(\frac{GSI-100}{28-14D}\right),\ s=\exp\left(\frac{GSI-100}{9-3D}\right)$$

$$a=0.5+\frac{1}{6}[\exp(-GSI/15)-\exp(-20/3)]$$

式中，σ_c 为完整岩块的单轴抗压强度；m_b，s 和 a 均为岩体的材料参数，m_i 为完整岩石的 m_b 值，可根据岩体的岩性、结构和构造确定；D 为岩体扰动参数，与岩体的开挖方式及扰动程度有关，取值范围为 0～1，0 代表未扰动状态；GSI 为地质

强度指标，与岩体的岩性、结构和不连续面等有关，可通过对表面开挖或暴露的岩体进行肉眼观察或经验判断来评定。

Hoek - Brown 经验强度准则和 Mohr - Coulomb 强度准则以及很多其他经验强度准则一样，均忽略了中间主应力效应及其区间性，只适用于三轴等围压试验的应力状态，并不能代表岩石在一般三向应力状态下的强度特性。后有不少学者对其进行不断修正，以考虑中间主应力 σ_2 的影响，如：

Pan 和 Hudson(1988)[119]：

$$\frac{9}{2\sigma_c}\tau_{oct}^2+\frac{3}{2\sqrt{2}}m_b\tau_{oct}-m_bI_1=s\sigma_c \tag{1-9}$$

Yu 等(2002)[120-121]：

$$F=\sigma_1-\frac{1}{1+b}(b\sigma_2+\sigma_3)-\sigma_c\left[\frac{m_b}{(1+b)\sigma_c}(b\sigma_2+\sigma_3)+s\right]^a=0,\ F\geqslant F' \tag{1-10a}$$

$$F'=\frac{1}{1+b}(\sigma_1+b\sigma_2)-\sigma_3-\sigma_c\left(m_b\frac{\sigma_3}{\sigma_c}+s\right)^a=0,\ F'>F \tag{1-10b}$$

Zhang 和 Zhu(2007)[122]：

$$\frac{9}{2\sigma_c}\tau_{oct}^2+\frac{3}{2\sqrt{2}}m_b\tau_{oct}-m_b\sigma_{13}=s\sigma_c \tag{1-11}$$

Zhang(2008)[123]：

$$\frac{1}{\sigma_c^{(1/a-1)}}\left(\frac{3}{\sqrt{2}}\tau_{oct}\right)^{1/a}+\frac{m_b}{2}\left(\frac{3}{\sqrt{2}}\tau_{oct}\right)-m_b\sigma_{13}=s\sigma_c \tag{1-12}$$

在式(1 - 9)—式(1 - 12)中，$\tau_{oct}=[(\sigma_1-\sigma_2)^2+(\sigma_2-\sigma_3)^2+(\sigma_3-\sigma_1)^2]^{1/2}/3$，为八面体剪应力；参数 b 为强度理论选择参数，取值范围为 0～1，将在第 2 章中详细介绍。其他参数同前。

Mogi(1967)[72]根据自己的岩石真三轴试验结果，提出的经验强度准则通式为

$$\sigma_1-\sigma_3=f(\sigma_1+\mu\sigma_2+\sigma_3),\mu=0.1\sim0.2 \tag{1-13}$$

Mogi(1971)[73]修改的广义 Mises 准则通式为

$$\tau_{oct} = f(\sigma_1 + \sigma_3) \text{ 或 } \tau_{oct} = f(\sigma_1 + \mu\sigma_2 + \sigma_3) \tag{1-14}$$

式中，f 为单调递增函数，可以采用一次直线，二次多项式或幂函数来表示；μ 为强度拟合参数。

Mogi 通过岩石真三轴试验，发现中间主应力对岩石强度的影响要比小主应力 σ_3 的影响小，故在式(1-13)和式(1-14)中用 $\mu\sigma_2$ 来反映中间主应力的作用。

Haimson 和 Chang(2000)[80]假定岩石破坏面平行于 σ_2 方向，破坏面上的有效正应力与中间主应力 σ_2 无关，建议的经验强度准则通式为

$$\tau_{oct} = f\left(\frac{\sigma_1 + \sigma_3}{2}\right) = f(\sigma_{13}) \tag{1-15}$$

Al-Ajmi 和 Zimmerman(2005，2006)[124-125]建立了岩石抗剪强度参数与直线 Mogi 经验强度准则中拟合参数之间的关系，修改后的直线型 Mogi 经验强度准则称为 Mogi-Coulomb 强度准则，其表达式为

$$\tau_{oct} = k_a\sigma_{13} + d_a \tag{1-16}$$

$$d_a = \frac{2\sqrt{2}}{2}c\cos\varphi,\ k_a = \frac{2\sqrt{2}}{3}\sin\varphi$$

另外，Wiebols 和 Cook(1968)[126]推导出一个基于岩石内应变能的强度准则，但应用时需要已知难以量测的裂面摩擦系数。Costamagna 和 Bruhns(2007)[127]提出一个复杂的四参数岩土强度准则，可以退化为多种非线性强度准则。Mortara(2008)[128]基于 Matsuoka-Nakai 准则[又称空间滑动面准则，即 Spatially Mobilized Plane(SMP)准则]和 Lade-Duncan 准则的相似形式，通过类比提出了一个新的非线性强度准则。姚仰平等(2004)[129]利用插值方法，建立了介于 SMP 准则和 Mises 准则之间的广义非线性强度理论。胡小荣和俞茂宏(2004)[130]通过考虑十二面体单元主剪面上的 3 个主剪面应力对的共同作用，提出一个适用于岩土材料的三剪新强度准则。周凤玺和李世荣(2007)[131]同样利用插值方法，提出了广义 Drucker-Prager 准则。尤明庆(2009)[132-133]提出了四参数的岩石指数型强度准则。肖杨等(2010)[134]仍是利用插值方法，提出了介于 Matsuoka-Nakai 准则和 Lade-Duncan 准则之间的破坏准则。

从上述各准则的公式形式和建立方法，可以看出：① 中间主应力效应已是当前岩土类强度准则建立所必须考虑的基本问题之一，除 Mohr-Coulomb 强度

准则和 Hoek - Brown 经验强度准则外，其他准则都包含了中间主应力 σ_2，能在一定程度上反映中间主应力的影响。② 各准则多是对真三轴试验数据的直接拟合，或通过插值、类比方法来建立新的强度准则，公式的参数众多且缺乏明确的物理意义。③ 新提出的各准则之间没有内在的联系，有的准则极限面覆盖范围有限，公式非线性程度高，难以应用于结构解析分析，且式(1 - 11)—式(1 - 16)不满足屈服面的外凸性，给数值计算带来很大困难。④ Mogi 系列经验强度准则以 τ_{oct} 和 σ_{13} 表示的拟合公式非常靠近试验数据，即式(1 - 14)—式(1 - 16)，但并不能证明 Mogi 经验准则的正确性[135]，因为在岩石真三轴试验数据中，τ_{oct} 和 σ_{13} 具有极高的正相关性。

20 世纪 60 年代以来，西安交通大学俞茂宏教授基于双剪单元体力学模型[6,113,136-141]，建立了具有简单而统一的数学表达式、能适用于各类材料的统一强度理论，且其参数可以由实验较容易获得。统一强度理论包含了现有各种主要强度理论和一些尚未表达过的新强度理论，将众多已有强度理论作为其特例或者是线性逼近，已形成一个全新的强度理论体系。统一强度理论很好地考虑了中间主应力对岩土材料强度的影响，与多种岩土材料的真三轴试验结果相吻合，可以很方便地用于结构解析分析，并且在数值计算中很好地解决了角点奇异性。总之，统一强度理论同时具有周培源先生关于评价新理论的 3 个特点[142]，并且还有其他一些特点，具有重要的理论意义和工程应用价值。将在第 2 章详细介绍统一强度理论的力学模型、表达式、极限面及其在岩土工程中的应用现状等。

1.4 收敛约束法的原理及研究现状

1.4.1 收敛约束法的原理

收敛约束法也称特征曲线法，是近 30 年来发展起来的一种新兴隧道支护设计方法，它以弹塑性理论为基础，现场监测数据为依据，工程经验为参考，广泛应用于新奥法施工的岩石隧道。伴随喷锚等柔性支护的应用和新奥法的发展，收敛约束法将弹塑性理论和岩石力学很好地应用于地下工程，结合实测数据和工程经验，对围岩和支护间的相互作用给出了很好的解释。

收敛约束法包括围岩特征曲线、隧道纵向变形曲线和支护特征曲线三部分。围岩特征曲线也称收敛线，描述的是隧道洞壁径向位移与支护力之间的关系，主要反映围岩不同力学特性和初始地应力的影响；隧道纵向变形曲线是研究未支护隧道开挖面的步进空间效应，模拟隧道开挖前进时，围岩径向变形沿隧道纵向不断发展，逐渐达到平面应变状态的过程。依据隧道纵向变形曲线就可以确定支护时围岩已发生的前期变形情况，进而确定收敛约束分析中支护作用的起始位置；支护特征曲线也称约束线，表示支护变形与作用在其上的围岩压力之间的关系。隧道开挖后，围岩将产生变形，以洞壁围岩径向变形 u_o 为横坐标，作用于围岩上的虚拟支护力 p_i 为纵坐标，绘出表示二者关系的围岩特征曲线。由隧道纵向变形曲线确定支护时围岩已发生的前期变形 u_0，即确定支护作用的起始位置。最后，在同一个坐标平面内绘出支护特征曲线，围岩特征曲线与支护特征曲线的交点 D，即可作为隧道支护结构设计的依据，如图 1－7 所示。图中 x 为支护距开挖面的距离，p_s^{max} 为支护所能提供的最大支护能力，点 E 为围岩弹塑性变形的分界点。交点 D 的纵坐标 p_s^D 即为作用在支护结构上的最终围岩压力，即支护

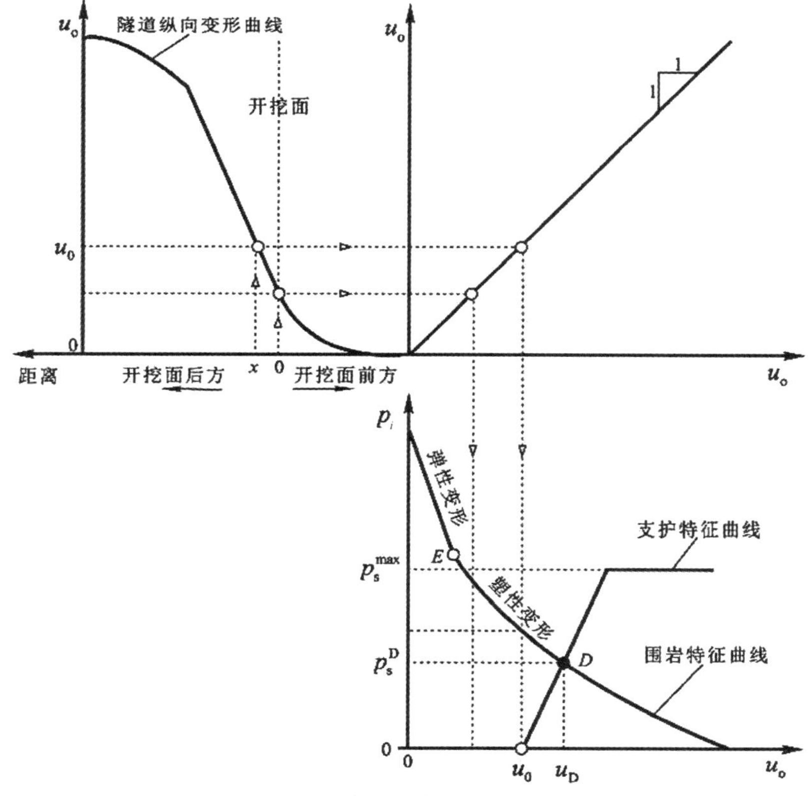

图 1－7 收敛约束法的原理图示

设计压力，也称支护设计荷载，交点D的横坐标u_D即为围岩的最终稳定变形。此时，若支护结构能保持持续稳定（当不考虑岩石流变时），则可判定隧道结构安全可靠；反之，则应当调整支护安设位置或设计参数[143]，重新进行验算，直到满足设计要求。

可以看出，隧道收敛约束法是以二维平面应变弹塑性分析的围岩特征曲线和支护特征曲线为基础，结合考虑隧道开挖面空间效应的隧道纵向变形曲线，来模拟和分析隧道三维开挖所引起的围岩应力及位移变化和支护压力等问题。

1.4.2 围岩特征曲线

由收敛约束法的原理可知，收敛约束法的关键在于围岩特征曲线、隧道纵向变形曲线和支护特征曲线的确定。支护可分为刚性支护、柔性支护和复合支护等，主要依据支护的材料强度，按弹性理论确定支护刚度和最大支护能力，也有学者考虑喷射混凝土强度的硬化过程和长期蠕变效应[144-146]。收敛约束法中最为复杂的当属围岩特征曲线，国内外很多学者对平面应变条件下，受均等地应力作用的圆形隧道的围岩特征曲线进行了理论研究，国外代表性研究有：Hobbs(1966)[147]，Lombardi(1970，1980)[148-149]，Kennedy 和 Lindberg(1978)[150]，Egger(1980，2000)[151-152]，Hoek 和 Brown(1980)[153]，Brown 等(1983)[154]，Reed(1986)[155]，Ogawa 和 Lo(1987)[156]，Pan 和 Chen(1990)[157]，Wang(1996)[158]，Yu 和 Rowe(1999)[159]，Carranza - Torres 和 Fairhurst(1999，2000)[160-161]，Jiang 等(2001)[162]，Carranza-Torres(2003)[163]，Sharan(2003，2005，2008)[164-166]，Alonso 和 Alejano 等(2003，2009，2010)[167-169]，Park 和 Kim(2006)[170]，Guan 等(2007)[171]，Lee 和 Pietruszcazak(2008)[172]，Park 等(2008)[173]，Fahimifar 和 Hedayat(2010)[174]，Chen 和 Tonon(2011)[175]。国内代表性研究有：侯学渊(1982)[176]，于学馥等(1982)[177]，刘夕才和林韵梅(1994，1996)[178-179]，吉小明等(1999)[180]，徐栓强和胡小荣等(2002，2003，2006)[181-183]，范文等(2004)[184]，李宗利等(2004)[185]，王秀英等(2008)[186]，唐雄俊(2009)[13]，王星华等(2009)[187]，黄阜和杨小礼(2010)[188]，张常光等(2010)[189-190]，张强和王水林等(2010，2011)[191-194]，温森和杨圣奇(2011)[195]。Brown 等(1983)[154]，唐雄俊(2009)[13]以及范鹏贤等(2010)[196]对前人研究工作进行了部分总结，随后又出现了不少新的成果。实际上，各研究的主要差异在于对围岩力学特性和破坏后的变形特性所做的不同假定，总结分析如下：

1. 破坏准则

围岩破坏准则主要采用线性、分段线性或非线性 Mohr - Coulomb 强度准则、原始或广义 Hoek - Brown 经验强度准则，以及一些其他经验强度准则等。这些准则均属于单剪强度理论，只考虑了 3 个主应力中的最大和最小两个主应力，没有考虑岩石的中间主应力效应及其区间性，难以反映岩石的真实强度特性，也不利于岩石强度潜能的发挥。同时，非线性 Mohr - Coulomb 强度准则、广义 Hoek - Brown 经验强度准则等在应用时，所得出的公式较复杂，需要分步迭代求解围岩塑性区半径。国内徐栓强、胡小荣和范文等已将统一强度理论应用于围岩弹塑性分析，但对围岩力学特性和变形特性作了很多不合理的简化，张常光等(2010)[189-190]作了进一步的修改和完善。

2. 材料模型

在不考虑岩石流变时，围岩材料模型一般可分为理想弹-塑性模型、弹-脆-塑性模型和应变软化模型。理想弹-塑性模型一般适用于金属和延性岩石，对脆性岩石不适用。应变软化模型需要对岩石软化规律做出假设，一般假定为岩石材料参数为某一软化参数的线性函数，最后也只能给出围岩塑性区应力和位移的数值解，需要分步迭代求解，得出的围岩特征曲线处于理想弹-塑性模型和弹-脆-塑性模型的结果之间，且多数情况下接近弹-脆-塑性模型的计算结果。弹-脆-塑性模型考虑了岩石材料的脆性软化，是应变软化模型的一种特殊情况，较理想弹-塑性模型更符合岩石材料的力学特性，较应变软化模型更简单，易于得到解析解，得出的计算结果稍偏安全。因此，弹-脆-塑性模型在围岩特征曲线分析中得到越来越广泛的应用。

3. 流动法则(剪胀特性)

围岩进入塑性变形后，与金属材料的塑性流动不同，其体积应变不再为零[197-198]，发生明显的剪胀，故应考虑围岩剪胀特性对其变形的影响。关联流动法则假设围岩的剪胀角等于其内摩擦角，夸大了剪胀特性的影响。现在逐渐认可采用非关联动法则来表示围岩的剪胀特性，不考虑剪胀与围压及剪应变之间的复杂关系，认为其剪胀角为小于内摩擦角的一常数。

4. 塑性区弹性模量

现有围岩位移解答多是没有区分围岩塑性区弹性模量和弹性区弹性模量间的差异，或将其设为比弹性区弹性模量小的一常数，这均不符合围岩受扰变形的机理。实际上，由于隧道开挖或爆破使部分围岩进入塑性，塑性区内的围岩除粘聚力和内摩擦角降低外，弹性模量也发生了质的变化，其值较弹性区围岩的弹性模量要小，且不再是一常数，而且这种开挖扰动与距离最相关，越靠近洞壁，扰动越严重，围岩弹性模量降低得越多，随着距离的增大，弹性模量逐渐增大，直到围岩弹塑性交界处达到初始弹性模量，所以，围岩塑性区的弹性模量是距隧道中心的距离或塑性区小主应力的函数[199-207]，应考虑这种渐进变化的弹性模量对围岩变形的影响，将在第 5 章中详细探讨。

5. 塑性区弹性应变定义

现有围岩塑性区位移解答对塑性区的弹性应变做了过多的简化，最初为不考虑塑性区的弹性应变，即按金属塑性体积应变为零来建立塑性区位移公式。现在最常用的是假定围岩塑性区的弹性应变为定值[154,170]，其大小等于弹塑性交界处弹性区的应变值。这两种简化都不能真实反映塑性区弹性应变对围岩变形的影响，且都低估了洞壁位移，工程设计偏危险。还有利用厚壁圆筒应变[154,164-166]或广义胡克定律来确定塑性区弹性应变的。实际上塑性区不同弹性应变定义的影响与中间主应力、围岩脆性软化和剪胀等密切相关，将在第 5 章中详细探讨。

另外还有学者对两向不等地应力[208-212]、岩石流变[213-220]、破碎岩体自重[160,221]、隧道断面形状[221-222]，以及全长砂浆锚杆支护[223-224]等对围岩特征曲线的影响，进行了有益的探讨。值得指出的是，Carranza - Tomes 和 Fairhurst (1999)[160]对于深埋圆形隧道，建议了考虑破碎围岩自重的支护压力确定方法，即拱腰处的支护压力就是由收敛约束法确定的大小，拱顶和拱底部位的支护压力应在收敛约束法确定的压力基础上，分别加上或减去破碎区的岩体自重。同时利用 FLAC3D 数值软件讨论了不同围岩侧压力系数下，收敛约束法在圆形隧道应用的有效性，得出：在常见 0.75～1.5 的围岩侧压力系数范围内，按初始地应力的平均值计算得到的圆形塑性区半径和位移大小，可为真实情况下的围岩塑性区范围和位移的平均值提供很好的可比性，且偏于安全与保守。李桂臣等(2010)[222]对高地应力作用下的矩形、直墙半圆拱形、马蹄形、三心拱形、圆形和椭圆形这 6 种隧道断面形状开展数值优化，提出了隧道支护的“等效开挖”概念，得出：等效开挖半径相同而断面形状不同的隧道在开挖后，与开挖外接圆同径的圆形隧道的塑性区分布基本相同，即断面形状对塑性区的分布影响不大。以上两项研究成果为收敛约束法在深埋不等地应力条件以及非圆形断面隧道中的应用，提供了坚实的基础。

1.4.3 开挖面的空间效应

隧道开挖是一个在时间和空间上都不断变化的过程，也是一个不断地对围岩进行反复加、卸载的复杂过程，因此，围岩的稳定性不仅与最终状态相关，而且还与过程相关。在不考虑围岩流变的情况下，隧道开挖也有一个空间三维问题，特别是在隧道开挖面附近，前方未开挖的岩体在纵向对后方围岩具有"半穹顶"的支护作用，围岩压力释放不是瞬时完成的，而是随着开挖面的接近和远离逐步释放，直到开挖面的空间效应完全消失。

在平面应变有限元和理论分析中，隧道开挖面的空间效应常采用应力释放系数法来模拟，也称反转应力法，即用虚拟支护力来模拟开挖面的空间效应，将复杂的三维开挖问题转化为二维平面应变问题。应力释放系数法通过一个比例系数，即应力释放系数来控制各节点荷载释放的大小。虚拟支护力与隧道内边界处的围岩压力大小相等，方向相反。Sakurai(1978)[225]提出随开挖面距离变化的等效初始地应力公式，来反映开挖面的空间效应。Gesta 等(1980)[226]基于轴对称弹性有限元分析，拟合了应力释放系数公式。孙钧和朱合华(1994)[227]采用广义虚拟支护力来模拟开挖面的空间效应，以考虑洞形非轴对称、初始地应力为非静水压力的情况。金丰年和钱七虎(1996)[228]讨论了开挖速度对开挖面空间效应的影响。张传庆等(2008)[229]、高峰和孙常新(2010)[230]讨论了应力释放法中的应力路径、侧压力系数、支护荷载的大小、方向及选取的部位等影响。Thomas 和 Nedim(2009)[231]利用 FLAC3D 数值分析，结合二维平面弹塑性位移解答，拟合了以塑性区相对深度和围岩内摩擦角为基础的支护力系数公式。

前期变形 u_0 的合理确定，是制约收敛约束法应用与发展的一个重要因素[232]。因应力释放系数与支护开挖距离、岩体特性参数等之间难以建立定量关系，阻碍了虚拟支护力的实际应用。同时围岩变形是地下工程中最重要和最常见的监测项目，围岩的很多特性都可通过变形来宏观反映，所以越来越多的学者转向利用隧道纵向变形曲线来研究开挖面的空间效应和前期变形 u_0。一般将某一研究截面在开挖过程中，围岩内边界处的径向变形 u_0 与其平面应变无支护下的最大变形 u_{0max} 之比称为位移释放系数 $u^*(x)$。当围岩处于弹性状态时，应力释放系数与位移释放系数相等，而当围岩处于弹塑性状态时，二者将不再具有简单的一一对应关系，所以当围岩处于弹塑性状态时，一般由隧道纵向变形曲线来确定支护时围岩已发生的前期变形 u_0。

自从收敛约束法产生以来，国内外很多学者对隧道纵向变形曲线作了研究。Daemen 和 Fairhurst(1972)[233]指出不同的 u_0 值对支护荷载影响显著，并推导了弹性围岩考虑支护延迟影响的支护压力近似解。Hocking(1976)[234]应用边界积分法，得出弹性围岩在开挖面附近 0.75 倍半径范围内，隧道拱顶位移将释放 80%。Panet 和 Guenot(1982)[235]利用轴对称有限元，拟合了弹性地层深埋圆形隧道的位移释放系数公式，得出开挖面处洞壁径向位移释放系数 u_0^* 为 0.28，1995 年又作了进一步改进[239]，得出 u_0^* 变为 0.25。Kitagawa 等(1991)[236]建议了分段 S 形的隧道纵向变形曲线公式，并指出施工过程对位移释放系数有影响。Corbetta 和 Nguyen-Minh(1992)[237]采用弹性应力分析法，给出了类似的公式，得出 u_0^* 为 0.29。Guillox 和 Kastner(1994)[238]、Unlu 和 Gercek(2003)[239]分别建议了考虑围岩泊松比影响的位移释放系数公式。Lee(1994)[240-241]利用归一化方法分析了隧道变形资料，并建议了位移释放系数公式，得出 u_0^* 为 0.34。Bernaud 和 Rousset(1996)[242]考虑支护刚度和围岩特性对隧道纵向变形曲线的综合影响，给出了修正的位移释放系数公式。Hoek(1999)[160]对 Mingtam 地下水电站的现场实测数据[243]，采用最佳拟合方法，建议了位移释放系数的经验公式，得出 u_0^* 为 0.31。Nam 和 Bobet(2007)[244]指出对于深埋弹性围岩，渗流体积力显著增大了隧道开挖面及开挖面前方的位移释放系数和位移，而对开挖面后方的位移释放系数影响不大，并拟合了考虑渗流影响的位移释放系数公式。Gonzalez-Nicieza(2008)[245]建立了以隧道形状系数为基础的位移释放系数公式，Vlachopoulos 和 Diederichs(2009)[246]建立了以无支护围岩最大塑性区半径 R_{max} 为基础的位移释放系数公式，Basarir 等(2010)[247]将岩体分级数 RMR 引入深埋弹塑性隧道的纵向变形曲线。国内代表性研究由：唐德高和王桐封(1988，1992)[248-249]建议利用等效弹模来模拟开挖面的空间效应，并分析了围岩特性参数、洞室形状及侧压力系数等对位移释放系数的影响。朱维申和何满潮(1996)[250]利用洞壁径向位移释放系数，来反映开挖面径向"虚拟支撑力"的释放。唐雄俊等(2009)[251]讨论了岩体剪胀角、内摩擦角以及粘聚力等对开挖面位移释放系数的影响。张平等(2009)[252]讨论了上下台阶开挖的直墙拱形隧道的纵向变形规律。王燕(2009)[253]利用正交试验拟合了分段指数型位移释放系数中的参数公式。总的来看，现有隧道纵向变形曲线或位移释放系数的公式多采用三维弹性数值拟合、三维弹塑性数值拟合或工程实测数据拟合，逐渐考虑岩体特性参数、隧道埋深以及隧道形状等的影响。但这些公式都有各自的适用范围，应用时应慎重选择，将在第 6 章中详细探讨。

1.5 主要研究内容、创新点及技术路线

1.5.1 主要研究内容

统一强度理论具有统一的力学模型、统一的理论和统一的数学表达式，可以有规律地变化以适用于各类工程材料，形成了一系列有序的破坏准则。统一强度理论有很强的适用范围，应用统一强度理论可取得一系列新的研究成果，并可充分发挥材料的强度潜力，在理论上、工程实践以及经济上都有重要的意义，但统一强度理论在非饱和土强度方面的应用还是空白，同时在隧道收敛约束法中的应用也仅仅是一个开始，缺乏深入细致的系统研究，具体应用时，应考虑更多其他复杂因素的综合影响，同时还会遇到许多新的问题。因此，本书首先介绍了统一强度理论的基本内容，然后着重研究非饱和土强度理论及其工程应用、隧道收敛约束法的应用改进两个方面的内容。

主要研究内容如下：

(1) 简要介绍了统一强度理论的力学模型、常用各种表达式、极限面形状、岩石典型真三轴试验结果验证、在岩土与地下等工程的应用现状及其理论与工程意义，并指出当前广泛应用于岩土材料弹塑性分析的各种强度理论的不足。针对岩土材料，推导了以压应力为正的统一强度理论，并给出了平面应变状态条件下的统一强度理论表达式。

(2) 将非饱和土抗剪强度公式分为 4 类，分析当前抗剪强度公式的特点及研究不足。依据非饱和土的应力状态变量和强度特性，利用双剪应力概念推导了复杂应力状态的非饱和土统一强度理论，并分别利用刚性和柔性真三轴仪的试验结果进行了验证，同时指出外接圆 Drucker - Prager 准则不能反映非饱和土的真实强度特性，非饱和土统一强度理论可以线性逼近拓展的非线性 SMP 准则。另外，还总结当前非饱和土真三轴试验研究的不足，以及完整真三轴试验的研究内容。

(3) 推导了平面应变条件下非饱和土抗剪强度统一解，并拟合高基质吸力的一个抗剪强度参数，进而将平面应变抗剪强度统一解应用到非饱和土的土压力、地基极限承载力和临界荷载的计算中，建立对应的解析解，对所得解析解进行了可比性分析、主动土压力实测及地基极限承载力模型试验验证，并进行了解析解的参数影响分析。

(4) 基于统一强度理论和非关联流动法则，合理考虑中间主应力、围岩脆性软化、剪胀特性、塑性区半径相关的弹性模量和不同弹性应变定义等综合影响，建立了深埋圆形岩石隧道弹-脆-塑性应力、位移和特征曲线的解析新解，对其进行了可比性分析，以及统一弹-塑性有限元、广义 Hoek - Brown 经验强度准则解的验证，并进行了围岩变形和特征曲线的参数影响分析。

(5) 介绍了能反映开挖面空间效应的支护力系数公式和各种常见位移释放系数公式，分析比较其适用性与空间效应差异，得出 Vlachopoulos 和 Diederichs (2009)建立的位移释放系数具有明显的优势。继而结合代表性硬岩和软岩两种岩体，利用收敛约束法的特征曲线交点，对比研究因空间效应差异、不同支护起始位置方法等所造成的收敛约束不同，并探讨了支护压力和围岩稳定变形的参数影响特性。

1.5.2 主要创新点

本书的主要创新点如下：

(1) 利用双剪应力概念建立了复杂应力状态的非饱和土统一强度理论，给出了其常用特例的具体表达式及 π 平面极限线形状，并利用刚性和柔性真三轴仪的试验结果进行了验证。

(2) 推导了非饱和土主动及被动土压力、地基极限承载力和临界荷载的解析解，得到主动土压力实测数据及地基极限承载力模型试验结果的验证，并得出中间主应力、高低基质吸力及分布和侧压力系数的影响特性。

(3) 所得深埋圆形岩石隧道弹-脆-塑性应力和位移的解析新解综合反映了中间主应力、围岩脆性软化、剪胀特性、塑性区半径相关的弹性模量和不同弹性应变定义等影响，并得到统一弹-塑性有限元和广义 Hoek - Brown 经验强度准则半解析解的验证。

(4) 结合代表性硬岩和软岩两种岩体，由 Vlachopoulos 和 Diederichs (2009)以围岩塑性区最大半径 R_{max} 为基础的位移释放系数确定支护的起始作用位置，得出各影响因素以及因空间效应差异、不同支护起始位置方法等所造成的收敛约束不同。

1.5.3 技术路线

本书研究的具体技术路线如图 1 - 8 所示。

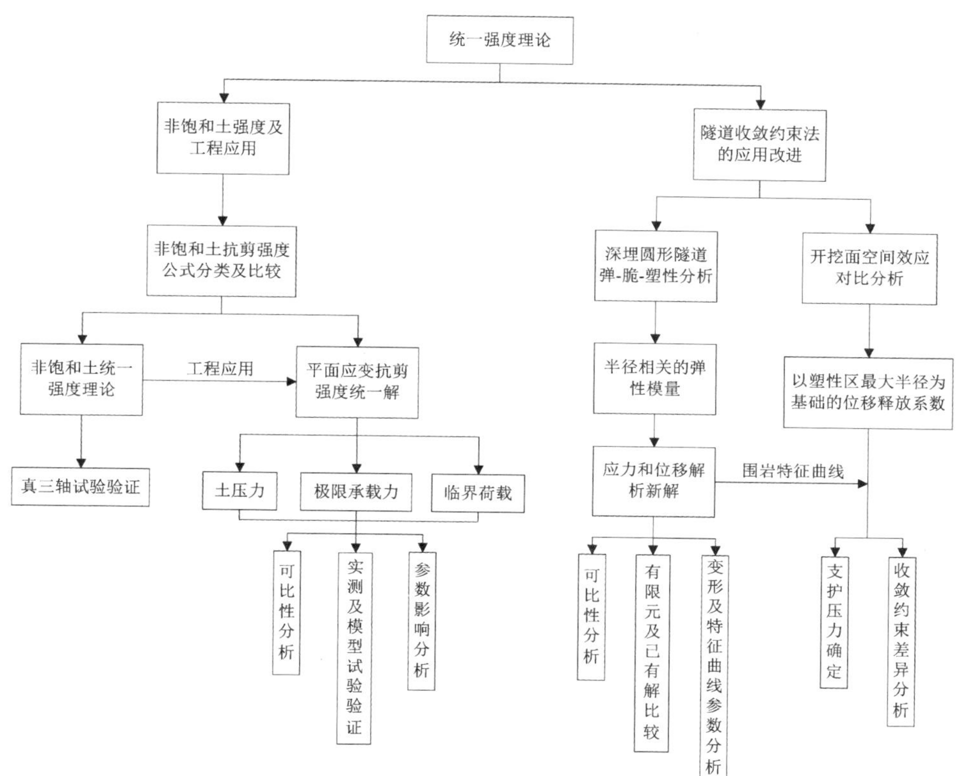

图1-8 本书研究的技术路线

第2章 统一强度理论简介

统一强度理论是西安交通大学俞茂宏教授从 1961 年到 1991 年 30 年来对强度理论长期研究的成果，是双剪屈服准则(1961)、加权双剪应力屈服准则(十二边形，1961)、双剪强度理论(1985)、双剪角隅模型(1987)、双剪单元体(1985)、双剪多参数准则(1986—1990)等一系列研究的继续和发展[6]，也是 100 多年来强度理论研究的高度概括。

统一强度理论是以双剪屈服准则为基础，提出的一个新的双剪统一强度准则。它考虑作用于双剪单元体上的两个较大剪应力及其面上的正应力对材料屈服或破坏的不同影响，即：当作用于双剪单元体上的两个较大剪应力及其面上的正应力影响函数达到某一极限值时，材料开始发生屈服或破坏。这一理论是从一个统一的力学模型出发，考虑应力状态的所有应力分量以及它们对材料屈服或破坏的不同影响，建立的一个全新的强度理论和一系列新的典型计算准则，可以十分灵活地适应于各种不同的工程材料。

2.1 统一强度理论的力学模型

强度理论研究的是微小单元体在空间应力 $\sigma_i(\sigma_1, \sigma_2, \sigma_3)$ 作用下的屈服和破坏规律及其相应的计算准则，它涉及力学、材料、土木、机械和航空等学科。而当今工程中常用的强度理论都是从各自不同的假设和力学模型出发，推导得出不同的数学表达式，一般只能适用于某一类特定的材料[254]。如 Tresca 最大剪应力准则只适用于剪切屈服强度 τ_s 为拉伸屈服强度 σ_s 一半的材料，Mises 准则只适用于 $\tau_s = 0.577\sigma_s$ 的材料，双剪应力屈服准则和 Haythorthwaite 于 1961 年提出的最大偏应力屈服准则只适用于 $\tau_s = 0.677\sigma_s$ 的材料，以上 3 个屈服准则都只适用于拉压强度相等的金属材料。Mohr - Coulomb 强度准则只适用于剪切强度 τ_0 与单轴拉伸强度 σ_t 和单轴压缩强度 σ_c 的关系为 $\tau_0 = \sigma_t\sigma_c/(\sigma_t + \sigma_c)$ 的材料，双剪强度理论只适用于 $\tau_0 = 2\sigma_t\sigma_c/(\sigma_t + 2\sigma_c)$ 的材料。Drucker - Prager 准则属于广义 Mises 准则，其拉伸子午线和压缩子午线相同，只适用于 $\tau_s = 0.577\sigma_s$ 的材料，与拉压异性岩土类材料的试验结果不符合。因此，可以说，以上这些理论都是只能适用于某一类材料的单一强度理论。从 19 世纪末以来，世界各国学者为建立一种能很好地适用于各种材料的统一强度理论做了大量研究，但是 100 多年来并未能很好地解决，统一强度理论的提出无疑给这一困难而又极具吸引力的研究课题一个完美的答案。

长期以来，在研究强度理论时，多采用传统的主应力六面体（图 2 - 1）和等倾八面体（图 2 - 2）两种模型，它们都是空间等分体，即用一种单元体可以处处充满空间而不造成空隙或重叠。主应力六面体上作用着 σ_1，σ_2，σ_3 三个主应力；等倾八面体上作用着八面体剪应力 τ_8 和八面体正应力 σ_8，它们是建立八面体剪应力系列强度理论（Mises 准则、Drucker - Prager 准则以及各种 τ_8，σ_8，q，p，τ_m，σ_m 和形状变形能理论等）的力学模型；图 2 - 3 所示则为建立单剪应力系列强度理论（Tresca 准则，Mohr - Coulomb 强度准则等）的力学模型，这一力学模型只考虑了作用于单元上的最大剪应力 τ_{13} 及其面上的正应力 σ_{13}，而忽略了作用在这一单元上的另一主应力 σ_2，这是单剪强度理论在力学模型上的不足，实际上中间主应力 σ_2 即使在数值上等于零，它也将通过其他主剪应力而起作用。

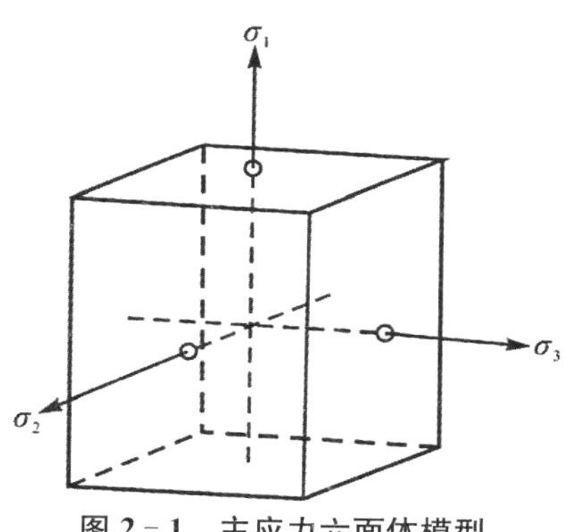

图 2 - 1　主应力六面体模型

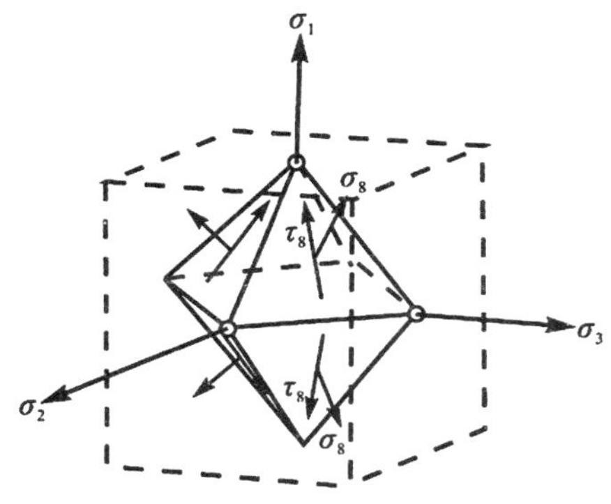

图 2 - 2　等倾八面体模型

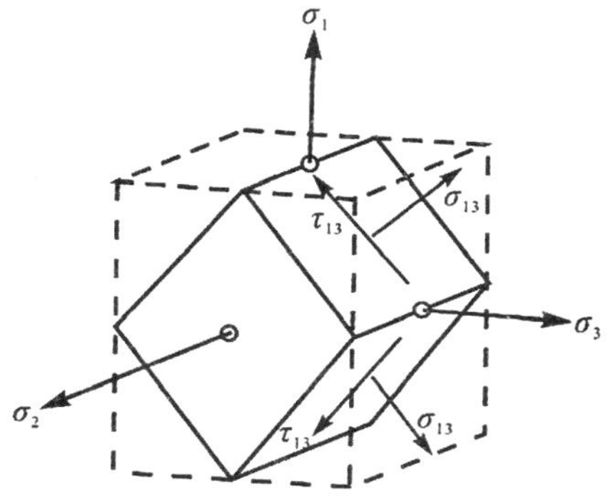

图2 - 3　单剪应力系列强度理论的力学模型

作为空间等分体，也可以选择其他形式的单元体，图 2-4(a)所示就是另一种正交八面体空间等分体，它可以处处充满空间，可作为一种新的单元体模型，即双剪单元体模型。从应力状态着手，将主应力状态(σ_1，σ_2，σ_3)转换为主剪应力状态(τ_{13}，τ_{12}，τ_{23})，考虑到主剪应力中只有两个独立量(因为恒有 $\tau_{13}=\tau_{12}+\tau_{23}$ 成立)，因此，将它们转换为双剪应力状态(τ_{13}，τ_{12}；σ_{13}，σ_{12})或(τ_{13}，τ_{23}；σ_{13}，σ_{23})。两组剪应力共八个作用面，形成一种新的八面体单元，得出两个相应的双剪单元体力学模型，如图 2-4(a)所示。将正交八面体一截为二，可得四棱锥单元体，如图 2-4(b)所示。在这两个四棱锥单元体上可以看到，双剪应力与主应力 σ_1 或 σ_3 的平衡关系；同理可得正交八面体的 1/4 单元体，如图 2-4(c)所示。在这两个单元体上，可以同时建立双剪应力 τ_{13} 和 τ_{12}(或 τ_{23})与主应力 σ_1 和 σ_3 的关系。

正交八面体以及它们的 1/2 与 1/4 单元体都是空间等分体，或称为双剪应力单元体，它们将作为建立统一强度理论的力学模型。

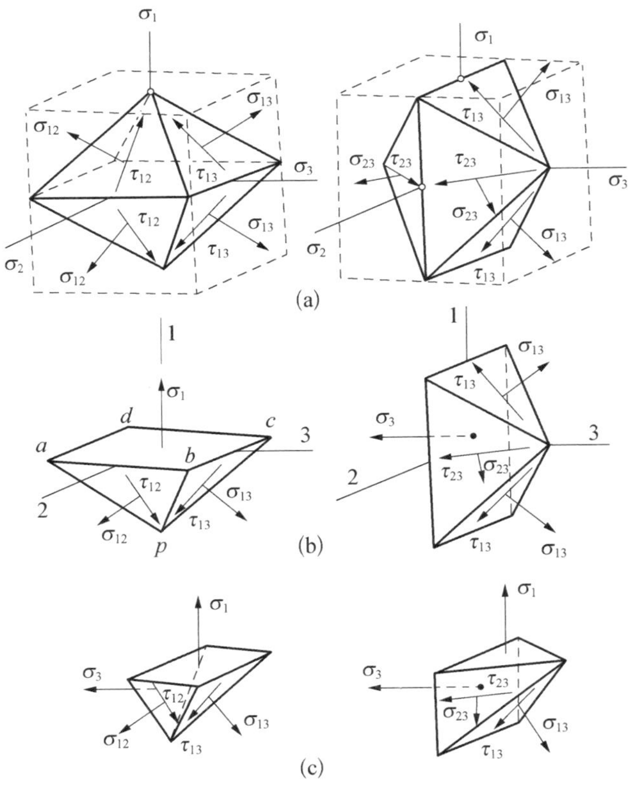

图 2-4　双剪单元体模型[6]

2.2　统一强度理论的表达式

2.2.1　双剪统一屈服准则

俞茂宏教授以双剪应力单元体和双剪屈服准则为基础，提出一个新的双剪统一屈服准则[6]，其剪应力和主应力表达式分别为

$$F = \tau_{13} + b\tau_{12} = C \qquad \tau_{12} \geqslant \tau_{23} \tag{2-1a}$$

$$F' = \tau_{13} + b\tau_{23} = C \qquad \tau_{12} \leqslant \tau_{23} \tag{2-1b}$$

$$F = \sigma_1 - \frac{1}{1+b}(b\sigma_2 + \sigma_3) = \sigma_s \qquad \sigma_2 \leqslant \frac{\sigma_1 + \sigma_3}{2} \tag{2-2a}$$

$$F' = \frac{1}{1+b}(\sigma_1 + b\sigma_2) - \sigma_3 = \sigma_s \qquad \sigma_2 \geqslant \frac{\sigma_1 + \sigma_2}{2} \tag{2-2b}$$

式中，b 为反映中间主剪应力作用的权系数，它与材料的剪切屈服极限 τ_s 和拉伸屈服极限 σ_s 之间的关系为

$$b = \frac{2\tau_s - \sigma_s}{\sigma_s - \tau_s} \tag{2-3}$$

当 $b = 0$, 1/2 和 1 时，统一屈服准则可分别得出 Tresca 准则，Mises 准则的线性逼近和双剪屈服准则。统一屈服准则实际上是以双剪理论为基础，以 b 为参数的包括无限多的一族屈服准则，因而称之为双剪统一屈服准则。一般取 $b =$ 0, 1/4, 1/2, 3/4 和 1 这 5 种情况，基本上可以适应于各种拉压强度特性相同的材料在复杂应力状态下的强度计算。

双剪统一屈服准则由于没有考虑双剪单元体上的正应力对材料屈服或破坏的影响，只能适用于拉压强度相等的金属类材料，而不能适用于拉压强度不等并与静水应力有关的岩土类材料。

2.2.2　以拉应力为正的统一强度理论

为了建立能够适用于各种不同工程材料的统一强度理论，考虑作用于双剪单元体上的全部应力分量以及它们对材料屈服或破坏的不同影响，即：当作用于双剪单元体上的两个较大剪应力及其面上的正应力影响函数达到某一极限值时，材料开始发生屈服或破坏。根据这一思想，并且尽可能减少计算准则中材料参数的数量，采用与一般强度理论一个方程式完全不同的建模方法，而采用两个方程和附加条件的独特数学建模方法，统一强度理论的表达式[6]可写为

$$F=\tau_{13}+b\tau_{12}+A(\sigma_{13}+b\sigma_{12})=C \qquad \tau_{12}+A\sigma_{12}\geqslant\tau_{23}+A\sigma_{23} \tag{2-4a}$$

$$F'=\tau_{13}+b\tau_{23}+A(\sigma_{13}+b\sigma_{23})=C \qquad \tau_{12}+A\sigma_{12}\leqslant\tau_{23}+A\sigma_{23} \tag{2-4b}$$

式中，b 为中间主应力影响系数，A 为反映正应力对材料屈服或破坏的影响系数，C 为材料的强度参数。

双剪应力 τ_{13}、τ_{12} 或 τ_{23} 及其作用面上的正应力 σ_{13}、σ_{12} 或 σ_{23} 分别为

$$\tau_{13}=\frac{1}{2}(\sigma_1-\sigma_3) \qquad \sigma_{13}=\frac{1}{2}(\sigma_1+\sigma_3) \tag{2-5}$$

$$\tau_{12}=\frac{1}{2}(\sigma_1-\sigma_2) \qquad \sigma_{12}=\frac{1}{2}(\sigma_1+\sigma_2) \tag{2-6}$$

$$\tau_{23}=\frac{1}{2}(\sigma_2-\sigma_3) \qquad \sigma_{23}=\frac{1}{2}(\sigma_2+\sigma_3) \tag{2-7}$$

参数 A 和 C 可由材料单轴拉伸强度 σ_t 和单轴压缩强度 σ_c 确定，以拉应力为正、压应力为负，其条件为

$$\sigma_1=\sigma_t \qquad \sigma_2=\sigma_3=0$$
$$\sigma_1=\sigma_2=0 \qquad \sigma_3=-\sigma_c$$

由此得出参数 A 和 C 分别为

$$A=\frac{\sigma_c-\sigma_t}{\sigma_c+\sigma_t}=\frac{1-\alpha}{1+\alpha},\ C=\frac{2\sigma_c\sigma_t}{\sigma_c+\sigma_t}=\frac{2}{1+\alpha}\sigma_t \tag{2-8}$$

将式(2-8)代入式(2-4)，可得主应力形式的统一强度理论表达式为[6]

$$F=\sigma_1-\frac{\alpha}{1+b}(b\sigma_2+\sigma_3)=\sigma_t \qquad \sigma_2\leqslant\frac{\sigma_1+\alpha\sigma_3}{1+\alpha} \tag{2-9a}$$

$$F'=\frac{1}{1+b}(\sigma_1+b\sigma_2)-\alpha\sigma_3=\sigma_t \qquad \sigma_2\geqslant\frac{\sigma_1+\alpha\sigma_3}{1+\alpha} \tag{2-9a}$$

式中，$\alpha=\sigma_t/\sigma_c$，为材料的拉压强度比，它反映了材料的拉压强度异性效应，即 Strength Differences(SD)效应，对于韧性金属材料一般为 0.77～1.0，脆性金属材料为 0.33～0.77，岩土类材料一般小于 0.5；b 为在统一强度理论中引进的一个反映中间主剪应力以及相应面上的正应力对材料屈服或破坏影响程度的系数，实际上 b 也可作为选用不同强度理论的参数，以后均称之为统一强度理论参数，满足屈服面外凸时的取值范围为 $0\leqslant b\leqslant 1$。

统一强度理论参数 b 亦可以作为材料强度的特性参数，其取值可以由两种方法确定。

第一种方法是以材料纯剪切条件下的应力条件，即$(\sigma_1,\ \sigma_2,\ \sigma_3)=(\tau_0,\ 0,\ -\tau_0)$，$\tau_0$ 为剪切强度，满足式(2-9a)，代入整理得

$$b=\frac{(1+\alpha)\tau_0-\sigma_t}{\sigma_t-\tau_0} \tag{2-9c}$$

第二种方法是将统一强度理论的极限线和材料真三轴试验对比，即可找出对应的 b 值及相应的强度准则。

岩土工程中常采用剪切强度参数 c 和正应力影响参数 φ，一般称为粘聚力和内摩擦角，则可按关系式[6]

$$\alpha=\frac{1-\sin\varphi}{1+\sin\varphi},\quad \sigma_t=\frac{2c\cos\varphi}{1+\sin\varphi} \tag{2-10}$$

将式(2-10)代入式(2-9a)和式(2-9b)，即可得以$(\sigma_1,\ \sigma_2,\ \sigma_3,\ c,\ \varphi)$表示的统一强度理论数学表达式为

$$F=\sigma_1-\frac{1-\sin\varphi}{(1+b)(1+\sin\varphi)}(b\sigma_2+\sigma_3)=\frac{2c\cos\varphi}{1+\sin\varphi}$$
$$\sigma_2\leqslant\frac{1}{2}(\sigma_1+\sigma_3)+\frac{\sin\varphi}{2}(\sigma_1-\sigma_3) \tag{2-11a}$$

$$F'=\frac{\sigma_1+b\sigma_2}{1+b}-\frac{1-\sin\varphi}{1+\sin\varphi}\sigma_3=\frac{2c\cos\varphi}{1+\sin\varphi}$$
$$\sigma_2\geqslant\frac{1}{2}(\sigma_1+\sigma_3)+\frac{\sin\varphi}{2}(\sigma_1-\sigma_3) \tag{2-11b}$$

2.2.3　以压应力为正的统一强度理论

在岩土力学和岩石力学中，习惯以压应力为正，拉应力为负。为适应岩土工

程界以压为正的使用习惯，可以建立对应的公式，以方便工程应用。即参数 A 和 C 同样可由材料单轴拉伸强度 σ_t 和单轴压缩强度 σ_c 确定，但其条件变为

$$\sigma_1 = \sigma_2 = 0, \qquad \sigma_3 = -\sigma_t$$
$$\sigma_1 = \sigma_c, \qquad \sigma_2 = \sigma_3 = 0$$

由此得出参数 A 和 C 分别为

$$A = \frac{\sigma_t - \sigma_c}{\sigma_t + \sigma_c} = \frac{\alpha - 1}{1 + \alpha}, \quad C = \frac{\sigma_c(1 + b)\alpha}{1 + \alpha} \tag{2-12}$$

将式(2-12)代入式(2-4)，即得以压为正、拉为负时的统一强度理论表达式为

$$F = \alpha\sigma_1 - \frac{1}{1+b}(b\sigma_2 + \sigma_3) = \sigma_t, \qquad \sigma_2 \leqslant \frac{\sigma_3 + \alpha\sigma_1}{1 + \alpha} \tag{2-13a}$$

$$F' = \frac{\alpha}{1+b}(\sigma_1 + b\sigma_2) - \sigma_3 = \sigma_t, \qquad \sigma_2 \geqslant \frac{\sigma_3 + \alpha\sigma_1}{1 + \alpha} \tag{2-13b}$$

式中，α，b 取不同的值可以表示或线性逼近现有的各种强度准则。当 $\alpha = 1$，即材料拉压强度相等时，统一强度理论退化为统一屈服准则。当 $b = 0$ 时，统一强度理论退化为 Mohr-Coulomb 强度准则，$b = 1$ 时，退化为双剪应力强度理论。

进一步将式(2-10)代入式(2-13)，即得以粘聚力 c 和内摩擦角 φ 表示的统一强度理论表达式为

$$F = \frac{1 - \sin\varphi}{1 + \sin\varphi}\sigma_1 - \frac{b\sigma_2 + \sigma_3}{1 + b} = \frac{2c\cos\varphi}{1 + \sin\varphi}$$
$$\sigma_2 \leqslant \frac{1}{2}(\sigma_1 + \sigma_3) - \frac{\sin\varphi}{2}(\sigma_1 - \sigma_3) \tag{2-14a}$$

$$F' = \frac{1 - \sin\varphi}{(1+b)(1 + \sin\varphi)}(\sigma_1 + b\sigma_2) - \sigma_3 = \frac{2c\cos\varphi}{1 + \sin\varphi}$$
$$\sigma_2 \geqslant \frac{1}{2}(\sigma_1 + \sigma_3) - \frac{\sin\varphi}{2}(\sigma_1 - \sigma_3) \tag{2-14b}$$

统一强度理论还可以表达成其他形式，如应力不变量形式 $F(I_1, J_2, \theta_\sigma, \alpha, \sigma_t)$（$\theta_\sigma$ 为应力 Lode 角）、应力不变量形式 $F(I_1, J_2, \theta_\sigma, c, \varphi)$、应力不变量形式 $F(I_1, J_2, \theta_\sigma, \alpha, \sigma_c)$、主应力形式 $F(\sigma_1, \sigma_2, \sigma_3, \alpha, \sigma_c)$ 等。强度参

数也可以采用σ_c，σ_t和c，φ以外的其他材料强度指标，统一强度理论的表达式将随之改变。

2.2.4　平面应变状态下的统一强度理论

对于平面应变问题，根据文献[6,155,255]知

$$\sigma_2 = \frac{m}{2}(\sigma_1 + \sigma_3) \tag{2-15}$$

式中，m为中间主应力系数，$0 < m \leqslant 1$，可以通过理论和实验来确定。根据经验，在弹性区，可取$m = 2\nu$（ν为泊松比，可以用广义胡克定律来解释）；而在塑性区，可取$m \to 1$，最简单的方法就是假定$m = 1$。

由于$\sigma_2 = \frac{1}{2}(\sigma_1 + \sigma_3) > \frac{1}{2}(\sigma_1 + \sigma_3) - \frac{\sin\varphi}{2}(\sigma_1 - \sigma_3)$，故在平面应变问题中，塑性区应力满足式(2-14b)，将式(2-15)(m=1)代入式(2-14b)，整理得

$$\frac{\sigma_1 - \sigma_3}{2} = \frac{\sigma_1 + \sigma_3}{2}\sin\varphi_t + c_t\cos\varphi_t \tag{2-16}$$

式中，c_t，φ_t为岩土类材料的统一粘聚力和统一内摩擦角，即统一抗剪强度参数，其表达式为

$$c_t = \frac{2(b+1)c\cos\varphi}{2+b(1+\sin\varphi)}\frac{1}{\cos\varphi_t},\ \sin\varphi_t = \frac{2(b+1)\sin\varphi}{2+b(1+\sin\varphi)}$$

上式(2-16)与主应力表达的 Mohr-Coulomb 强度准则形式完全一致。

当岩土材料进入脆性软化时，可用c_i，φ_i表示岩土材料的初始强度参数，c_r，φ_r表示塑性区软化后的强度参数，则式(2-16)变为

$$\frac{\sigma_1 - \sigma_3}{2} = \frac{\sigma_1 + \sigma_3}{2}\sin\varphi_{tj} + c_t\cos\varphi_{tj} \tag{2-17}$$

$$c_{tj} = \frac{2(b+1)c_j\cos\varphi_j}{2+b(1+\sin\varphi_j)}\frac{1}{\cos\varphi_{tj}},\ \sin\varphi_{tj} = \frac{2(b+1)\sin\varphi_j}{2+b(1+\sin\varphi_j)}$$

式中，参数$j = \mathrm{i}$表示初始屈服面，$j = \mathrm{r}$表示后继屈服面。

2.3 统一强度理论的极限面

静水应力轴为三维坐标系的空间对角线，其上点的 3 个主应力大小相等，垂直于静水应力轴的平面称为 π 平面，过坐标原点的 π 平面称为 π_0 平面。应力空间中的一个定点对应着一个应力状态，应力张量 $\sigma_{ij}(i, j=1, 2, 3)$ 可以分解为球应力张量和偏应力张量。球应力张量对应于静水应力轴上极限面的位置，偏应力张量代表极限面的大小。岩土类材料的破坏准则常采用以静水应力轴为主轴的应力空间来表示，π 平面可用直角坐标(x, y)或极坐标(r, θ_σ)来表示，这样主应力空间的应力点 $p(\sigma_1, \sigma_2, \sigma_3)$ 就可表示为坐标点 $p(x, y, z)$，如图 2－5 所示。

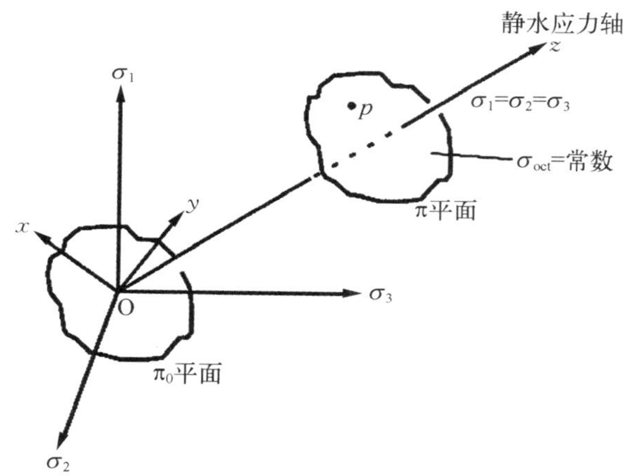

图 2－5 应力空间和坐标转换

空间点位(x, y, z)与主应力$(\sigma_1, \sigma_2, \sigma_3)$之间的转换关系为

$$
\begin{aligned}
x &= \frac{1}{\sqrt{2}}(\sigma_3 - \sigma_2) \\
y &= \frac{1}{\sqrt{6}}(2\sigma_1 - \sigma_2 - \sigma_3) \\
z &= \frac{1}{\sqrt{3}}(\sigma_1 + \sigma_2 + \sigma_3)
\end{aligned}
\tag{2-18}
$$

或者

$$\begin{aligned}\sigma_1 &= \frac{1}{3}(\sqrt{6}y+\sqrt{3}z)\\ \sigma_2 &= \frac{1}{6}(2\sqrt{3}z-\sqrt{6}y-3\sqrt{2}x)\\ \sigma_3 &= \frac{1}{6}(3\sqrt{2}x-\sqrt{6}y+2\sqrt{3}z)\end{aligned} \tag{2-19}$$

由式(2-14)中 $F = F'$ 的条件，可求得极限线交接处的应力 Lode 角 θ_b 为[6]

$$\theta_b = \arctan\left[\frac{\sqrt{3}(2+\sin\varphi)}{6-\sin\varphi}\right] \tag{2-20}$$

从式(2-18)可以看出，知道某点的主应力情况，就可以找出对应的点位；反之，从式(2-19)由某点的空间位置，就可以求出该点的主应力大小。以上关系只适用于 $\sigma_1 \geqslant \sigma_2 \geqslant \sigma_3$ 和 $0 \leqslant \theta_\sigma \leqslant \pi/3$ 时。

将式(2-19)代入式(2-9a—b)就可得到统一强度理论的坐标关系式，取定静水应力轴的位置，即 z 的大小，就可做出 $0 \leqslant \theta_\sigma \leqslant \pi/3$ 范围内的极限线。根据各向同性材料 π 平面上的极限线具有三轴对称性，即可做出整个 π 平面 360°范围内的极限线。图 2-6 所示为拉压特性不等材料($\alpha \neq 1$)的统一强度理论在 π 平面上的极限线[6](图中应力上角标“′”代表投影在 π 平面上的对应主应力，以下类同)，图 2-7 所示为 $b = 3/4$ 时统一强度理论在主应力空间的三维极限面[1]。

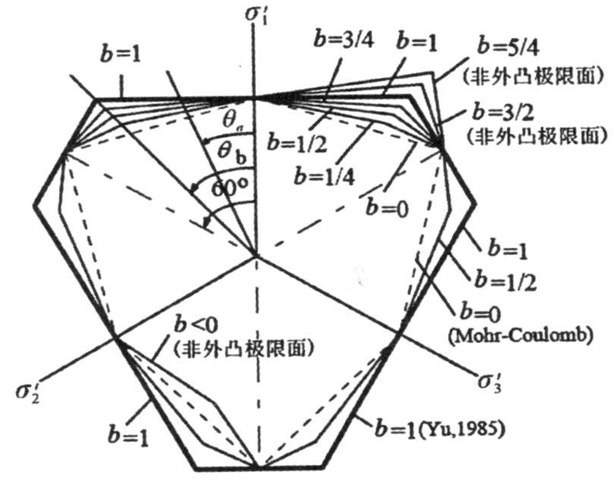

图 2-6　统一强度理论在 π 平面上的极限线($\alpha \neq 1$)[6]

从图 2-6 和图 2-7 可以看出，统一强度理论在主应力空间的极限面是一族以静水应力轴为轴线的不等边六面锥体或不等边十二面锥体，在 π 平面上的极限线为不等边六边形或不等边十二边形。当 $0 \leqslant b \leqslant 1$ 时，统一强度理论的极限面均为外凸的；当 $b<0$ 或 $b>1$ 时，则形成非凸的极限面。在所有外凸极限面中，b 值越大，极限面越大，$b=0$ 时的单剪强度理论的极限面最小，即 Mohr-Coulomb 强度准则的极限面最小；$b=1$ 时的双剪应力强度理论的极限面最大；$b=1/2$ 时的极限面则处于单剪强度理论极限面和双剪应力强度理论极限面的中间；b 取其他值时，可得到对应的极限面和强度准则。因此，统一强度理论在 π 平面的极限线覆盖了所有外凸区域，它自然地构成了下限（$b=0$，Mohr-Coulomb 强度准则，1900）和上限（$b=1$，双剪应力强度理论，1985）以及两者之间的各种线性准则，可以十分灵活地适应各种不同的工程材料。统一强度理论融现有的各种强度理论于一体，已经不是传统意义上的只适用于某一类材料的单一强度理论，而是一种全新的系列化的强度理论，可以构成一系列新的强度理论，形成了一个强度理论的新体系。

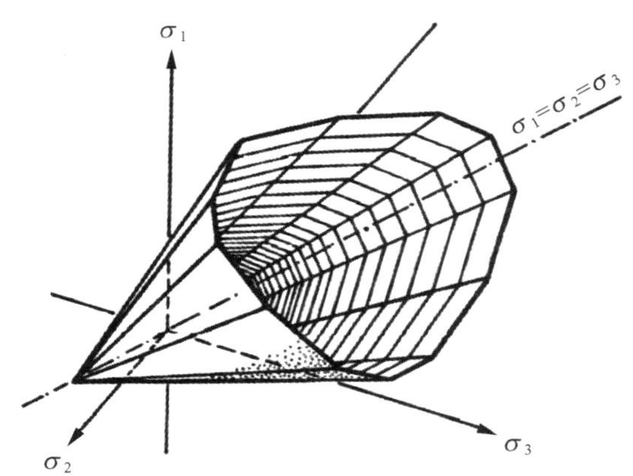

图 2-7　统一强度理论的空间极限面（$\alpha \neq 1$，$b=3/4$）[1]

2.4　统一强度理论的试验验证及应用发展

2.4.1　岩石真三轴试验验证

应用强度理论或破坏准则的最终合理性，以及其有效范围依赖于所形成的模型预测试验数据的能力。现有复杂应力状态下不同特性岩土类材料的试验结果，在 π 平面上的极限线多为凸形，且位于 $0 < b \leqslant 1$ 范围内。应用统一强度理论可以与岩石、黏土、砂土、黄土及混凝土等多种材料的真三轴试验结果相匹配[6]，此处仅给出 3 种代表性岩石真三轴试验结果的比较。

图 2-8 所示为 Mogi(1971)[74] 真三轴试验得出的粗面岩的 π 平面极限线，可以看出，对于不同参数 b 时的统一强度理论极限线情况，$b=1$ 时的极限线稍大，$b=0$ 时的极限线稍小，$b=1/2$ 时的极限线与试验结果吻合的很好，图中的 Drucker-Prager 内切锥与试验结果相差较大。

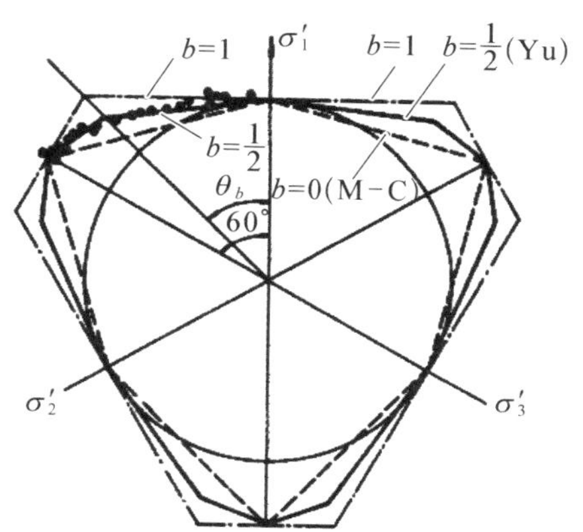

图 2-8　粗面岩的 π 平面极限线

图 2-9 所示为 Mechelis(1987)[78] 真三轴试验得出的 3 组静水应力 p 下大理岩的 π 平面极限线；图 2-10 所示为李小春等(1990，1994)[95,256] 得出的静水应力 80～200 MPa 下，6 组花岗岩的真三轴试验结果。这 9 组试验结果均与 $b=1$ 的统一强度理论相符合。

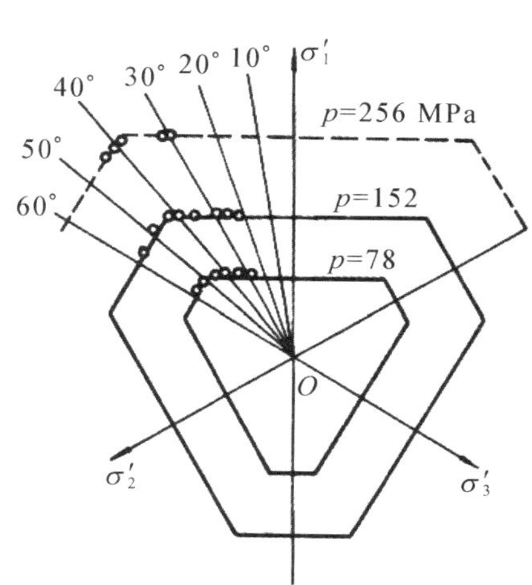

图 2-9　大理岩的 π 平面极限线

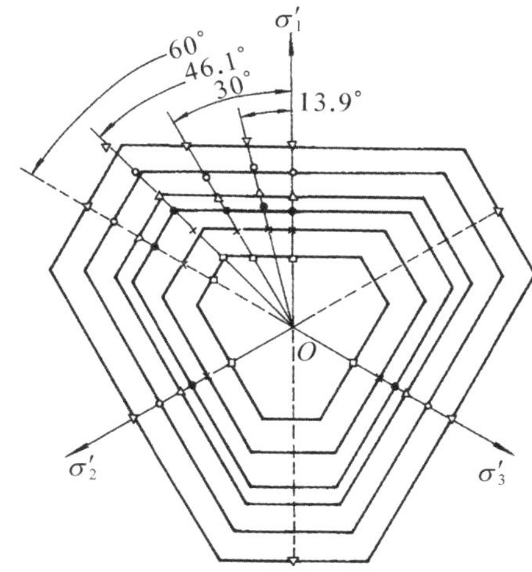

图 2-10　花岗岩的 π 平面极限线

2.4.2　现有广泛应用于岩土体强度理论的缺陷

线性 Mohr-Coulomb 强度准则是土木、水利等工程、岩土力学、应用力学和结构强度研究中应用最多、最广泛的一个强度理论。线性 Mohr - Coulomb 强度准则属于单剪强度理论[$\tau_{13}=(\sigma_1-\sigma_3)/2$],只考虑作用于单元体上的 2 个主应力 σ_1 和 σ_3,没有考虑中间主应力 σ_2 的影响,类似的还有广泛应用于岩石工程的 Hoek - Brown 经验强度准则、非线性 Mohr - Coulomb 准则,以及很多其他岩石经验强度准则,这些准则仅适用于三轴对称压缩条件下的特殊应力状态,并不适用于实际结构所处的复杂应力状态,也不能真实反映因结构改变和材料特性改变而引起的结构极限承载力的变化,计算结果偏保守。外接圆 Drucker - Prager 准则是广义 Mises 准则的一种,具有完美的对称数学表达式,考虑了中间主应力 σ_2 的影响,并认为中间主应力 σ_2 对材料强度的影响和小主应力 σ_3 一样,夸大了中间主应力 σ_2 的作用,计算结果偏危险,并且 Drucker - Prager 准则没有考虑岩土类材料的拉压异性,不能区分拉伸子午线与压缩子午线的差别,与岩土类材料的真三轴试验结果不符[6]。实际上,线性 Mohr - Coulomb 强度准则和 Drucker - Prager 准则是对中间主应力 σ_2 影响处理的 2 个极端情况,前者忽略其影响而计算偏保守,后者夸大其影响而计算偏危险。

研究表明,即使中间主应力 σ_2 等于零[6],在材料破坏时,σ_2 也会通过主剪应力 τ_{12} 或 τ_{23} 对 σ_1 产生很大影响。国内外学者进行了大量的理论研究,如:提出各种光滑化模型来代替 Mohr - Coulomb 强度准则[6];提出三剪应变能屈服准则[257];基于空间滑动面 SMP 准则和 Mises 准则建立的广义非线性强度准则[129],或对原始 Hoek - Brown 经验强度准则进行三维化修正[119-123]等。但这些模型大多表达式复杂,只能采用大型计算机模拟分析,而且只适用于某一类特定的岩土材料。

2.4.3 统一强度理论的应用

统一强度理论作为工程应用基础理论,它的生命力不仅在于它能被试验结果所证实,还在于它应用的可行性和广泛性。

强度理论中大多数为非线性方程,线性方程的强度理论只有第一、第二强度理论和作为上下限的单剪强度理论(Tresca 准则和 Mohr - Coulomb 强度准则)和双剪应力强度理论,以及统一强度理论。线性方程与非线性方程在计算机应用中并没有太大区别,但线性方程式的强度理论在解析分析中具有独特的优点。因此,以往的结构强度分析中,大多数采用 Tresca 准则和 Mohr - Coulomb 强度准则。

统一强度理论已在土木工程的很多领域得到初步应用,如:结构解析分析、数值分析、混凝土结构、水利工程、岩土工程及地下和矿山工程等。但与单剪强度理论的应用研究相比，统一强度理论的推广应用研究还只是一个开始，缺乏系统化研究，并且在很多方面应该说还远远不够或者是空白，推广应用时将会碰到一系列新的问题。下面仅简单介绍统一强度理论在土力学和地基工程、地下及矿山等工程中的一些代表性推广与应用：

1994 年，俞茂宏在《岩土工程学报》发表了关于岩土材料的统一强度理论的论文[136]，标志着统一强度理论在岩土材料应用的开始，后于 1997 年在《土木工程学报》又发表了关于统一滑移线场理论的论文[137]，进一步拓展了统一强度理论在岩土结构极限荷载求解方面的应用范围。

赵均海、张永强、程彩霞等[258-260]用统一强度理论和统一滑移线场理论分析了某些塑性平面应变问题，包括边坡稳定极限荷载、厚壁圆筒和球壳的弹性极限荷载及塑性极限荷载。此外，周小平、王祥秋、范文以及高江平等[261-264]用统一强度理论分析了饱和土条形地基极限承载力，得出了考虑中间主应力影响的饱和土地基极限承载力新公式。谢群丹及陈秋南等[265-266]用统一强度理论推导了饱和土的侧向土压力公式；范文等[267]推导了饱和土地基临界荷载统一解；杨小礼和李亮[268]探讨了条形基础下纤维加筋土的地基承载力统一解。

柱形孔扩张是地下和矿山等工程中的典型问题。蒋明镜、曹黎娟、王亮、王鹏程、罗战友等[269-274]对理想弹-塑性和应变软化模型的柱形孔扩张问题，采用统一强度理论进行了系统的研究。此后，王延斌等[275]应用空间轴对称统一特征线场理论又进行了一系列研究。

胡小荣等[181]应用统一强度理论分析理想弹-塑性围岩巷道问题，并假定塑性区体积应变为零，不考虑剪胀和塑性区弹性应变的影响，与巷道真实变形情况相差较大。徐栓强、宋俐以及范文等[182-183,276-277]得出了压力隧洞弹塑性分析的统一解；张常光等[278-280]结合水工压力隧洞的特点，考虑多种因素的综合影响，采用统一强度理论分析了施工期和运行期水工隧洞的应力场和位移场。最近张常光等[281-283]又将统一强度理论和 Fredlund 双应力状态变量相结合，建立了非饱和土抗剪强度统一解，并将其用于非饱和土的侧向土压力、地基极限承载力和临界荷载，得到一系列新的成果和有意义的结论，将在第 4 章中详细探讨。

总之，将俞茂宏教授的统一强度理论应用于岩土类材料，可以考虑岩土类材料的基本力学特性，并且与现有的岩土类材料真三轴试验数据相吻合，还可以充分发挥材料和结构的强度潜力，能取得明显的经济效益，其计算结果具有重要的工程应用价值，为工程技术人员在各种工程应用的发挥和创造性提供了广泛的机遇。统一强度理论是更加合理和更符合试验结果的系列强度准则，还可以很方便地应用于结构弹塑性解析解和其他问题[1]，但在应用统一强度理论时，应更加注重对所研究问题的深入了解，考虑更多复杂因素的综合影响，得到更符合实际情况的较理想解答，为工程设计和生产实践提供更好的理论指导。

2.5 统一强度理论的意义

统一强度理论不仅包含了现有的各种强度理论，即：现有的各种强度理论均为统一强度理论的特例或线性逼近，而且可以产生出一系列新的可能有的强度理论。此外，它还可以发展出其他更广泛的理论和计算准则。

统一强度理论与各种现有的和可能有的强度理论之间的关系[6]，如图 2 - 11 所示。图中以统一强度理论为中心，建立起各种强度理论之间的联系，形成了一个统一强度理论的新体系。

统一强度理论的意义[6]如下：

(1) 将以往各种只适用于某一类材料的单一强度理论发展为可以适用于众多不同特性材料的统一强度理论。

(2) 用一个简单的统一数学表达式，包含了现有的和可能有的各种强度理论，可以十分灵活的适用于各类材料的真三轴试验结果。

(3) 将现有各种分散的强度理论，用一个统一的力学模型和统一的计算准则相互联系起来，形成了一个新的强度理论体系。

(4) 应用统一强度理论，可以得出一系列新的计算结果，这些结果大多没有被研究过或被复杂化。这些新的计算结果具有统一的表达式，既可以退化为原有解答，又包含更丰富的新解答，而且新解答比原解答更合理、经济，更加符合工程实际情况。

(5) 统一强度理论可以进一步推广为统一弹塑性本构方程，并在有限元程序中实施，形成一个统一形式的结构弹塑性分析程序，可以十分方便地应用于结构的弹性极限设计、弹塑性分析和塑性极限分析。

(6) 统一强度理论的概念在其他很多领域得到广泛的推广，并建立起相应的双剪统一滑移线场理论、统一多重屈服面理论、应变空间的双剪统一强度理论和广义三维 Hoek - Brown 经验强度准则[120-121]。

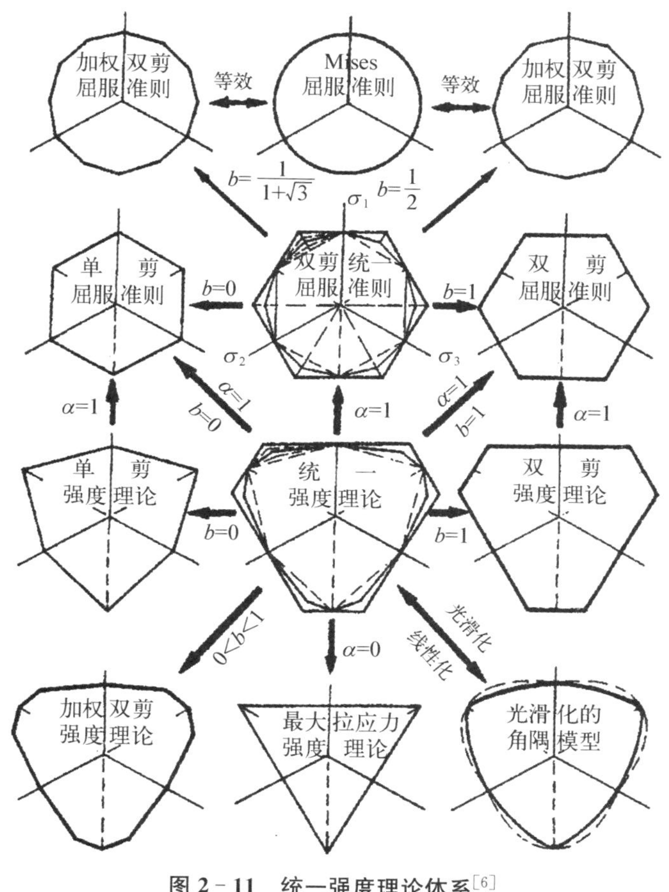

图 2－11　统一强度理论体系[6]

(7) 以现有两参数统一强度理论为基础，可以发展成三参数和五参数统一强度理论。它们可以进一步适用于拉压强度不等，且双轴等压强度 σ_{cc} 亦不等于单轴压缩强度 σ_c 的材料。

2.6　本章小结

统一强度理论是在中国本土原创产生和发展起来的关于材料强度和结构强度的系统新理论，是俞茂宏教授从 1961—1991 年长达 30 年的一系列研究成果的自然发展，符合科学美的六大要素。统一强度理论是从最基本的力学模型推导得出的，它不是试验曲线的拟合，也未对材料强度理论作任何特定假设（如外凸性等)，而是直接根据材料的单向拉伸强度和单向压缩强度，建立的一个全新的强度理论和一系列新的典型计算准则，可以十分灵活地适应于各种不同的工程材料。

本章简要介绍了统一强度理论的力学模型、常用各种表达式、极限面形状、岩石典型真三轴试验验证及其理论与工程意义，说明了现有的各种单一强度理论都是统一强度理论的特例或线性逼近。针对统一强度理论在岩土材料及岩土工程中的发展应用，得到如下结论：

(1) 推导了以压应力为正的统一强度理论，并给出了平面应变状态条件下的统一强度理论表达式，其形式与 Mohr - Coulomb 强度准则的主应力表达式完全一致，但其可以考虑中间主应力的不同影响。

(2) 指出当前广泛应用于岩土材料弹塑性分析的各种屈服或强度准则的不足，并总结统一强度理论在土力学和地基工程、地下及矿山等工程中的应用情况。

第3章 非饱和土统一强度理论及验证

非饱和土分布十分广泛，研究非饱和土的强度是非饱和土理论及其工程应用的首要问题，大部分岩土问题都会涉及土的强度。非饱和土在土骨架形成的孔隙中有水和空气，当孔隙被水完全充满时，非饱和土变成饱和土，孔隙水是连通的；当孔隙被气体完全占据时，非饱和土则变成干土；非饱和土则介于饱和土和干土之间，由四相组成，即固相(土粒及部分胶结物质)、液相(水和水溶液)、气相(空气和水汽等)和水-气的分界面(收缩膜)。气相的存在使得非饱和土的性质较饱和土复杂了很多[9]，同时也极大地增加了试验研究的难度。当前试验室主要进行的是非饱和土的常规三轴试验和直剪试验，非饱和土的真三轴试验数据极少，因此当前非饱和土强度理论也主要是依据常规三轴试验和直剪试验的结果而建立的，不能真正反映实际工程中复杂应力状态下非饱和土真实的强度特性，研究三向不等应力条件下非饱和土的强度理论及其应用，具有重要的理论意义和巨大的工程应用价值。

3.1 土-水特征曲线

土-水特征曲线(Soil-Water Characteristic Curve，SWCC)是指非饱和土基质吸力与含水量或饱和度 S 之间的关系曲线，含水量可以是重力含水量 w，也可以是体积含水量 θ。如果非饱和土的密度在试验中保持不变，无论采用哪个指标建立土-水特征曲线都是一样的，但是如果土体在湿化过程中体积有所变化，如湿陷、膨胀或收缩等，从而使非饱和土的密度发生变化，则采用饱和度表示的土-水特征曲线更合理，因为饱和度可以在一定程度上反映这种密度的变化。

土-水特征曲线上有 2 个特征点：土的进气值 $(u_a - u_w)_b$ 和残余基质吸力

$(u_a-u_w)_r$，如图 3-1 所示，图中 $(u_a-u_w)_{wb}$、$(u_a-u_w)_{wr}$ 对应非饱和土增湿时的进气值和残余基质吸力。土的进气值是指空气开始进入土体边界的土颗粒或颗粒集合体之间的最大孔隙时所对应的基质吸力。非饱和土的进气值在很大程度上取决于非饱和土的颗粒级配，还与非饱和土的孔隙尺寸和试样所受围压大小等有关。砂土等粗粒土与细粒黏性土相比，可以在较低的基质吸力下进气来降低饱和度。砂土的进气值一般小于 101.3 kPa，而黏性土的进气值却常大于 101.3 kPa。非饱和土的残余基质吸力对应于残余含水量，此时要实现含水量的微小变化就需要增加很大的基质吸力，常采用半对数土-水特征曲线的后两段拟合直线的交点来确定。所有干土的吸力大小都大致相等，略小于 10^6 kPa。土-水特征曲线存在“滞回”现象[284]，即同一土体的吸湿过程和脱湿过程具有不同的土-水特征曲线，同一基质吸力对应 2 个不同的饱和度或含水量，这与非饱和土在吸湿过程和脱湿过程具有不同的孔隙性状和不同的液固表面接触角等有关[17]。

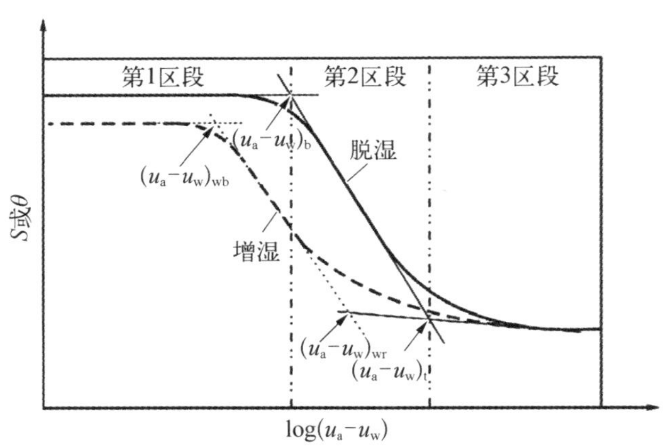

图 3-1　典型的土-水特征曲线

土-水特征曲线以进气值和残余基质吸力为界，可分为 3 个区段，各区段对应不同的水-气存在状态和不同的强度特性。第 1 区段对应基质吸力小于进气值的初始平缓阶段，气相以封闭气泡的形式悬浮于水中，含水量接近饱和含水量，土体的性质也接近饱和土；第 2 区段对应土-水特征曲线的下降段[12]，基质吸力超过土的进气值，空气逐渐进入并占据土体内部的较大孔隙，气相处于内孔隙连通或部分连通形态，随着基质吸力的增大，饱和度或含水量急剧下降，这一阶段是非饱和土性质发生最大变化的阶段，实际工程中遇到的非饱和土，大部分也都处于这个阶段；第 3 区段对应含水量降低至残余含水量以下的平缓阶段，此时，气相处于完全连通状态，土体具有很高的基质吸力，而且基质吸力随含水量的微小变化就会产生剧烈变化，因含水量趋近缩限，土的体积变化较小而具有较高的强度，故此阶段的基质吸力已不具有工程意义。

土-水特征曲线是非饱和土工程特性研究的核心和联络各物理指标的纽带，对了解非饱和土的强度理论和工程性质具有重要意义，在非饱和土的理论研究中发挥着极其重要的作用。如果已知非饱和土的土-水特征曲线，就可以根据现场或室内容易量测的物理量，如含水量或饱和度，来确定其基质吸力的大小和分布[285]，避免了现场基质吸力的量测困难，同时还可以进一步结合饱和土的有效抗剪强度参数，直接或间接的来预测非饱和土的抗剪强度，因而具有很强的工程应用价值。很多学者对土-水特征曲线进行了大量的试验研究，通常采用指数函数、对数函数、幂函数或多项式函数等拟合土-水特征曲线的整体或局部特征，国外代表性的成果归纳如下[286-287]：

双参数方程 (g, h)：

$$\ln\psi = g + h\ln\theta_{\mathrm{w}} \tag{3-1}$$

三参数方程 (θ_{r}, g, h)：

$$\theta_{\mathrm{w}} = \theta_{\mathrm{r}} + \frac{\theta_{\mathrm{s}} - \theta_{\mathrm{r}}}{1 + (\psi/g)^{h}} \tag{3-2}$$

$$\theta_{\mathrm{w}} = \theta_{\mathrm{r}} + \frac{\theta_{\mathrm{s}} - \theta_{\mathrm{r}}}{1 + \exp\left(\dfrac{\psi - g}{h}\right)} \tag{3-3}$$

四参数方程 (θ_{r} 或 ψ_{r}, g, h, k)：

$$\theta_{\mathrm{w}} = \theta_{\mathrm{r}} + \frac{\theta_{\mathrm{s}} - \theta_{\mathrm{r}}}{[1 + (\psi/g)^{h}]^{k}} \tag{3-4}$$

$$\theta_{\mathrm{w}} = \left[1 - \frac{\ln(1 + \psi/\psi_{\mathrm{r}})}{\ln(1 + 10^{6}/\psi_{\mathrm{r}})}\right]\frac{\theta_{\mathrm{s}}}{\{\ln[1 + (\psi/g)^{h}]\}^{k}} \tag{3-5}$$

为公式表达方便，式(3-1)—式(3-5)中 ψ 代表基质吸力，即 $\psi = (u_{\mathrm{a}} - u_{\mathrm{w}})$，对应的 ψ_{r} 则为残余基质吸力，即 $\psi_{\mathrm{r}} = (u_{\mathrm{a}} - u_{\mathrm{b}})_{\mathrm{r}}$；$\theta_{\mathrm{w}}$ 为体积含水量，θ_{s} 为饱和体积含水量，θ_{r} 为残余体积含水量；g, h, k 为拟合参数。

国内代表性的相关研究有：陈正汉(1999)[288]、谢定义(1998)[289]针对非饱和黄土各自提出了不同的土-水特征曲线方程；徐永福(1997，2002)[290-291]考虑土的结构性，依据土的分形结构研究土-水特征曲线；包承纲(1998)[25]针对实际工程中最关心的土-水特征曲线的第2区段，提出了简化的土-水特征曲线的半对数直线关系式；苗强强等(2010)[292]提出了考虑净竖向应力或净平均应力影响的广义土-水特征曲线拟合方程；陈存礼等(2011)[293]研究了净竖向应力对非饱和原状黄土土-水特征曲线的影响；也有学者将土-水特征曲线中的拟合参数和土性参数建立经验关系[294]。

另外，各国学者针对土-水特征曲线的“滞回”特性，做了很多试验和理论研究，并提出各自的滞回模型，如 Poulovassilis(1962)[295]提出的域模型；Nimmo(1992)[296]、Pham 等(2005)[297]提出的经验模型；Hassanizadeh 和 Gray(1993)[298]采用热力学方法研究土-水特征曲线的滞回问题；Likos 和 Lu(2004)[299]基于热力学理论，建立了等径颗粒间弯液面方程的求解方法，以此分析土-水特征曲线的滞回现象；Yang 等(2004)[300]提出总滞回的概念；龚壁卫等(2006)[301]发现在干湿循环过程中，土-水特征曲线是不稳定的，与土体含水量的变化路径有关；刘艳和赵成刚(2008)[302]探讨了热力学方法研究土-水特征曲线滞回时的关键问题；贺炜等(2009)[303]建立了基于正态分布的土-水特征曲线独立域滞回模型；贺炜等(2010)[304]从微观机制研究滞回现象，发现不同的接触角将引起明显的滞回现象；李幻等(2010)[305]基于毛细滞回内变量理论，提出了能模拟任意干湿循环的土-水滞回模型。

3.2 应力状态变量

土的力学性状取决于土的应力状态，正确描述非饱和土的应力状态是科学研究非饱和土力学性质的关键。源于有效应力原理在饱和土土力学应用中的巨大成功，很多学者受其启发，提出各种形式的有效应力公式，其中以 Bishop 有效应力公式最具代表性[18]，其表达式为

$$\sigma' = (\sigma - u_a) + \chi(u_a - u_w) \tag{3-6}$$

式中，χ为有效应力参数，$0 \leqslant \chi \leqslant 1$，与饱和度有关。$\chi$值随着饱和度的增大而增大，对于干土，$\chi=0$；对于饱和土，$\chi=1$。但越来越多的研究表明[306]：① χ除与饱和度有关外，还与非饱和土的类别、干湿循环、加载和基质吸力的应力路径等有关；② 对于非饱和土的体积问题和强度问题，χ值差异显著，即χ通过体积变化

性状测定同通过抗剪强度测定相差较大，也打破了介于0～1的取值范围，使得χ的物理意义变得非常模糊；③ 在变形分析时，基质吸力不但不使土体变形反而使土体抵御变形，这违背了有效应力的基本原理。

Bishop有效应力虽然概念明确，但具有明显的缺陷。它将与土性相关的参数χ引入非饱和土的本构关系，难以获得单值的有效应力公式，限制了有效应力作为变量应用的独立性，增加了确定土性参数及应用上的困难，进而导致非饱和土试验研究、理论分析和工程应用的复杂化。其他有效应力公式也存在类似问题。

应力状态变量的定义为[17]"一组正确的独立应力状态变量应当是：当应力状态变量的个别组成部分有所改变而应力状态变量本身保持不变时，单元不发生畸变或体变，每个相的应力状态变量均使该相处于平衡状态"，可见应力状态变量的意义与有效应力的内涵是一致的。自20世纪70年代以来，Fredlund等[19]在充分认识非饱和土有效应力局限性和总结前人工作成果的基础上，依据多相连续介质力学原理对非饱和土进行应力分析，假定非饱和土为四相体系，土粒不可压缩，且不发生化学反应，得出可采用以孔隙气压力u_a为基准的净法向应力$(\sigma-u_a)$和基质吸力(u_a-u_w)的双应力状态变量来描述非饱和土的力学性状，并应用"零位"试验对其双应力状态变量理论进行了验证。所谓"零位"试验，是指给定不同的σ、u_a和u_w，而保持$(\sigma-u_a)$和(u_a-u_w)不变，以此来考察非饱和土的总体积变化和水体积变化。陈正汉(1994)[307]应用连续介质应力理论和岩土力学公理化体系的基本定律，论证了Fredlund双应力状态变量描述非饱和土力学性质的客观合理性。李顺群等(2005)[308]基于正交试验原理，论证了Fredlund双应力状态变量的正确性，这有助于进一步推动非饱和土理论向实用阶段转化。近年来，许多研究者也更倾向于采用双应力状态变量来描述非饱和土的力学特性。

应力状态变量组合还可以采用以孔隙水压力u_w或总法向应力σ为基准，但$(\sigma-u_a)$和(u_a-u_w)这组最合适在工程实践中应用，因为这组应力状态变量组合可以把总法向应力变化造成的影响同孔隙水压力变化造成的影响区分开来，而且在大多数实际工程问题中，孔隙气压力等于大气压力，即气压压力表的压力读数为零，$u_a=0$。因此，$(\sigma-u_a)$和(u_a-u_w)这组应力状态变量组合既简单合理且又便于应用。

应力状态变量在理论上是合理的，在概念上与有效应力一致，在应用上比有效应力灵活方便，可适用于各种非饱和土。非饱和土的应力状态可以用两个独立的应力张量表示：

$$\begin{bmatrix} (\sigma_x - u_a) & \tau_{xy} & \tau_{xz} \\ \tau_{yx} & (\sigma_y - u_a) & \tau_{yz} \\ \tau_{zx} & \tau_{zy} & (\sigma_z - u_a) \end{bmatrix}, \begin{bmatrix} (u_a - u_w) & 0 & 0 \\ 0 & (u_a - u_w) & 0 \\ 0 & 0 & (u_a - u_w) \end{bmatrix} \tag{3-7}$$

因应力变量带有不同的土性参数，因而上述两个张量不能合成为一个矩阵。

饱和土可看作是非饱和土的一个特例，随着非饱和土饱和度趋向100%，孔隙水压力 u_w 逐渐接近孔隙气压力 u_a，基质吸力 $(u_a - u_w)$ 趋向零，此时只剩下第一应力张量：

$$\begin{bmatrix} (\sigma_x - u_w) & \tau_{xy} & \tau_{xz} \\ \tau_{yx} & (\sigma_y - u_w) & \tau_{yz} \\ \tau_{zx} & \tau_{zy} & (\sigma_z - u_w) \end{bmatrix} \tag{3-8}$$

而没有第二应力张量。可见，从非饱和土到饱和土，或从饱和土到非饱和土，应力状态有一平顺的过渡。对于干土，基质吸力的变化对其体积变化和抗剪强度已基本不起作用，净法向应力 $(\sigma - u_a)$ 成为控制干土力学性状的唯一应力状态变量。

3.3 非饱和土的抗剪强度理论

3.3.1 抗剪强度公式分类

许多研究者在 Bishop 有效应力抗剪强度公式或 Fredlund 双应力状态变量抗剪强度公式的基础上，结合饱和土的有效抗剪强度参数，着重研究吸附强度的特性，提出了各自不同的抗剪强度公式，大致可以分为以下4类。

1. 结合土-水特征曲线的抗剪强度公式

Bishop 有效应力抗剪强度公式中的有效应力参数 χ 与饱和度 S 有关，饱和度 S 又和土-水特征曲线密切相关，同时，角 φ^b 也与土-水特征曲线的不同区段紧密相连，因而可以在土-水特征曲线和有效应力参数 χ、角 φ^b 之间建立某种函数关系，以达到简化试验量测，便于工程应用的目的。

Lamborn(1986)[20]基于拓展微观力学模型，提出的非饱和土抗剪强度公

式为

$$\tau_f = c' + (\sigma - u_a)\tan\varphi' + (u_a - u_w)\theta_w\tan\varphi',\ c_s = (u_a - u_w)\theta_w\tan\varphi' \tag{3-9}$$

式中，θ_w 为体积含水量。

Vanapalli 等(1996)[21]基于非饱和土的孔隙分布和土-水特征曲线的关系，提出一个普遍适用的抗剪强度公式为

$$\tau_f = c' + (\sigma - u_a)\tan\varphi' + (u_a - u_w)[\Theta]^\kappa\tan\varphi',\ c_s = (u_a - u_w)[\Theta]^\kappa\tan\varphi' \tag{3-10}$$

式中，Θ 为相对体积含水量，$\Theta = \theta_w/\theta_s$，$\theta_s$ 为饱和体积含水量；κ 为拟合参数。

Garven 和 Vanapalli(2006)[22]以非饱和土的塑性指数 I_p 为变量，拟合了参数 κ 的取值公式

$$\kappa = -0.0016I_p^2 + 0.0975I_p + 1 \tag{3-11}$$

同时，Vanapalli 等(1996)[21]也提出不包含参数 κ 的抗剪强度公式为

$$\begin{aligned} \tau_f &= c' + (\sigma - u_a)\tan\varphi' + (u_a - u_w)\left[\frac{\theta_w - \theta_r}{\theta_s - \theta_r}\right]\tan\varphi' \\ c_s &= (u_a - u_w)\left[\frac{\theta_w - \theta_r}{\theta_s - \theta_r}\right]\tan\varphi' \end{aligned} \tag{3-12}$$

式中，θ_r 为残余体积含水量，同时也可用饱和度 S 替换体积含水量 θ，得到类似的抗剪强度公式。

Oberg 和 Sallfours(1997)[23]提出含有饱和度 S 的抗剪强度公式为

$$\tau_f = c' + (\sigma - u_a)\tan\varphi' + (u_a - u_w)S\tan\varphi',\ c_s = (u_a - u_w)S\tan\varphi' \tag{3-13}$$

式(3-13)与式(1-1)、式(3-9)的差别仅在于用饱和度 S 替代了有效应力参数 χ 和体积含水量 θ_w，应用式(3-13)需要知道非饱和土破坏时的饱和度。

Khallili 和 Khabbaz(1998)[24]分析 14 种非饱和土常规三轴试验数据后，提出的抗剪强度公式为

$$\tau_f = c' + (\sigma - u_a)\tan\varphi' + (u_a - u_w)\left[\frac{(u_a - u_w)}{(u_a - u_w)_b}\right]^{-0.55}\tan\varphi'$$

$$c_s = (u_a - u_w)\left[\frac{(u_a - u_w)}{(u_a - u_w)_b}\right]^{-0.55}\tan\varphi' \tag{3-14}$$

式中，$(u_a - u_w)_b$ 为土的进气值。式(3-14)相当于用$[(u_a - u_w)/(u_a - u_w)_b]^{-0.55}$取代了有效应力参数 χ，在一定程度上避免了 Bishop 有效应力抗强度公式的不足。

包承纲(1998)[25]针对工程实践中非饱和土土-水特征曲线的第 2 区段，提出的实用非饱和土抗剪强度公式为

$$\tau_f = c' + (\sigma - u_a)\tan\varphi' + (u_a - u_w)\left[\frac{\log(u_a - u_w)_r - \log(u_a - u_w)}{\log(u_a - u_w)_r - \log(u_a - u_w)_b}\right]\tan\varphi'$$

$$c_s = (u_a - u_w)\left[\frac{\log(u_a - u_w)_r - \log(u_a - u_w)}{\log(u_a - u_w)_r - \log(u_a - u_w)_b}\right]\tan\varphi' \tag{3-15}$$

式中，$(u_a - u_w)_r$ 为土的残余基质吸力。

Hossain 和 Yin(2010)[26-27]考虑非饱和土的剪胀特性对抗剪强度的提高作用，在式(3-10)的基础上，建议的非饱和土抗剪强度公式为

$$\tau_f = c' + (\sigma - u_a)\tan(\varphi' + \phi) + (u_a - u_w)[\Theta]^{\kappa}\tan(\varphi' + \phi) \tag{3-16}$$

式中，ϕ 为非饱和土的剪胀角。

2. 数学拟合抗剪强度公式

依据已有试验数据，可采用不同的数学表达式对其进行拟合，主要也是对吸附强度进行数学分析，常用的函数形式有椭圆曲线、双曲线、幂函数和对数函数等。

Escario 和 Juca(1989)[28]建议用 2.5 维的椭圆曲线来拟合 3 种不同非饱和土的抗剪强度，其公式为

$$\left[\frac{c_1 - (u_a - u_w)}{a_1}\right]^{2.5} + \left[\frac{\tau_f - d_1}{b_1}\right]^{2.5} = 1 \tag{3-17}$$

式中，a_1，b_1，c_1，d_1 为拟合参数。

双曲线拟合公式在非饱和土抗剪强度中应用的非常广泛，Rohm 和 Vilar

(1995)[29]、沈珠江(1996)[30]提出的双曲线抗剪强度公式为

$$\begin{aligned}&\tau_f = c' + (\sigma - u_a)\tan\varphi' + \frac{(u_a - u_w)}{1 + d_2(u_a - u_w)}\tan\varphi',\\&c_s = \frac{(u_a - u_w)}{1 + d_2(u_a - u_w)}\tan\varphi'\end{aligned} \tag{3-18}$$

式中，d_2 为拟合参数。

Lee 等(2003)[31]，Jiang 等(2004)[32]，Vilar(2006)[33]提出的双曲线抗剪强度公式为

$$\tau_f = c' + (\sigma - u_a)\tan\varphi' + \frac{(u_a - u_w)}{\dfrac{1}{\tan\varphi'} + \dfrac{(u_a - u_w)}{c_{s\infty}}},\ c_s = \frac{(u_a - u_w)}{\dfrac{1}{\tan\varphi'} + \dfrac{(u_a - u_w)}{c_{s\infty}}} \tag{3-19}$$

式中，$c_{s\infty}$ 为极限吸附强度。对比式(3-18)和式(3-19)，可以得出 $d_2 = \tan\varphi'/c_{s\infty}$。

缪林昌等(2001)[34]建议的双曲线抗剪强度公式为

$$\begin{aligned}&\tau_f = c' + (\sigma - u_a)\tan\varphi' + \frac{(u_a - u_w)}{a_2 + \dfrac{(a_2 - 1)}{p_{at}}(u_a - u_w)},\\&c_s = \frac{(u_a - u_w)}{a_2 + \dfrac{(a_2 - 1)}{p_{at}}(u_a - u_w)}\end{aligned} \tag{3-20}$$

式中，a_2 为拟合参数，p_{at} 为标准大气压。

Rassam 和 Cook(2002)[35]建议的可加性幂函数抗剪强度公式为

$$\begin{aligned}\tau_f &= c' + (\sigma - u_a)\tan\varphi' + (u_a - u_w)\tan\varphi'\\&\quad + b_2[(u_a - u_w) - (u_a - u_w)_b]^{c_2}\\c_s &= (u_a - u_w)\tan\varphi' + b_2[(u_a - u_w) - (u_a - u_w)_b]^{c_2}\\b_2 &= \frac{(u_a - u_w)\tan\varphi' - c_{sr}}{[(u_a - u_w) - (u_a - u_w)_b]^{c_2}}\\c_2 &= \frac{\tan\varphi'[(u_a - u_w) - (u_a - u_w)_b]}{(u_a - u_w)_r\tan\varphi' - c_{sr}}\end{aligned} \tag{3-21}$$

应用式(3-21)需要试验确定非饱和土的进气值 $(u_a-u_w)_b$，残余基质吸力所产生的吸附强度 c_{sr} 和饱和土的有效内摩擦角 φ'，而且还假定残余基质吸力所对应的角 φ^b 等于零，可见式(3-21)的工程应用将非常困难。

徐永福(2004)[36]依据分形结构模型，推导的膨胀土幂函数抗剪强度公式为

$$\begin{aligned}\tau_f &= c'+(\sigma-u_a)\tan\varphi'+(u_a-u_w)_b^{1-\zeta}(u_a-u_w)^{\zeta}\tan\varphi' \\ c_s &= (u_a-u_w)_b^{1-\zeta}(u_a-u_w)^{\zeta}\tan\varphi'\end{aligned} \tag{3-22}$$

式中，参数 $\zeta=D_s-2$，D_s 为非饱和土孔隙分布的分维数。

李培勇和杨庆(2009)[37]针对非饱和土总粘聚力与基质吸力的非线性关系，建议的具有非线性系数 a_3 的幂函数抗剪强度公式为

$$\tau_f=(\sigma-u_a)\tan\varphi'+c'\left[1+\frac{(u_a-u_w)}{c'/\tan\varphi'}\right]^{1/a_3} \tag{3-23}$$

党进谦和李靖(1997)[38]针对陕西关中地区的马兰黄土，建议的幂函数抗剪强度公式为

$$\tau_f=c'+(\sigma-u_a)\tan\varphi'+\zeta_1(u_a-u_w)^{\zeta_2},\ c_s=\zeta_1(u_a-u_w)^{\zeta_2} \tag{3-24}$$

式中，ζ_1，ζ_2 为拟合参数。

Tekinsoy 和 Kayadelen 等(2004，2007)[39-40]建议的对数抗剪强度公式为

$$\begin{aligned}\tau_f &= c'+(\sigma-u_a)\tan\varphi'+\tan\varphi'[(u_a-u_w)_b \\ &\quad +p_{at}]\ln\left[\frac{(u_a-u_w)+p_{at}}{p_{at}}\right] \\ c_s &= \tan\varphi'[(u_a-u_w)_b+p_{at}]\ln\left[\frac{(u_a-u_w)+p_{at}}{p_{at}}\right]\end{aligned} \tag{3-25}$$

马少坤等(2010)[41]针对 Tekinsoy 对数抗剪强度公式在高基质吸力时预测值偏高，提出修正的对数抗剪强度公式为

$$\begin{aligned}\tau_f &= c'+(\sigma-u_a)\tan\varphi'+b_3\tan\varphi'[(u_a-u_w)_b+p_{at}] \\ &\quad \ln\left[\frac{(u_a-u_w)+p_{at}}{p_{at}}\right] \\ c_s &= b_3\tan\varphi'[(u_a-u_w)_b+p_{at}]\ln\left[\frac{(u_a-u_w)+p_{at}}{p_{at}}\right] \\ b_3 &= \left\{1-\frac{\ln\left[1+\frac{(u_a-u_w)}{c_3}\right]}{\ln\left[1+\frac{10^7}{c_3}\right]}\right\}\end{aligned} \tag{3-26}$$

式中，c_3 为与残余含水量所对应的基质吸力相关参数，对于黏性土，取 $c_3=1\ 500\ \text{kPa}$；对于砂土、粉土、片石或其混合物，$c_3=200\ \text{kPa}$。

3. 分段抗剪强度公式

非饱和土分段抗剪强度公式一般是在 Fredlund 双应力状态变量抗剪强度公式的基础上，以非饱和土的进气值$(u_a-u_w)_b$为界，将抗剪强度公式分成 2 段，第一段一般假设角 $\varphi^b=\varphi'$，第二段角 φ^b 则按非线性规律减小，代表性的吸附强度 c_s 公式分别如下。

Rassam 和 Williams(1999)[42]考虑净法向应力$(\sigma-u_a)$对吸附强度 c_s 的影响，提出的分段吸附强度公式为

$$c_s=(u_a-u_w)\tan\varphi' \quad (u_a-u_w)\leqslant(u_a-u_w)_b \tag{3-27a}$$

$$c_s=(u_a-u_w)\tan\varphi'-[(u_a-u_w)-(u_a-u_w)_b]^{\lambda_1}[\lambda_2+\lambda_3(\sigma-u_a)] \quad (u_a-u_w)>(u_a-u_w)_b \tag{3-27b}$$

式中，$\lambda_1-\lambda_3$ 为拟合参数。

式(3-27)中的非饱和土的进气值$(u_a-u_w)_b$不再认为是一固定值，而设为净法向应力$(\sigma-u_a)$的一次函数关系。

$$(u_a-u_w)_b=d_0+d_3(\sigma-u_a) \tag{3-28}$$

式中，d_0，d_3 为拟合参数。

Lee 等(2005)[43]按照 Rassam 和 Williams(1999)[42]的思路，结合土-水特征曲线，并考虑净法向应力对吸附强度的影响，提出的分段吸附强度公式为

$$c_s=(u_a-u_w)\tan\varphi' \quad (u_a-u_w)\leqslant(u_a-u_w)_b \tag{3-29a}$$

$$c_s=(u_a-u_w)_b\tan\varphi'+[(u_a-u_w)-(u_a-u_w)_b]\Theta^{\lambda_4}[1+\lambda_5(\sigma-u_a)] \quad (u_a-u_w)>(u_a-u_w)_b \tag{3-29b}$$

式中，λ_4，λ_5 为拟合参数，Θ 为相对体积含水量。

Houston 等(2008)[44]将高基质吸力下角 φ^b 用双曲线关系拟合，提出的分段吸附强度公式为

$$c_s=(u_a-u_w)\tan\varphi' \quad (u_a-u_w)\leqslant(u_a-u_w)_b \tag{3-30a}$$

$$c_s = (u_a - u_w)\tan\left[\varphi' - \frac{(u_a - u_w) - (u_a - u_w)_b}{\lambda_m + \lambda_n[(u_a - u_w) - (u_a - u_w)_b]}\right]$$

$$(u_a - u_w) > (u_a - u_w)_b \tag{3-30b}$$

式中，λ_m，λ_n 为拟合参数，其物理意义分别为式(3－30b)变形后的截距和斜率，将在第 4 章中详细探讨。

Zhou 和 Sheng(2009)[45]提出的分段吸附强度公式为

$$c_s = (u_a - u_w)\tan\varphi'$$

$$(u_a - u_w) \leqslant (u_a - u_w)_b \tag{3-31a}$$

$$c_s = (u_a - u_w)\tan\varphi'\left[\frac{(u_a - u_w)_{sb}}{(u_a - u_w)} + \left(\frac{(u_a - u_w)_{sb} + 1}{(u_a - u_w)}\right)\ln\left(\frac{(u_a - u_w) + 1}{(u_a - u_w)_{sb} + 1}\right)\right]$$

$$(u_a - u_w) > (u_a - u_w)_b \tag{3-31b}$$

式中，$(u_a - u_w)_{sb}$ 为土的饱和基质吸力，与进气值$(u_a - u_w)_b$ 稍有不同。

4. 总应力抗剪强度公式及其他

以上 3 类非饱和土抗剪强度公式中都包含基质吸力，因基质吸力量测困难，费时费力，难以迅速便捷地指导工程实践。有学者以总应力强度参数来表示非饱和土的抗剪强度，其公式形式类似饱和土的抗剪强度公式，将总应力抗剪强度参数和容易量测的重力含水量 w 或饱和度 S 建立函数关系，为实际工程应用提供了一种新途径。

缪林昌等(1999)[46]提出的膨胀土总强度指标与重力含水量 w 的幂函数拟合关系式为

$$c = k_1 10^{k_2 w},\ \varphi = k_3 10^{k_4 w} \tag{3-32}$$

式中，$k_1 - k_4$ 为拟合参数，可对式(3－32)两边取对数后，直线拟合得到。

杨和平等(2004，2006)[47-48]结合常规直剪试验，提出的宁明原状膨胀土的总强度指标与饱和度 S 的拟合关系式为

$$c = k_5 S^2 - k_6 S + k_7,\ \varphi = -k_8 S + k_9 \tag{3-33}$$

式中，$k_5 - k_9$ 为拟合参数。其中粘聚力 c 采用二次函数，内摩擦角 φ 采用一次函数，饱和度的变化对粘聚力的影响要比对内摩擦角的影响大。

凌华和殷宗泽(2007)[49]在改进的普通三轴仪上进行常含水量试验，引进重力含水量 w，建立的非饱和土实用抗剪强度参数关系式为

$$c = c_{50} + k_{10}(w - w_{50}),\ \varphi = \varphi_{50} + k_{11}(w - w_{50}) \tag{3-34}$$

式中，k_{10}，k_{11} 为拟合参数；w_{50} 为饱和度恰好为 50%时的重力含水量；c_{50}，φ_{50} 分别为饱和度恰好为 50%时的粘聚力和内摩擦角。

式(3-34)中的粘聚力和内摩擦角与重力含水量 w 的关系均为一次函数，只适用于某一较小的饱和度范围，不能延伸至饱和阶段，同时饱和度较小时，式(3-34)会使 c 和 φ 变得非常大。

马少坤等(2009)[50]提出的不排水条件下总应力抗剪强度参数，在一定程度上克服了式(3-34)的不足，其表达式为

$$c = c'\exp[k_{12}(1 - S^{k_{13}})],\ \varphi = \varphi' + k_{14}\ln[(S^2 + 1)/2] \tag{3-35}$$

式中，$k_{12} - k_{14}$ 为拟合参数。

另外，肖治宇等(2010)[51]依据残坡积土的普通三轴仪强度试验，得出粘聚力 c 随含水量 w 的增加呈指数衰减，内摩擦角 φ 随含水量 w 的增加呈线性减小；罗军等(2010)[52]针对非饱和粉土的直剪试验，拟合粘聚力 c 与含水量 w 的关系为二次曲线，内摩擦角 φ 与含水量 w 的关系为幂函数；边佳敏和王保田(2010)[53]提出粘聚力 c 与含水量 w 呈二次曲线关系，内摩擦角 φ 与含水量 w 呈线性关系。王中文等(2011)[54]得出红粘土的粘聚力 c 随含水量 w 的增加呈一阶指数衰减，内摩擦角 φ 随含水量 w 的增加呈分段函数关系。

卢肇钧等(1992,1997)[10-11]提出的用膨胀力 p_s 表示的非饱和膨胀土抗剪强度为

$$\tau_f = c' + (\sigma - u_a)\tan\varphi' + k_{15}p_s\tan\varphi' \tag{3-36}$$

式中，p_s 为非饱和膨胀土的膨胀力，k_{15} 为膨胀力的有效作用系数。

还有学者建议采用折减吸力、广义吸力、等效吸力等代替基质吸力[55-57]来推进非饱和土理论的实用化进程。汤连生(2001)[58]通过对粒间吸力分类，建立了非饱和土抗剪强度公式，但涉及多个无法量测和确定的物理量，难以被工程实践所采用。

以上是对现有非饱和土抗剪强度代表性公式的一个大致分类，主要依据公式的形式、特点、实现方法和目的，各类之间亦存在相互交叉的情况。

3.3.2　抗剪强度公式的特点及不足

通过对当前非饱和土抗剪强度代表性公式的分类及分析，总结非饱和土抗

剪强度及其研究，主要有以下几个特点：

（1）非饱和土抗剪强度有 3 部分组成，与饱和土的区别主要在于因基质吸力而产生的吸附强度。

（2）抗剪强度公式的差异主要表现在吸附强度公式的不同，进而导致抗剪强度公式的多样化，同时也表明当前非饱和土强度研究的广泛性和差异性。

（3）对吸附强度随基质吸力非线性变化的研究越来越深入，不管是结合土-水特征曲线，还是采用某种数学函数拟合，或者分段表示吸附强度，其实都是为了更好地表达真实的非饱和土强度特性。

（4）考虑的因素逐渐增多，如净法向应力对非饱和土进气值或吸附强度的影响[42-43]，剪胀性对抗剪强度的影响等[26-27]，这表明当前非饱和土研究的试验仪器、试验方法和量测精度都在不断地改进和提高。

（5）非饱和土抗剪强度公式的实用化进程不断推进，如总应力强度指标，膨胀力、广义吸力、折减吸力或结合土-水特征曲线等。

（6）国外比较注重非饱和土抗剪强度的试验和理论研究，国内则更注重非饱和土强度理论的实用化研究，以及膨胀土、湿陷性黄土等特殊非饱和土的工程特性研究等。

当前非饱和土抗剪强度的研究成果众多，但因非饱和土试验技术的困难及非饱和土种类繁多，很多研究未能大量开展，还存在很多不足：

（1）抗剪强度公式中的参数较多，有的甚至多达 4 个，这需要大量的非饱和土试验结果的支持，才能得出较合理的拟合精度，影响了非饱和土强度理论的工程应用。

（2）抗剪强度公式多样化的原因在于研究者多是针对自己的试验结果和新的发现来建立和推演，进而部分验证公式的合理性，这样得到的抗剪强度公式仅适用于试验的特定土或几种土，难以推广应用。

（3）现有抗剪强度公式主要针对非饱和土在脱湿或干燥过程，基质吸力逐渐增大时的强度变化规律，因非饱和土在干、湿循环中存在“滞回”现象，应加强研究非饱和土在增湿过程中的强度变化，及其与脱湿时强度的差异，体现多次干湿循环以后的强度变化。

（4）总指标强度公式虽然便于工程实际应用，但其理论基础差，当前研究也不够深入，多数只是根据少量试验建立了各自的公式，公式形式差异较大，有待更多的室内和现场试验结果的检验。

（5）试验研究多是进行非饱和土常规三轴压缩试验，根据其试验结果确定非饱和土抗剪强度参数，进而应用到其他复杂应力状态。其实这种试验所得到的抗剪强度参数只是轴对称应力特定条件下的非饱和土强度参数，不能反映非饱和土的真实应力状态和强度特性。已有的非饱和土真三轴试验结果表明，中间主应力对非饱和土强度的影响显著[59-60]，应加强非饱和土的真三轴试验研究，为非饱和土的真实强度特性提供更多的试验支持。

(6) Mohr - Coulomb 强度准则因未考虑中间主应力的影响而偏保守，不能充分发挥非饱和土的强度潜能和自承载能力。需要结合饱和土强度参数及非饱和土的吸附强度，采用更合理的强度理论，建立符合工程实际受力状况的非饱和土强度理论，完善非饱和土的理论基础。

3.4　非饱和土统一强度理论

单剪强度理论只考虑了 3 个主应力中的 2 个，如 Mohr - Coulomb 强度准则和 Hoek - Brown 经验强度准则，在理论上有先天的不足。统一强度理论不仅从理论上解决了这个不足，而且将单一的破坏准则推进为系列化破坏准则的集合，其极限线覆盖了从内边界的单剪强度理论($b=0$) 到外边界的双剪应力强度理论($b=1.0$) 的所有区域，可以适合于更多的工程材料。借助统一强度理论的建模思路和双剪应力的概念，依据非饱和土的应力状态变量和强度特性，就可以建立复杂应力状态下($\sigma_1 \neq \sigma_2 \neq \sigma_3$) 非饱和土的统一强度理论。

由非饱和土 Fredlund 双应力状态变量知，净应力张量($\sigma_{ij}-u_a\delta_{ij}$) 和基质吸力张量$(u_a-u_w)\delta_{ij}$ 共同控制着非饱和土的力学特性[下脚标 i, $j=x$, y, z; δ_{ij} 为克罗内克符号，$\delta_{ij}(i=j)=1$, $\delta_{ij}(i\neq j)=0$]，但二者又有很大的不同。基质吸力张量$(u_a-u_w)\delta_{ij}$ 是中性力，各向同性、大小相等，受力分析时可把吸附强度 c_s 看作非饱和土总粘聚力的一部分，只考虑$(u_a-u_w)\delta_{ij}$ 对非饱和土抗剪强度的贡献，这样便于将成熟的饱和土理论成功地应用于非饱和土。净应力张量($\sigma_{ij}-\delta_{ij}u_a$) 包括球应力张量和偏应力张量，决定着非饱和土的主应力状态、主应力方向和应力不变量，是非饱和土应力分析的重点。

将有效粘聚力 c' 和吸附强度 c_s 之和作为非饱和土的总粘聚力，此时非饱和土的拉压强度比 α 和抗拉强度 σ_t 分别为

$$\alpha=\frac{1-\sin\varphi'}{1+\sin\varphi'},\ \sigma_t=\frac{2(c'+c_s)\cos\varphi'}{1+\sin\varphi'} \tag{3-37}$$

从式(3-37)可以看出，非饱和土的拉压强度比和对应饱和土的一样，抗拉强度较饱和土有所增加。

按照第2章2.2.3节的思路，建立双剪应力分段屈服函数，并以单轴压缩强度和单轴拉伸强度为已知量，重新推导得非饱和土统一强度理论的表达式为

$$F=\frac{1-\sin\varphi'}{1+\sin\varphi'}(\sigma_1-u_a)-\frac{b(\sigma_2-u_a)+(\sigma_3-u_a)}{1+b}=\frac{2(c'+c_s)\cos\varphi'}{1+\sin\varphi'}$$

$$(\sigma_2-u_a)\leqslant\frac{1}{2}(\sigma_1+\sigma_3-2u_a)-\frac{\sin\varphi'}{2}(\sigma_1-\sigma_3)\qquad(3-38a)$$

$$F'=\frac{1-\sin\varphi'}{(1+b)(1+\sin\varphi')}[(\sigma_1-u_a)+b(\sigma_2-u_a)]-(\sigma_3-u_a)=\frac{2(c'+c_s)\cos\varphi'}{1+\sin\varphi'}$$

$$(\sigma_2-u_a)\geqslant\frac{1}{2}(\sigma_1+\sigma_3-2u_a)-\frac{\sin\varphi'}{2}(\sigma_1-\sigma_3)\qquad(3-38b)$$

式中，(σ_1-u_a)，(σ_2-u_a)，(σ_3-u_a)分别为非饱和土的最大净主应力、中间净主应力和最小净主应力，以压应力为正、拉应力为负；σ_1，σ_2，σ_3代表总应力；吸附强度c_s可根据不同需要，取3.3.1节中的各种已有表达式；其他符号同前。

从式(3-38)可以看出，非饱和土统一强度理论和一般情况下的统一强度理论式(2-14)相比，只是将应力状态变量和材料强度参数替换为非饱和土所特有的而已，即净主应力(σ_i-u_a)取代总应力σ_i、总粘聚力$(c'+c_s)$取代有效粘聚力c'。当非饱和土变为饱和土时，孔隙水压力u_w逐渐接近孔隙气压力u_a，基质吸力(u_a-u_w)趋向零，对应的吸附强度c_s变为零，则非饱和土统一强度理论式(3-38)变为对应的饱和土统一强度理论，其表达式为

$$F=\frac{1-\sin\varphi'}{1+\sin\varphi'}(\sigma_1-u_w)-\frac{b(\sigma_2-u_w)+(\sigma_3-u_w)}{1+b}=\frac{2c'\cos\varphi'}{1+\sin\varphi'}$$

$$(\sigma_2-u_w)\leqslant\frac{1}{2}(\sigma_1+\sigma_3-2u_w)-\frac{\sin\varphi'}{2}(\sigma_1-\sigma_3)\qquad(3-39a)$$

$$F'=\frac{1-\sin\varphi'}{(1+b)(1+\sin\varphi')}[(\sigma_1-u_w)+b(\sigma_2-u_w)]-(\sigma_3-u_w)=\frac{2c'\cos\varphi'}{1+\sin\varphi'}$$

$$(\sigma_2-u_w)\geqslant\frac{1}{2}(\sigma_1+\sigma_3-2u_w)-\frac{\sin\varphi'}{2}(\sigma_1-\sigma_3)\qquad(3-39b)$$

式中，(σ_1-u_w)，(σ_2-u_w)，(σ_3-u_w)分别为饱和土的最大有效主应力、中间有效主应力和最小有效主应力。可见，饱和土统一强度理论是非饱和土统一强度

理论的一个特例。

式(3-38)中的统一强度理论参数 b 可取 0～1 范围内的任何值，其值反映了非饱和土的中间主应力效应，同时，不同 b 值也对应不同的强度准则。b 值可由非饱和土的单轴压缩强度、单轴拉伸强度和剪切强度，按式(2-9c)确定；也可以由非饱和土统一强度理论的极限线和非饱和土真三轴试验对比确定，进而找出合适的 b 值和对应的强度准则。

在一般情况下，可取 $b=0,1/4,1/2,3/4$ 和 1 这 5 种典型参数，得出下列各种强度准则。

(1) $b=0$，Mohr-Coulomb 强度准则

$$F=F'=(\sigma_1-u_a)-\frac{1+\sin\varphi'}{1-\sin\varphi'}(\sigma_3-u_a)=\frac{2(c'+c_s)\cos\varphi'}{1-\sin\varphi'} \tag{3-40}$$

式(3-40)即为当前非饱和土强度研究中最常采用的 Mohr-Coulomb 强度准则，没有考虑中间主应力的影响，不能反映复杂应力状态下非饱和土的真实强度特性。

(2) $b=1/4$，加权新强度准则

$$F=\frac{1-\sin\varphi'}{1+\sin\varphi'}(\sigma_1-u_a)-\frac{(\sigma_2-u_a)+4(\sigma_3-u_a)}{5}=\frac{2(c'+c_s)\cos\varphi'}{1+\sin\varphi'}$$

$$(\sigma_2-u_a)\leqslant\frac{1}{2}(\sigma_1+\sigma_3-2u_a)-\frac{\sin\varphi'}{2}(\sigma_1-\sigma_3) \tag{3-41a}$$

$$F'=\frac{1-\sin\varphi'}{5(1+\sin\varphi')}[4(\sigma_1-u_a)+(\sigma_2-u_a)]-(\sigma_3-u_a)=\frac{2(c'+c_s)\cos\varphi'}{1+\sin\varphi'}$$

$$(\sigma_2-u_a)\geqslant\frac{1}{2}(\sigma_1+\sigma_3-2u_a)-\frac{\sin\varphi'}{2}(\sigma_1-\sigma_3) \tag{3-41b}$$

(3) $b=1/2$，加权新强度准则

$$F=\frac{1-\sin\varphi'}{1+\sin\varphi'}(\sigma_1-u_a)-\frac{(\sigma_2-u_a)+2(\sigma_3-u_a)}{3}=\frac{2(c'+c_s)\cos\varphi'}{1+\sin\varphi'}$$

$$(\sigma_2-u_a)\leqslant\frac{1}{2}(\sigma_1+\sigma_3-2u_a)-\frac{\sin\varphi'}{2}(\sigma_1-\sigma_3) \tag{3-42a}$$

$$F'=\frac{1-\sin\varphi'}{3(1+\sin\varphi')}[2(\sigma_1-u_a)+(\sigma_2-u_a)]-(\sigma_3-u_a)=\frac{2(c'+c_s)\cos\varphi'}{1+\sin\varphi'}$$

$$(\sigma_2 - u_a) \geqslant \frac{1}{2}(\sigma_1 + \sigma_3 - 2u_a) - \frac{\sin\varphi'}{2}(\sigma_1 - \sigma_3) \tag{3-42b}$$

由于 Drucker－Prager 准则没有考虑岩土材料拉压强度不等的基本特性，与已有试验结果和工程实测情况不符。从理论上讲，式(3－42)应该是代替 Drucker－Prager 准则的一个较为合理的新的强度准则。

(4) $b=3/4$，加权新强度准则

$$F = \frac{1-\sin\varphi'}{1+\sin\varphi'}(\sigma_1 - u_a) - \frac{3(\sigma_2 - u_a) + 4(\sigma_3 - u_a)}{7} = \frac{2(c' + c_s)\cos\varphi'}{1+\sin\varphi'}$$

$$(\sigma_2 - u_a) \leqslant \frac{1}{2}(\sigma_1 + \sigma_3 - 2u_a) - \frac{\sin\varphi'}{2}(\sigma_1 - \sigma_3) \tag{3-43a}$$

$$F' = \frac{1-\sin\varphi'}{7(1+\sin\varphi')}[4(\sigma_1 - u_a) + 3(\sigma_2 - u_a)] - (\sigma_3 - u_a) = \frac{2(c' + c_s)\cos\varphi'}{1+\sin\varphi'}$$

$$(\sigma_2 - u_a) \geqslant \frac{1}{2}(\sigma_1 + \sigma_3 - 2u_a) - \frac{\sin\varphi'}{2}(\sigma_1 - \sigma_3) \tag{3-43b}$$

(5) $b=1$，双剪应力强度理论

$$F = \frac{1-\sin\varphi'}{1+\sin\varphi'}(\sigma_1 - u_a) - \frac{(\sigma_2 - u_a) + (\sigma_3 - u_a)}{2} = \frac{2(c' + c_s)\cos\varphi'}{1+\sin\varphi'}$$

$$(\sigma_2 - u_a) \leqslant \frac{1}{2}(\sigma_1 + \sigma_3 - 2u_a) - \frac{\sin\varphi'}{2}(\sigma_1 - \sigma_3) \tag{3-44a}$$

$$F' = \frac{1-\sin\varphi'}{2(1+\sin\varphi')}[(\sigma_1 - u_a) + (\sigma_2 - u_a)] - (\sigma_3 - u_a) = \frac{2(c' + c_s)\cos\varphi'}{1+\sin\varphi'}$$

$$(\sigma_2 - u_a) \geqslant \frac{1}{2}(\sigma_1 + \sigma_3 - 2u_a) - \frac{\sin\varphi'}{2}(\sigma_1 - \sigma_3) \tag{3-44b}$$

以上这 5 种强度准则基本可以适应各种拉压不同特性的非饱和土，也可以作为各种角隅模型和曲线强度准则的线性替代式应用。非饱和土统一强度理论的表达式还可以表示为其他很多形式，如不同参数表示的应力不变量形式和主应力形式。

非饱和土统一强度理论为一系列强度准则的集合，各种准则之间建立了统一的关系，具有明确的物理概念和较简单的数学表达式，饱和土的统一强度理论和非饱和土的 Mohr－Coulomb 强度准则均为其特例，而且还包括很多其他新的强度准则，可以作为各种光滑角隅模型和曲线强度准则的线性逼近，以适应实际工程中各种不同特性的非饱和土材料。非饱和土统一强度理论的极限线和一般材料的统一强度理论极限线一样，如图 3－2 所示，可以覆盖从内边界的 Mohr－Coulomb 强度准则（$b=0$）到外边界的双剪应力强度理论（$b=1.0$）之间的所有区域，能适合复杂应力状态下不同特性的非饱和土。

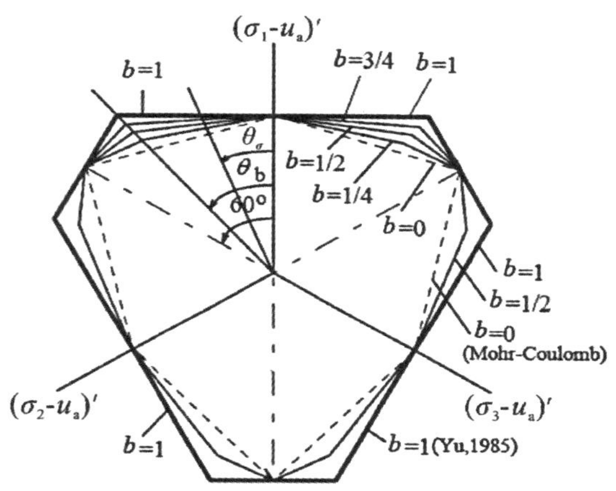

图 3－2　非饱和土统一强度理论在 π 平面上的极限线

3.5　真三轴试验验证

要验证强度理论的正确性和适用性，最直接和最有效的办法就是和 π 平面上的试验结果进行比较，同时由于强度理论研究的特点，学术界已形成一种共识，即保持强度理论的理论研究和试验验证的相对独立性，使试验结果的验证更具客观性。此处分别采用刚性和柔性真三轴仪得到的复杂应力状态下非饱和土 π 平面上的试验结果[59-60]，来验证非饱和土统一强度理论的正确性和适用性，并总结现有非饱和土真三轴试验研究的不足和有待改进的地方。

3.5.1　刚性真三轴仪的试验验证

Matsuoka 教授等（2002）[59]的真三轴试验为：试件为 10 cm×10 cm×10 cm 的立方体，试验土样为击实粉砂，其重力含水量 w 为 17%，初始孔隙比 e_0 为 0.98，土粒的相对密度 G_s 为 2.65，对应饱和土的有效粘聚力 c' 和有效内摩擦角 φ' 分别为 0 kPa 和 33°。试验基质吸力（u_a-u_w）控制为 59 kPa，平均净主应

力 σ_{oct} 为 98 kPa，对应的吸附强度 c_s 为 32 kPa。

试验的应力路径 ABCDE[59]，如图 3-3 所示，所有试样均从同一初始状态 A 进行试验，经过各向同性固结和基质吸力的平衡，达到同一基质吸力和平均净主应力，然后进行同一 π 平面上不同应力 Lode 角 θ_σ 下的试验。E 为破坏点，由最大应力比确定破坏状态。试验采用应力增量控制加载，共分 10 个增量步。在真三轴试验和平面应变试验中采用高进气陶瓷板测量基质吸力 $(u_a - u_w)$ 的负 u_w 法，即 $u_a = 0$，$u_w < 0$；在常规三轴试验仪上采用 u_a 法控制基质吸力 $(u_a - u_w)$，即 $u_a > 0$，$u_w = 0$。Matsuoka 教授通过真三轴仪和常规三轴仪在应力 Lode 角 θ_σ 为 0°时的三轴压缩试验，验证了 u_a 法和负 u_w 法控制基质吸力 $(u_a - u_w)$ 的一致性，并将 u_a 法用于常规三轴仪的三轴拉伸试验($\theta_\sigma = 60°$)。

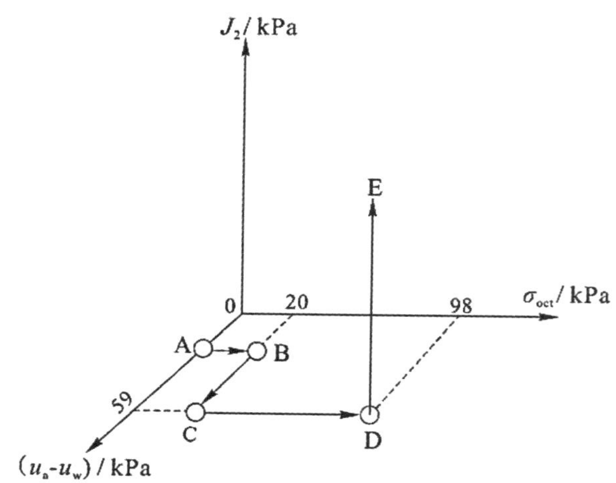

图 3-3　刚性真三轴仪的应力路径[59]

Matsuoka 教授共进行同一 π 平面上的 3 类排水试验[59]：① 用刚性真三轴仪进行应力 Lode 角 θ_σ 分别为 0°，7.5°，15°，22.5°和 30°的真三轴试验；② 调整中间主应力 σ_2 和小主应力 σ_3 使第二主应变 ε_2 小于 0.01%，以进行平面应变试验；③ 用常规三轴仪进行应力 Lode 角 θ_σ 为 60°的三轴拉伸试验。将这 3 类试验结果置于平均净主应力 σ_{oct} 为 98 kPa 的 π 平面内，并和非饱和土统一强度理论的极限线比较，如图 3-4 所示。

为了与 Alonso 等(1990)[309]基于剑桥模型的非饱和土弹塑性模型相比较，外接圆 Drucker-Prager 准则的预测结果也一并标于图中。图中黑色实心符号代表不同应力 Lode 角下的真三轴试验、半黑半白下三角代表平面应变试验，白色空心圆圈代表常规三轴拉伸试验。图 3-5 为 Matsuoka 教授基于拓展的非线性 SMP 准则的预测结果和非饱和土统一强度理论 $b=1/2$ 时极限线的比较。

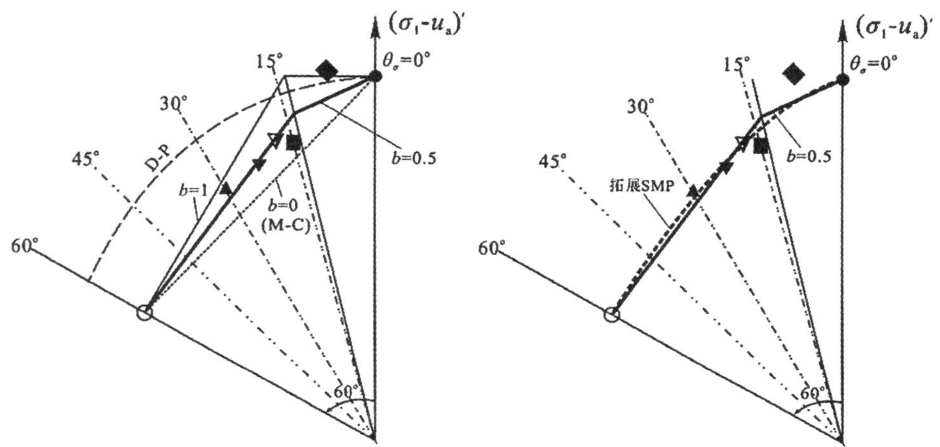

图 3-4　非饱和土统一强度理论和刚性真三轴试验结果比较

图 3-5　非饱和土统一强度理论 ($b=1/2$) 和拓展的非线性 SMP 准则比较

从图 3-4 和图 3-5 可以看出：① 不同应力 Lode 角 θ_σ 下非饱和土的强度差异显著，反映了净中间主应力 (σ_2-u_a) 对强度的增强作用，并且影响具有区间性，随着净中间主应力 (σ_2-u_a) 的增大，强度先增大后减小，在三轴拉伸时 ($\theta_\sigma=60°$) 强度最低。② $b=0$ 时的 Mohr-Coulomb 强度准则的预测结果较试验值偏小，不能真实反映三向不等应力条件下非饱和土的强度特性，难以充分发挥非饱和土的强度潜能，基于此的设计偏保守。③ 外接圆 Drucker-Prager 准则不能反映不同应力 Lode 角 θ_σ 下的强度差异，预测强度明显偏大，基于此的设计将不安全，表明 Alonso 等基于剑桥模型[309]的非饱和土弹塑性模型难以反映复杂应力条件下非饱和土的强度特性，不能直接用于工程设计。④ 非饱和土统一强度理论的极限线从 $b=0$ 到 $b=1$ 覆盖了除应力 Lode 角 θ_σ 为 7.5°(图中以黑色实心菱形表示)以外的所有试验结果的分布范围，并且 $b=1/2$ 时的极限线与试验结果吻合较好。⑤ Matsuoka 教授基于拓展的非线性 SMP 准则的预测结果和非饱和土统一强度理论 $b=1/2$ 时的极限线非常接近，因此 $b=1/2$ 的非饱和土统一强度理论可以看作是拓展的非线性 SMP 准则的线性逼近。

Matsuoka 教授刚性真三轴试验研究的不足：① 难以进行应力 Lode 角 θ_σ 大于 30°的真三轴试验，这是因为采用刚性加载板，当应力 Lode 角 θ_σ 大于 30°

时,主应力 σ_1 和 σ_2 方向的加载板会相互碰撞干扰,难以获得理想的试验结果。② 应力 Lode 角 θ_σ 为 7.5°(图中以黑色实心菱形表示)的试验数据可能存在问题,它均落在外接圆 Drucker - Prager 准则、$b=1$ 时非饱和土统一强度理论和拓展的非线性 SMP 准则等预测结果的外侧,与宏观连续各向同性岩土材料的屈服面外凸性相悖。③ 只进行了一组平均净主应力 σ_{oct} 为 98 kPa 时的真三轴试验和平面应变试验,需要进行多组不同平均净主应力 σ_{oct} 下的真三轴试验研究,以便确定非饱和土的空间三维屈服面和进行更全面的强度理论试验验证。④ 基质吸力也只控制为 59 kPa,需要进行多组不同基质吸力下的真三轴试验研究,以便研究复杂应力状态下基质吸力对非饱和土强度影响的特性分析。

3.5.2 柔性真三轴仪的试验验证

Hoyos 教授等(2001)[60]的真三轴试验为:试件为 10 cm×10 cm×10 cm 的正方体,试验土样同样为击实粉砂,其液限 w_L 为 28%,塑限 w_P 为 24%,初始孔隙比 e_0 为 0.98,平均干重度 γ_d 为 10.8 kN/m^3,饱和度 S 为 48%。

试验采用多级加荷法,即在一定的基质吸力(u_a-u_w)和平均净主应力 σ_{oct} 条件下进行试验,当应力差$(\sigma_1-\sigma_3)$达到峰值时,立即将主应力差卸载为零,然后快速固结达到下一个基质吸力(u_a-u_w)和平均净主应力 σ_{oct},再从零施加主应力差直至达到另一个主应力差峰值,不断地进行加载和卸载。共进行 3 组不同平均净主应力 σ_{oct} 下的柔性真三轴试验,每组平均净主应力 σ_{oct} 又对应 3 个不同的基质吸力(u_a-u_w)。每组给定基质吸力(u_a-u_w)和平均净主应力 σ_{oct} 下都进行三轴压缩、纯剪切和三轴拉伸 3 种试验,对应的应力 Lode 角 θ_σ分别为 0°、30°和 60°,故共得 27 个非饱和土试验数据。

所有试样均从同一初始状态进行试验,共采用 3 个非饱和土试样,分别对应三轴压缩、纯剪切和三轴拉伸 3 种试验,每个试样都进行了 9 级试验,试验的应力路径如图 3 - 6 所示,破坏状态由试验的八面体剪应力峰值确定[60]。试验采用应力增量控制加载,加载速率为 10 kPa/h。

将 Hoyos 教授的 27 个试验数据按基质吸力(u_a-u_w)分为 3 个组,每组又根据平均净主应力 σ_{oct} 分为 3 个不同的试验条件,整理得不同平均净主应力 σ_{oct} 下粉砂的 3 条子午线,即压缩子午线($\theta_\sigma=0°$)、拉伸子午线($\theta_\sigma=60°$)和纯剪子午线($\theta_\sigma=30°$),如图 3 - 7 所示,图中点 T 为极限面的顶点,代表粉砂的名义三轴抗拉强度。

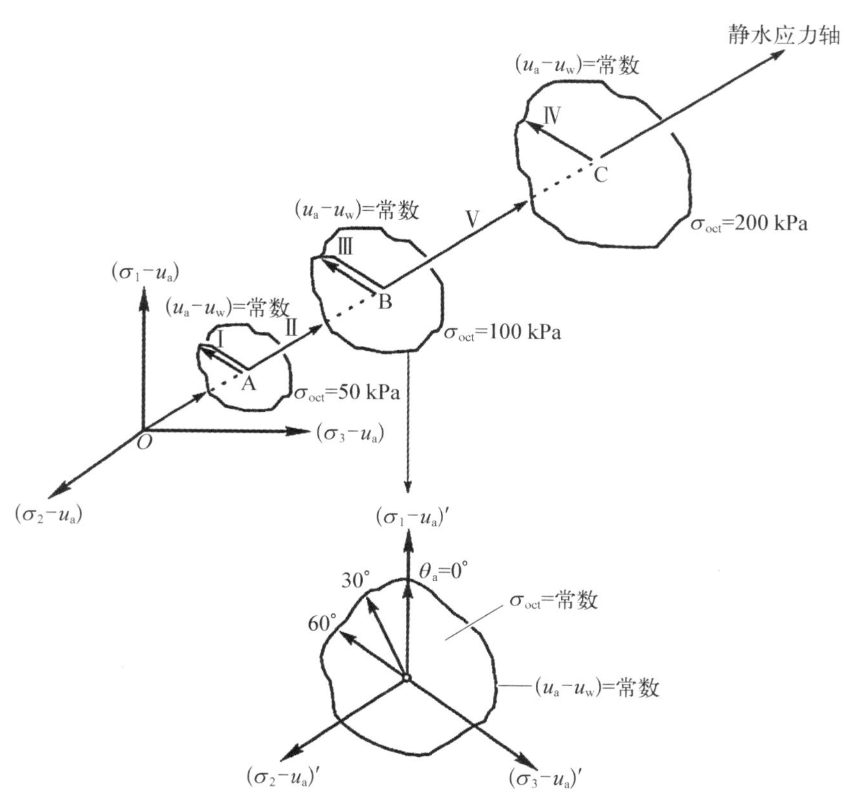

图 3-6　柔性真三轴仪多级试验的应力路径[60]

从图 3-7 可以看出：① 粉砂的强度随平均净主应力 σ_{oct} 的增加，呈近似直线增加，同时名义三轴抗拉强度随着基质吸力(u_a-u_w)的增加而增加。② 不同应力 Lode 角 θ_σ 所对应的极限子午线均为直线，但其斜率各不相同。压缩子午线的斜率最大，表示强度最高；拉伸子午线的斜率最小，表示强度最小；纯剪子午线处于中间。这说明粉砂的空间极限面应为以静水应力轴为轴线的不等边多面锥体，在 π 平面上的极限线为不等边多边形。③ 各子午线间的差异随着平均净主应力 σ_{oct} 和基质吸力(u_a-u_w)的增加而增加，尤其是在基质吸力为 200 kPa 或平均净主应力为 200 kPa 时。④ Drucker-Prager 准则以及各种不同形式的广义 Mises 准则的空间极限面为光滑的圆锥，其子午线与应力 Lode 角 θ_σ 无关，故与粉砂的柔性真三轴试验结果相差较大，难以反映粉砂的真实强度特性。

将 Hoyos 教授的 27 个试验数据按平均净主应力 σ_{oct} 分为 3 个组，每组又根据基质吸力(u_a-u_w)分为 3 个不同的试验条件。整理得试验结果与非饱和土统

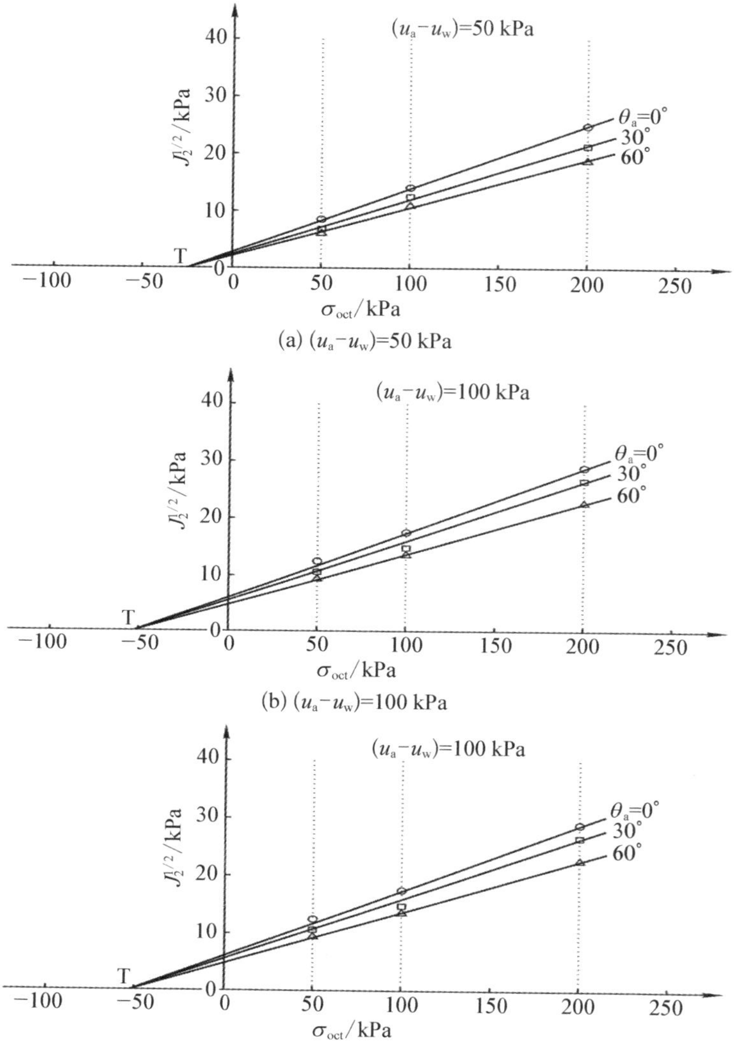
(ua−uw)=50 kPa
θa=0°
30°
60°
J2^1/2/kPa
T
σoct/kPa
(a) (ua−uw)=50 kPa
(ua−uw)=100 kPa
(b) (ua−uw)=100 kPa
(ua−uw)=100 kPa
(c) (ua−uw)=200 kPa

图 3－7　柔性真三轴仪的粉砂子午线

一强度理论极限线的比较，如图 3－8—图 3－10 所示。

从图 3－8—图 3－10 可以看出：① 极限线范围随着基质吸力（$u_a - u_w$）和平均净主应力 σ_{oct} 的增加而不断扩大，这同样说明基质吸力和平均净主应力对非饱和土的强度有重要影响。② 非饱和土统一强度理论的极限线可以覆盖从 $b=0$ 到 $b=1$ 的所有区域，27 个试验点均落于此范围内。$b=0$ 和 $b=1$ 之间的区域面积随着基质吸力和平均净主应力的增加而不断增大，区域面积越大表示

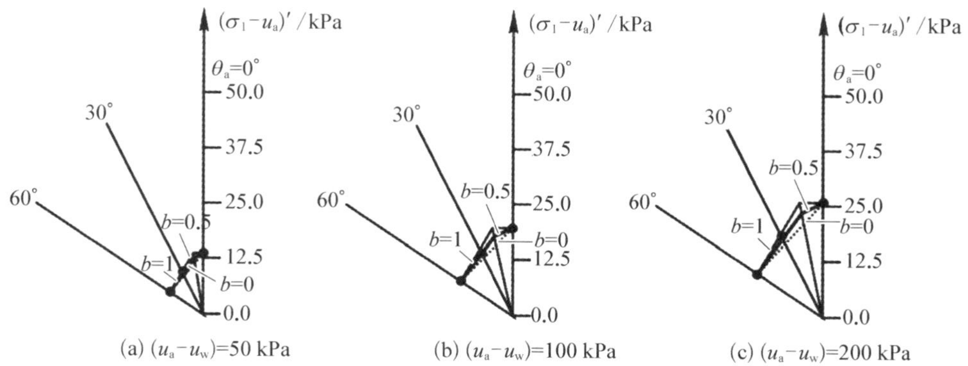

图 3－8　非饱和土统一强度理论和柔性真三轴试验结果比较(σ_{oct} = 50 kPa)

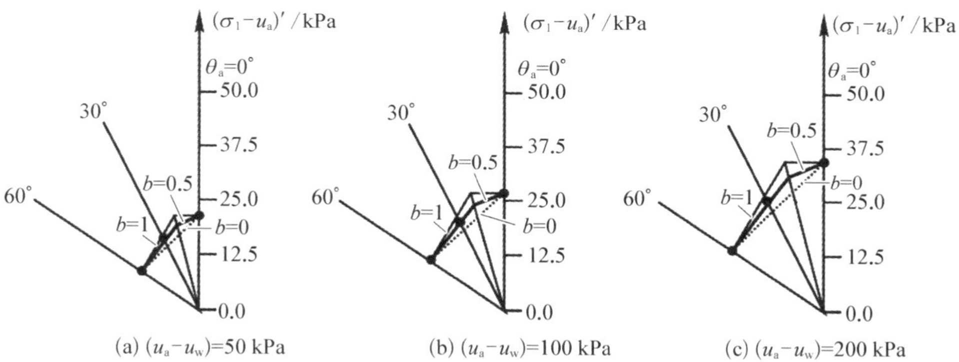

图 3－9　非饱和土统一强度理论和柔性真三轴试验结果比较(σ_{oct} = 100 kPa)

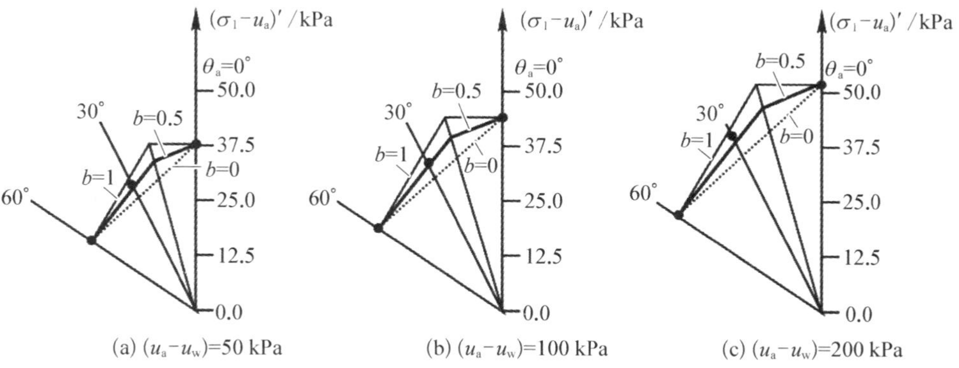

图 3－10　非饱和土统一强度理论和柔性真三轴试验结果比较(σ_{oct} = 200 kPa)

不同强度准则之间的计算差异越大，这表明不同强度准则之间的计算差异与基质吸力和平均净主应力的大小密切相关。③ 纯剪切条件下非饱和土的强度高于 Mohr - Coulomb 强度准则的预测结果，所有试验结果均与非饱和土统一强度理论 $b = 1/2$ 时的极限线吻合较好，验证了 $b = 1/2$ 的非饱和土统一强度理论对试验所用非饱和土的适用性。

Hoyos 教授利用柔性真三轴仪所进行的试验研究相对 Matsuoka 教授采用刚性真三轴仪所进行的试验研究，有了不少的改进，拓展了不同基质吸力和不同平均净主应力下非饱和土极限面的空间三维变化，揭示了基质吸力和平均净主应力对非饱和土强度的增强作用，但 Hoyos 教授只进行了三轴压缩、纯剪切和三轴拉伸 3 种试验，应开展更多应力 Lode 角 θ_σ 下的真三轴试验，以便更加全面地来建立和验证非饱和土强度理论的合理性和适用性。

因粉砂的基质吸力平衡时间相对较短，同时基质吸力的控制和量测较容易，真三轴试验比较易于实现，因此 Matsuoka 教授和 Hoyos 教授不约而同地都选择了击实粉砂作为试验土样，应扩大更多不同种类非饱和土的真三轴试验研究，特别是非饱和黏性土，来探讨、建立及验证复杂应力状态下不同种类非饱和土的强度理论。

3.6 本 章 小 结

本章简要介绍了非饱和土的基质吸力概念和应力状态变量的合理选择，对土-水特征曲线的特点和公式进行归纳，着重探讨了非饱和土抗剪强度公式分类、特点及不足，推导了非饱和土统一强度理论及其特例，给出了其 π 平面极限线形状，并分别利用刚性和柔性真三轴仪试验结果进行了验证，得到以下结论：

(1) 土-水特征曲线的第 2 区段是实际工程中非饱和土的物理力学特性发生变化最大的阶段，应选用基质吸力和净法向应力这组双应力状态变量来合理地描述非饱和土的力学特性。

(2) 将非饱和土抗剪强度公式分为 4 类，由基质吸力产生的吸附强度表达式的不同，导致了非饱和土抗剪强度公式的多样性，并分析当前抗剪强度研究的特点和不足。

(3) 依据非饱和土的应力状态变量和强度特性，利用双剪应力概念推导了复杂应力状态的非饱和土统一强度理论，饱和土的统一强度理论和非饱和土的 Mohr - Coulomb 强度准则均为其特例，而且还包括很多其他新的强度准则，其极限线可以覆盖从内边界的 Mohr - Coulomb 强度准则 ($b = 0$) 到外边界的双

剪应力强度理论 ($b=1.0$) 之间的所有区域，能适合各种不同特性的非饱和土。

(4) 结合刚性和柔性真三轴仪的试验结果对非饱和土统一强度理论进行验证，复杂应力状态的所有试验点均落在非饱和土统一强度理论的极限线范围内，并与统一强度理论参数 $b=1/2$ 时的预测值吻合较好，较非饱和土 Mohr - Coulomb 强度准则更接近试验结果，且可以更加充分发挥非饱和土的强度潜能。另外，还总结当前非饱和土真三轴试验研究的不足，以及完整真三轴试验的研究内容。

(5) 不同应力 Lode 角 θ_σ所对应的非饱和土强度差异显著，且差异程度随着平均净主应力和基质吸力的增加而增加，外接圆 Drucker - Prager 准则不能反映应力 Lode 角 θ_σ效应，且预测强度明显偏大，不能直接用于工程设计。参数 $b=1/2$ 的非饱和土统一强度理论可以看作是拓展的非线性 SMP 准则的线性逼近。

第4章 非饱和土平面应变抗剪强度统一解及应用

非饱和土的强度理论在工程实践中有着广泛的应用，土压力、地基承载力和边坡稳定等许多岩土问题，都涉及非饱和土的抗剪强度。平面应变状态是岩土工程中最常遇到的应力状态之一，在土石坝、边坡、条形地基和挡土墙工程中，土体一般都可看作是处于平面应变状态[310]。土压力和地基承载力计算是土力学的两个基本问题，只有充分认识非饱和土的工程特性，才能有效挖掘其强度潜力，确保工程设计的合理性。以往对土压力、地基极限承载力和临界荷载的研究，多是针对饱和土[311]，采用 Mohr - Coulomb 强度准则，并在推导临界荷载时假定地基土的侧压力系数 $k_0 = 1$。首先，实际工程中作为持力层的多是非饱和土，如铁路和公路路基填土、机场跑道的压实填土等都处于非饱和状态[312]，假定为饱和土则忽略了基质吸力对抗剪强度的贡献，没有反映地基土的真实工程状态；其次，Mohr - Coulomb 强度准则因未考虑中间主应力 σ_2 的影响而偏于保守，以其为基础的朗肯土压力与实测值常有一定偏差，主动土压力偏大，被动土压力偏小；第三，$k_0 = 1$ 即假定土的自重应力场如同静水压力[313-314]，相当于人为地提高了围压来增加土体的强度，这明显与土的实际应力状态不符，且没有考虑土的应力历史的影响。因而结合非饱和土的强度特性，探究更加符合工程实际情况的土压力、地基极限承载力和临界荷载，既是将非饱和土强度理论实现工程实践化应用的重要内容，同时又可以加深对工程可靠性和经济合理性的了解和控制。

4.1 平面应变抗剪强度统一解

由于挡土墙、条形地基等的纵向尺寸都远大于其横向尺寸，且荷载和几何形状均是轴对称的,故可认为处于平面应变状态。纵向应力 σ_z 为中间主应力,且在塑性区 $(\sigma_2-u_a)=\sigma_z=[(\sigma_1-u_a)+(\sigma_3-u_a)]/2$,满足非饱和土统一强度理论式(3-38b),代入整理得平面应变条件下非饱和土统一强度理论的表达式为

$$\frac{\sigma_1-\sigma_3}{2}=\left[\frac{\sigma_1+\sigma_3}{2}-u_a\right]\sin\varphi'_t+c_{tt}\cos\varphi'_t \tag{4-1}$$

$$\sin\varphi'_t=\frac{2(1+b)\sin\varphi'}{2+b(1+\sin\varphi')},\ c'_t=\frac{2(1+b)\cos\varphi'}{2+b(1+\sin\varphi')}\frac{c'}{\cos\varphi'_t},$$

$$c_{st}=\frac{2(1+b)\cos\varphi'}{2+b(1+\sin\varphi')}\frac{c_s}{\cos\varphi'_t}$$

式中,c'_t,φ'_t分别为非饱和土的统一有效粘聚力和统一有效内摩擦角,c_{st} 为非饱和土的统一吸附强度;c_{tt} 为非饱和土的统一总粘聚力,其大小等于统一有效粘聚力 c'_t与统一吸附强度 c_{st} 之和,即 $c_{tt}=c'_t+c_{st}$。

根据应力 Mohr 圆理论,与主应力 σ_1 方向成 θ 角的面上应力为

$$(\sigma-u_a)=\left[\frac{\sigma_1+\sigma_3}{2}-u_a\right]+\frac{\sigma_1-\sigma_3}{2}\cos 2\theta,\ \tau=\frac{\sigma_1-\sigma_3}{2}\sin 2\theta \tag{4-2}$$

将式(4-2)代入式(4-1),整理得

$$\tau=c_{tt}\times\frac{\cos\varphi'_t\sin 2\theta}{1+\cos 2\theta\sin\varphi'_t}+(\sigma-u_a)\times\frac{\sin\varphi'_t\sin 2\theta}{1+\cos 2\theta\sin\varphi'_t} \tag{4-3}$$

利用极值条件 $\partial\tau/\partial\theta=0$,可得

$$\cos 2\theta=-\sin\varphi'_t,\text{即}\ \theta=45^\circ+\varphi'_t/2 \tag{4-4}$$

将式(4-4)代入式(4-1),整理得

$$\tau_f=c_{tt}+(\sigma-u_a)\times\tan\varphi'_t=c'_t+(\sigma-u_a)\times\tan\varphi'_t+c_{st} \tag{4-5}$$

式(4-5)即为平面应变条件下非饱和土抗剪强度统一解,通过统一强度理论参数 b 能合理地反映中间主应力 σ_2 效应,$0\leqslant b\leqslant 1$。当基质吸力 (u_a-u_w) 为零时,统一吸附强度 c_{st} 等于零,则非饱和土抗剪强度统一解变为饱和土抗剪强度统一解,即饱和土抗剪强度统一解是非饱和土抗剪强度统一解的一个特例;当参数 $b=0$ 时,非饱和土抗剪强度统一解退化为基于 Mohr-Coulomb 强度准则的非饱和土抗剪强度;当参数 $b=1$ 时,退化为基于双剪应力强度理论的非饱和土抗剪强度;当 $0<b<1$ 时,可以得到一系列新的非饱和土抗剪强度。根据工

程实际情况或非饱和土真三轴试验结果，可以做出合理选择。

式(4-5)中的统一吸附强度 c_{st} 为考虑中间主应力 σ_2 影响后的吸附强度，其大小由有效内摩擦角 φ'、统一强度理论参数 b 和吸附强度 c_s 三者共同确定。其中，吸附强度 c_s 可取本书第3章3.3.1节的各种表达式，因 Fredlund 双应力状态变量抗剪强度的理论基础强，且很多后来新提出的公式都是在其基础上改进的，因此以 Fredlund 双应力状态变量抗剪强度(式(1-2))为基础的非饱和土平面应变抗剪强度统一解为

$$\tau_f = c'_t + (\sigma - u_a)\tan\varphi'_t + (u_a - u_w)\tan\varphi_t^b \tag{4-6}$$

$$\tan\varphi_t^b = \frac{2(1+b)\cos\varphi'}{2+b(1+\sin\varphi')}\frac{\tan\varphi^b}{\cos\varphi'_t}$$

式中，φ_t^b 为与基质吸力$(u_a - u_w)$有关的统一角。

式(4-6)即为平面应变条件下基于非饱和土统一强度理论和 Fredlund 双应力状态变量的抗剪强度统一解，它与基于 Mohr-Coulomb 强度准则的抗剪强度公式形式完全一样，但通过统一强度理论参数 b 可以合理地考虑中间主应力 σ_2 的影响。

角 φ^b 用来反映非饱和土抗剪强度随基质吸力而变化的快慢情况，世界各地不同地理位置非饱和土的角 φ^b 一般都小于或等于其有效内摩擦角 φ'。试验研究表明：角 φ^b 和基质吸力之间存在非线性关系，可用分段函数表示。当基质吸力不大于非饱和土进气值$(u_a - u_w)_b$时，角 φ^b 为常数，一般约等于 φ'；当基质吸力大于$(u_a - u_w)_b$时，φ^b 按双曲线规律不断减小[44]，最终趋于某一较小值。其变化规律可用式(3-30)表示为

$$\varphi^b = \varphi',\ (u_a - u_w) \leqslant (u_a - u_w)_b \tag{4-7a}$$

$$\varphi^b = \varphi' - \frac{(u_a - u_w) - (u_a - u_w)_b}{\lambda_m + \lambda_n[(u_a - u_w) - (u_a - u_w)_b]},\ (u_a - u_w) > (u_a - u_w)_b \tag{4-7b}$$

式中，λ_m，λ_n 为拟合参数。

可将式(4-7b)变换为

$$\lambda_m + \lambda_n[(u_a - u_w) - (u_a - u_w)_b] = \frac{(u_a - u_w) - (u_a - u_w)_b}{\varphi' - \varphi^b} \tag{4-8}$$

可以看出，式(4-8)是一条直线方程，参数 λ_m 为截距，参数 λ_n 为斜率，表 4-1 为文献[44]给出的多种非饱和土拟合结果的汇总。

表 4-1　参数 λ_m 和 λ_n 的汇总[44]

土的类型	λ_m	λ_n	c'/kPa	φ'/deg	进气值/kPa	R^2
Coarse kaolin	1.98	0.037 8	0	32	47	0.96
Price Club soil	6.1	0.048 3	10	27.1	2	0.76
ASU east	3.83	0.029	2.4	36.1	2	0.97
Sheely clay	2.22	0.034	2.5	33.1	100	—
Yuma sand	0.46	0.026	0	37.4	1	0.99
Dhanauri clay	4.7	0.039	7.8	29	29	0.95
Botkin silt	0.71	0.053	2.5	20	43	0.97
Red silty clay	31.5	0.029 8	20	34	40	0.99
Madrid clayey sand	5.4	0.025 2	40	39.5	30	0.99
Madrid gray clay	27.94	0.040 4	30	25.3	110	0.99
Glacial till	5.6	0.03	10	25.5	80	0.94
Indian Head till	8.6	0.04	0	23	20	0.99

由表 4-1 可以看出，式(4-8)的拟合效果很好。同时笔者从表 4-1 发现斜率 λ_n 的倒数与有效内摩擦 φ' 之间具有很好的线性关系，如图 4-1 所示，二者的拟合直线关系为

$$\frac{1}{\lambda_n}=-2.4598+1.0225\varphi',\ R^2=0.9923 \tag{4-9}$$

从图 4-1 可以看出，式(4-9)的拟合效果优于对角线 ($1/\lambda_n=\varphi'$) 的拟合程度，相关系数 R^2 为 0.992 3，这表明式(4-9)可以很好地表示参数 λ_n 的倒数与有效内摩擦 φ' 之间的线性关系。因此，参数 λ_n 可由有效内摩擦角 φ' 直接确定，然后参数 λ_m 则可由较少的试验数据拟合，从而获得较高的精度。同时由表 4-1 知，参数 λ_m 的取值波动范围较大。由式(4-7b)可以看出，λ_m 值越大，则角 φ^b 下降得越慢，当 $\lambda_m\to\infty$ 时，可认为角 φ^b 恒等于有效内摩擦角 φ'，即不随基质吸力的变化而变化；λ_m 值越小，则角 φ^b 下降得越快，当 $\lambda_m=0$ 时，可认为角 φ^b 恒等于 $(2.4598-0.0225\varphi')$。如果有效内摩擦角 φ' 在 20°—40°范围内，(2.459 8−

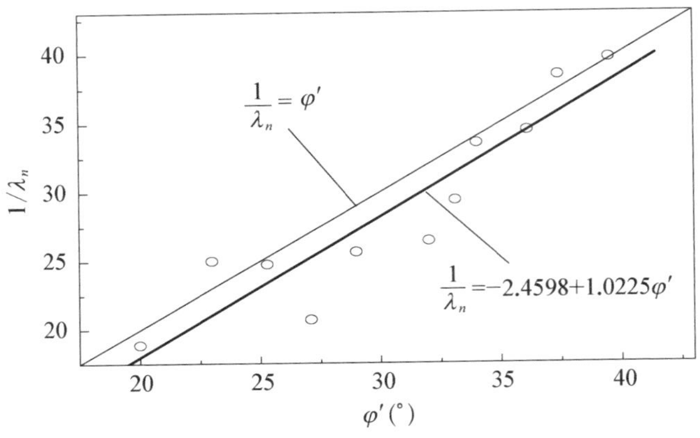

图 4-1　λ_n 与 φ' 的拟合关系

$0.022\,5\varphi'$)则在 1.6°～2.0°变动,此时角 φ^b 较有效内摩擦角 φ' 小很多。

4.2　平面应变抗剪强度统一解的应用

非饱和土抗剪强度可写成与饱和土抗剪强度类似的形式,设 c_{tt} 为统一总粘聚力,即

$$c_{tt}=c'_t+c_{st}=c'_t+(u_a-u_w)\tan\varphi_t^b \tag{4-10}$$

则式(4-5)和式(4-6)可统一变形为

$$\tau_f=c_{tt}+(\sigma-u_a)\tan\varphi'_t \tag{4-11}$$

将非饱和土的统一总粘聚力 c_{tt} 看成由两部分组成,即统一有效粘聚力 c'_t 和由基质吸力(u_a-u_w)引起的统一吸附强度 c_{st}(也称为表观粘聚力),这样原来适用于饱和土的相关理论推导就可以很容易地修改为适用于非饱和土,进而加快非饱和土强度理论的工程实用化进程。然而,将基质吸力(u_a-u_w)所引起的统一吸附强度 c_{st} 包含在统一总粘聚力 c_{tt} 中,并不意味着统一吸附强度 c_{st} 是抗剪强度粘聚力项的一个分量,这只是为了便于将非饱和土三维破坏包面转化为二维。

非饱和土中基质吸力的大小和分布与外部环境条件关系密切,如降雨、蒸发、植被、覆盖层等,而与土体应力变化的关系不大,这主要是因为外部条件能影响土体含水量的变化,进而引起基质吸力的升高或降低。基质吸力与外部环境

因素之间明确的函数关系还有待深入研究，同时现有基质吸力测量手段与设备还存在很大的局限性，所以实际工程应用时可近似假定基质吸力均匀分布或沿深度线性减小至地下水位为零两种情况[17]，如图 4-2 所示。图中$(u_a - u_w)_0$ 为地面处的基质吸力，称为地表基质吸力，D_w 为地下水位。

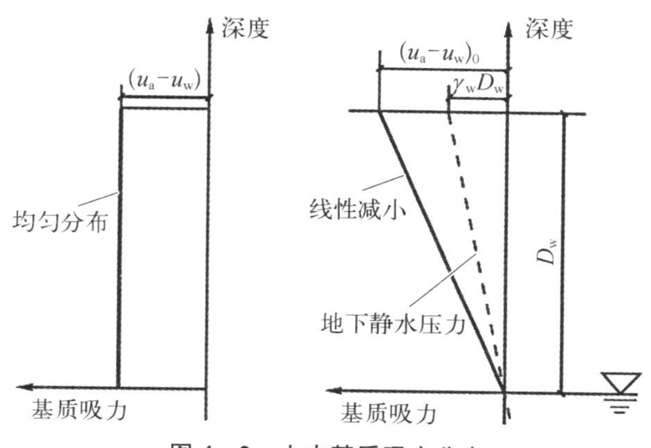

图 4-2　土中基质吸力分布

当基质吸力沿深度线性减小直到地下水位处为零时，地表下不同深度 h 处的基质吸力$(u_a - u_w)_h$ 为

$$(u_a - u_w)_h = (u_a - u_w)_0(1 - h/D_w) \tag{4-12}$$

从式(4-12)可以看出，当地下水位 D_w 很深时，即 $D_w \to \infty$，则基质吸力沿深度的变化可以忽略，将其看作是均匀分布的，也就是说基质吸力沿深度均匀分布是基质吸力沿深度线性变化的一个特例。

4.2.1　土压力

挡土墙土压力问题是土力学最早开展研究的主要工作之一，根据挡土墙的位移情况和墙后填土所处的应力状态，土压力可以分为静止土压力、主动土压力和被动土压力。主动土压力状态是指土体在水平方向卸荷直至破坏的状态，被动土压力状态是指土体在水平方向上受压缩直至破坏的状态，它们分别为两种极端状态，可以通过分析土体所处的塑性平衡状态来求解主动或被动土压力。在这两种状态之间，存在着土体没有受到周围土体位移的影响，应力状态没有发生改变的静止土压力状态。

挡墙结构常见的问题是采用非饱和膨胀土作为回填土，因环境条件变化而使墙体发生较大的变形，或紧靠土体现浇结构构件。很多学者对饱和土土压力进行了深入的研究，取得了很多成果，但现有的饱和土土压力理论难以解决非饱和土作用在工程结构上的土压力问题[315]，同时中间主应力对非饱和土土压力的影响也有待重新认识。因此，应该根据非饱和土的强度特点，建立适合非饱和土的土压力理论。

设挡土墙墙背直立、光滑，其后填土表面水平并无限延伸，满足朗肯土压力理论的假定，如图 4 - 3 所示，图中 H 为挡土墙高度。地表下深度 h 处的土体单元在墙体横截面内受竖向净应力($\sigma_v - u_a$) 和水平净应力($\sigma_h - u_a$) 的作用。

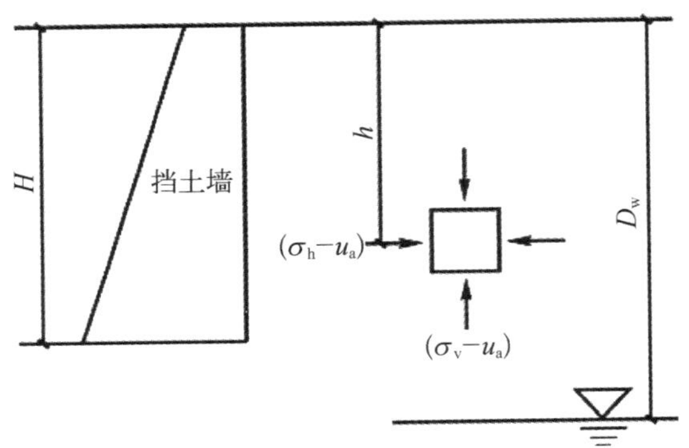

图 4 - 3　挡土墙后方土体应力示意图

图 4 - 4 中有 3 个 Mohr 圆，圆 AK 是静止土压力状态，圆 AB 是主动土压力状态，圆 AC 是被动土压力状态。静止土压力状态是以最大主应力 $\sigma_1 = (\sigma_v - u_a)$，最小主应力 $\sigma_3 = k_0(\sigma_v - u_a)$ 为两端点作的应力 Mohr 圆，这时静止应力 Mohr 圆位于破坏包线的下方，土体处于弹性状态，没有发生破坏。主动土压力状态是水平方向的应力减小至土体破坏，即 $k_0(\sigma_v - u_a)$ 减小至$(\sigma_h - u_a)_a$，Mohr

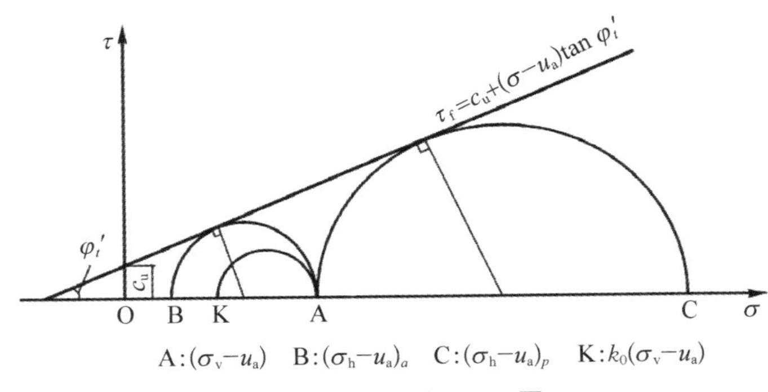

图 4 - 4　土压力 Mohr 圆

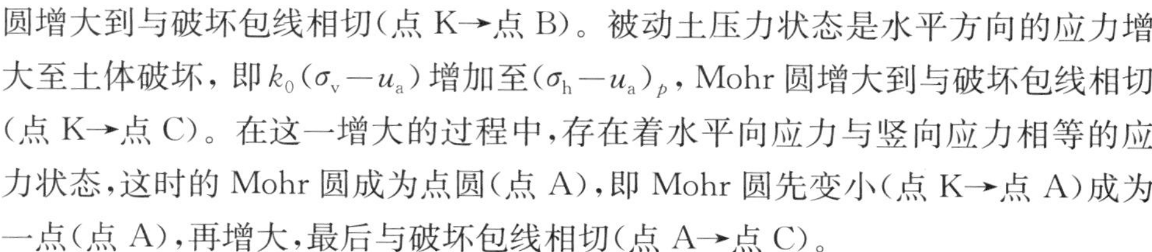

圆增大到与破坏包线相切(点 K→点 B)。被动土压力状态是水平方向的应力增大至土体破坏，即 $k_0(\sigma_v-u_a)$ 增加至 $(\sigma_h-u_a)_p$，Mohr 圆增大到与破坏包线相切(点 K→点 C)。在这一增大的过程中，存在着水平向应力与竖向应力相等的应力状态，这时的 Mohr 圆成为点圆(点 A)，即 Mohr 圆先变小(点 K→点 A)成为一点(点 A)，再增大，最后与破坏包线相切(点 A→点 C)。

1. 主动土压力

如果墙向离开土体的方向移动，土体达到主动极限平衡状态时，便会产生主动土压力强度 $(\sigma_h-u_a)_a$。由 Mohr 圆 AB 的几何关系，如图 4-4 所示，此时应力应满足

$$\sin\varphi'_t=\frac{[(\sigma_v-u_a)-(\sigma_h-u_a)_a]/2}{\dfrac{(\sigma_v-u_a)+(\sigma_h-u_a)_a}{2}+c_{tt}\cot\varphi'_t} \tag{4-13}$$

整理得

$$(\sigma_h-u_a)_a=(\sigma_v-u_a)\frac{1-\sin\varphi'_t}{1+\sin\varphi'_t}-2c_{tt}\frac{\cos\varphi'_t}{1+\sin\varphi'_t} \tag{4-14}$$

由三角函数关系知

$$\frac{\cos\varphi'_t}{1+\sin\varphi'_t}=\sqrt{\frac{1-\sin\varphi'_t}{1+\sin\varphi'_t}} \tag{4-15}$$

令主动土压力系数 k_a 为

$$k_a=(1-\sin\varphi'_t)/(1+\sin\varphi'_t) \tag{4-16}$$

则式(4-14)变为

$$(\sigma_h-u_a)_a=(\sigma_v-u_a)k_a-2c'_t\sqrt{k_a}-2(u_a-u_w)\tan\varphi_t^b\sqrt{k_a} \tag{4-17}$$

令式(4-17)中的主动土压力强度 $(\sigma_h-u_a)_a$ 为零，则张拉区深度 h_0 为

$$h_0=2[c'_t+(u_a-u_w)\tan\varphi_t^b]/(\gamma\sqrt{k_a}) \tag{4-18}$$

式中，γ 为非饱和土的重度。在均质非饱和土中，知道 h_0 就可以求得主动土压力 E_a。当基质吸力沿深度为常数时

$$E_a=\int_{h_0}^{H}(\sigma_h-u_a)_a dh$$

$$= \frac{1}{2}\gamma k_a(H^2 - h_0^2) - 2c'_t\sqrt{k_a}(H - h_0) - 2(u_a - u_w)\sqrt{k_a}\tan\varphi_t^b(H - h_0) \tag{4-19}$$

当基质吸力沿深度线性减小直到地下水位 D_w 处为零时，将基质吸力分布式(4-12)代入式(4-17)和式(4-19)，得张拉区深度 h_0 和主动土压力 E_a 分别为

$$h_0 = \frac{2[c'_t + (u_a - u_w)_0 \tan\varphi_t^b]}{\gamma\sqrt{k_a} + 2(u_a - u_w)_0 \tan\varphi_t^b / D_w} \tag{4-20}$$

$$E_a = \frac{1}{2}\gamma k_a(H^2 - h_0^2) - 2c'_t\sqrt{k_a}(H - h_0) - 2(u_a - u_w)_0\sqrt{k_a}\tan\varphi_t^b\left[H - \frac{H^2}{2D_w} - h_0 + \frac{h_0^2}{2D_w}\right] \tag{4-21}$$

2. 被动土压力

被动土压力是墙向土体移动，水平向应力逐渐增大，并超过上覆应力。当土体达到被动极限平衡状态时，水平向应力是第一主应力，而竖向应力变为第三主应力。由 Mohr 圆 AC 的几何关系得

$$\sin\varphi'_t = \frac{[(\sigma_h - u_a)_p - (\sigma_v - u_a)]/2}{\dfrac{(\sigma_h - u_a)_p + (\sigma_v - u_a)}{2} + c_{tt}\cot\varphi'_t} \tag{4-22}$$

整理得被动土压力强度 $(\sigma_h - u_a)_p$ 为

$$(\sigma_h - u_a)_p = (\sigma_v - u_a)k_p + 2c'_t\sqrt{k_p} + 2(u_a - u_w)\tan\varphi_t^b\sqrt{k_p} \tag{4-23}$$

式中，k_p 为被动土压力系数。

$$k_p = \tan^2\left(45° + \frac{\varphi'_t}{2}\right) \tag{4-24}$$

当基质吸力沿深度为常数时，被动土压力 E_p 为

$$E_p = \int_0^H (\sigma_h - u_a)_p dh = \frac{1}{2}\gamma k_p H^2 + 2c'_t H\sqrt{k_p} + 2(u_a - u_w)H\sqrt{k_p}\tan\varphi_t^b \tag{4-25}$$

当基质吸力线性减小直到地下水位 D_w 处为零时，被动土压力 E_p 为

$$E_p = \frac{1}{2}\gamma k_p H^2 + 2c'_t H\sqrt{k_p} + 2(u_a - u_w)_0\sqrt{k_p}\tan\varphi_t^b\left(H - \frac{H^2}{2D_w}\right) \tag{4-26}$$

上述式(4-19)和式(4-25)、式(4-21)和式(4-26)即为基于平面应变非饱和土抗剪强度统一解的主动和被动土压力解析解，分别对应基质吸力分布沿深度为常数和线性减小至地下水位处为零两种情况。当地面有超载时，可以将超载换算为当量土层高度；分层土体可将上部土层传来的竖向荷载换算为本层当量土层高度，分别求解该土层上下交界面处的土压力大小，进而求得作用在挡土墙上的土压力总和。

4.2.2　极限承载力

根据基础埋深 D 和宽度 B 的相对比值[311]，基础可分为浅基础($D/B \leqslant 1$)和深基础($D/B > 1$)，浅基础上有条形基础、独立基础和筏板基础等，此处主要讨论的是条形基础的承载力问题。通常把地基不致失稳时单位面积上所能承受的最大荷载称为地基极限荷载，可分为整体剪切破坏、局部剪切破坏和刺入剪切破坏三种破坏模式，考虑一定安全储备后的地基承载力称为容许承载力。地基承载力的确定，一般有现场原位试验、理论公式和查地基规范承载力表三种方法[311]。理论公式通常根据极限平衡法求得，即假定土体沿设定的滑动面破坏，滑动面上土体满足破坏条件，通过考虑由滑动面所形成的隔离体的静力平衡，则可求得对应的破坏荷载。

浅基础设计不但要了解土-结构间的相互作用，更重要的是要加深对土体本身力学特性的认识，特别是基质吸力的增强作用。非饱和土地基承载力的确定一直是个难题，瞿礼生(1988)[316]建议根据室内外试验确定不同类别的非饱和膨胀土地基承载力的经验值，徐永福(2000)[317]提出利用膨胀力和吸附强度确定非饱和膨胀土地基承载力的两种方法，赵炼恒等(2009)[318]采用序列二次规划法计算非饱和土极限承载力的上限解，马少坤等(2010)[41]将修正的对数模型引入非饱和土地基承载力的计算，但以上解答均没有考虑中间主应力对非饱和土极限承载力的影响。最近有学者进行了非饱和土地基极限承载力的模型试验研究[319-322]，指出基质吸力对地基承载力的影响显著，应考虑基质吸力对非饱和土地基承载力的提高作用。

非饱和土地基极限承载力最理想的是根据现场原位试验确定，但非饱和土试验技术要求高，边界条件复杂，难以得到理想结果，同时建立适合非饱和土的地基承载力表更需漫长的时间。下面在太沙基极限平衡理论的基础上，结合平面应变非饱和土抗剪强度统一解，建立整体剪切破坏时非饱和土条形地基的极限承载力公式。

太沙基极限平衡理论的基本假定为[261-263]

(1) 基础底面粗糙，当地基发生整体剪切破坏时，基底楔体Ⅰ始终处于弹性状态，随基础一起移动。弹性楔体Ⅰ的边界 ab 为滑动区的内边界，与水平面的夹角为 ψ_f，如图 4-5 所示，图中 D 为基础埋深，B 为基础宽度。

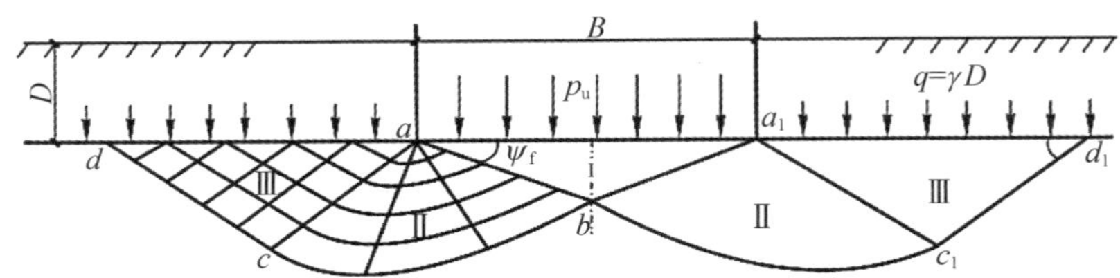

图 4-5　粗糙基底条形地基破坏模式图

(2) 滑动区范围内非饱和土体均处于塑性平衡状态，由径向剪切区Ⅱ和朗肯被动区Ⅲ组成。径向剪切区的边界 bc 由对数螺旋线表示为

$$r = r_0 \exp\left[\frac{\theta_f[2(1+b)\sin\varphi']}{\sqrt{[2+b(1+\sin\varphi')]^2-[2(1+b)\sin\varphi']^2}}\right] \tag{4-27}$$

式中，r_0 为起始矢经，θ_f 为任一矢经与起始矢经 r_0 间的夹角。

(3) 不考虑基底以上两侧土体的抗剪强度，而用均布荷载 $q=\gamma D$ 表示。

基于以上假定，建立弹性楔体Ⅰ的静力平衡，可求得条形地基整体剪切破坏时的极限承载力 p_u 为

$$p_u = \frac{1}{2}\gamma B N_\gamma + q N_q + [c'_t + (u_a - u_w)\tan\varphi_t^b] N_c \tag{4-28}$$

式(4-28)适用于基质吸力沿深度为常数的情况。

式中，N_γ、N_q、N_c 为极限承载力系数，均为有效内摩擦角 φ' 和统一强度理论参数 b 的函数，而与基质吸力(u_a-u_w) 和角 φ^b 无关。它们的表达式分别为

$$N_\gamma = \frac{\tan\psi_f}{2}\left[\frac{\cos(\psi_f-\varphi'_t)}{\cos\psi_f\cos\varphi'_t}K_{pr}-1\right] \tag{4-29a}$$

$$N_q = \frac{\cos(\psi_f-\varphi'_t)}{\cos\psi_f}\exp\left\{\left[\frac{3\pi}{2}+\varphi'_t-2\psi_f\right]\tan\varphi'_t\right\}\times\tan\left(\frac{\pi}{4}+\frac{\varphi'_t}{2}\right) \tag{4-29b}$$

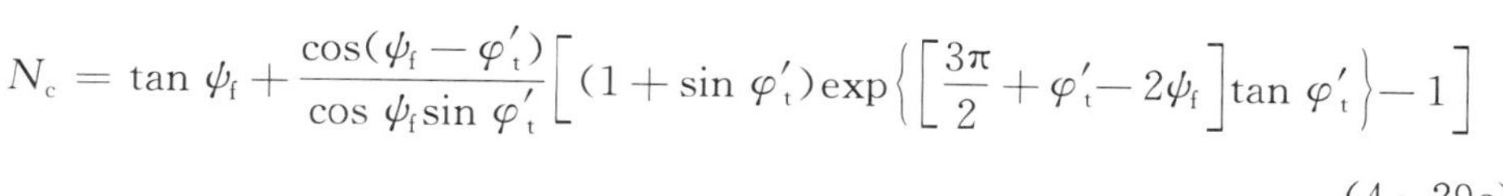

$$N_c = \tan\psi_f + \frac{\cos(\psi_f - \varphi'_t)}{\cos\psi_f \sin\varphi'_t}\left[(1+\sin\varphi'_t)\exp\left\{\left[\frac{3\pi}{2}+\varphi'_t - 2\psi_f\right]\tan\varphi'_t\right\} - 1\right] \tag{4-29c}$$

式中，K_{pr} 为被动土压力系数，可试算确定。

当基底完全粗糙时，$\psi_f = \varphi'_t$，则

$$N_\gamma = \frac{\tan\varphi'_t}{2}\left[\frac{K_{pr}}{\cos^2\varphi'_t} - 1\right] \tag{4-30a}$$

$$N_q = \frac{1}{2\cos^2(45° + \varphi'_t/2)}\exp[(1.5\pi - \varphi'_t)\tan\varphi'_t] \tag{4-30b}$$

$$N_c = (N_q - 1)\cot\varphi'_t \tag{4-30c}$$

当基底完全光滑时，$\psi_f = 45° + \varphi'_t/2$，则

$$N_\gamma = \frac{1+\sin\varphi'_t}{2\cos\varphi'_t}\left[\frac{1+\sin\varphi'_t}{\cos^2\varphi'_t}K_{pr} - 1\right] \tag{4-31a}$$

$$N_q = \tan^2(45° + \varphi'_t/2)\exp(\pi\tan\varphi'_t) \tag{4-31b}$$

$$N_c = (N_q - 1)\cot\varphi'_t \tag{4-31c}$$

为方便计算，结合太沙基经验公式[262-263]，由 $N_\gamma = 1.8(N_q - 1)\tan\varphi'_t$。

当基质吸力沿深度线性减小时，基质吸力沿弹性楔体边界 ab 也是线性变化的，这时可用基质吸力沿边界 ab 的平均值 $\overline{(u_a - u_w)}$ 来确定吸附强度，则

$$\begin{aligned}\overline{(u_a - u_w)} &= \frac{1}{2}\left[(u_a - u_w)_0\left(1 - \frac{D}{D_w}\right) + (u_a - u_w)_0\left(1 - \frac{D}{D_w} - \frac{\overline{ab}\sin\psi_f}{D_w}\right)\right] \\ &= (u_a - u_w)_0\left[1 - \frac{D}{D_w} - \frac{B\tan\psi_f}{4D_w}\right]\end{aligned} \tag{4-32}$$

将式(4-32)代入式(4-28)，可得基质吸力沿深度线性减小至地下水位 D_w 处为零时的极限承载力 p_u 为

$$p_u = \frac{1}{2}\gamma B N_\gamma + qN_q + \left[c'_t + (u_a - u_w)_0\left[1 - \frac{D}{D_w} - \frac{B\tan\psi_f}{4D_w}\right]\tan\varphi^b_t\right]N_c \tag{4-33}$$

上述式(4－28)和式(4－33)即为基于平面应变非饱和土抗剪强度统一解的地基极限承载力解析解，分别对应基质吸力分布沿深度为常数和线性减小至地下水位为零两种情况，适用于条形基础受中心竖向荷载作用时的整体剪切破坏。在工程实践和模型试验中，经常遇到非条形基础、倾斜或偏心荷载作用，需要引入一些半经验的系数对上述极限承载力加以修正，如基础形状系数、荷载倾斜修正系数和基础埋深修正系数等；应用到其他地基破坏模式时，还需要对地基土的强度参数进行折减。

4.2.3 临界荷载

地基受到建筑物荷载的作用后，内部产生附加应力，引起地基内土体的剪应力增加，当某一点的剪应力达到土体抗剪强度时，这一点处的土体就处于极限平衡状态。若土体中某一区域内各点都达到极限平衡状态，就形成塑性区，随着荷载继续增大，局部的塑性区可以发展成为连续贯通到地表的整体滑动面。实践证明，地基中出现不大的塑性区，对于建筑物的安全并无妨碍。通常把载荷板试验测得的比例极限称为临塑荷载 p_{cr}，当荷载小于临塑荷载 p_{cr} 时，地基内各点均未达到极限平衡状态，不存在塑性区。临塑荷载 p_{cr} 和极限荷载 p_u 之间的任意数值称为临界荷载。可通过弹性力学计算地基土中的应力，依据土体抗剪强度确定塑性区范围，进而确定塑性区开展到一定范围时的临界荷载。

在我国地基承载力的计算方法中，临界荷载是占主导地位的，通常把塑性区最大开展深度 Z_{max} 等于 1/4 基础宽度 B 时的临界荷载，作为地基承载力的设计控制值。国内很多学者对饱和土条形地基临界荷载进行了大量研究，但多数是建立在侧压力系数 $k_0=1$ 的基础上，即认为地基土的水平向应力和竖向应力相等，这与土体真实的应力状态明显不符，对于正常固结土来说高估了地基承载力，而且没有考虑中间主应力和基质吸力的共同影响，至今非饱和土临界荷载的研究在国内外还是一片空白。

图 4－6 为一条形基础，基础宽度为 B，埋深为 D，基础底面上下非饱和土的重度均为 γ，土体侧压力系数为 k_0。将自重应力 γD 引起的应力转换到附加应力 $(p-\gamma D)$ 对应的主应力方向上，叠加得 M 点应力之和为

$$\sigma_z=\frac{p-\gamma D}{\pi}(\beta_0+\sin\beta_0)+\frac{\gamma(D+Z)(1+k_0)}{2}+\frac{\gamma(D+Z)(1-k_0)}{2}\cos 2\beta_1$$

$$\sigma_x = \frac{p-\gamma D}{\pi}(\beta_0 - \sin\beta_0) + \frac{\gamma(D+Z)(1+k_0)}{2} - \frac{\gamma(D+Z)(1-k_0)}{2}\cos 2\beta_1$$

$$\tau_{xz} = \frac{\gamma(D+Z)(1-k_0)}{2}\sin 2\beta_1$$

(4-34)

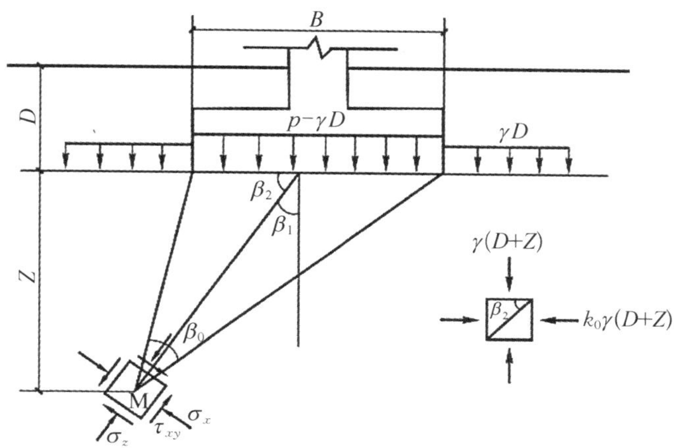

图 4-6　条形基础均布荷载下地基中 M 点的应力状态

当 M 点达到极限平衡条件时，其应力满足

$$\frac{\sqrt{(\sigma_z-\sigma_x)^2/4+\tau_{xz}^2}}{(\sigma_z+\sigma_x)/2+c_{tt}\cot\varphi_t'} = \sin\varphi_t' \tag{4-35}$$

基础边缘下 $D/4$ 深度范围内，塑性区的应力满足 $(\sigma_z-\sigma_x)/2 > \tau_{xz}$，利用近似公式 $\sqrt{x^2+y^2} \approx 1.0x + 0.38y$（当 $5y \geqslant x > y$、$y > 0$ 时，相对误差 $<7\%$；当 $x > 5y$、$y > 0$ 时，相对误差 $<5\%$）[313,324]，将式(4-34)代入式(4-35)，整理得

$$Z = \frac{2\dfrac{p-\gamma D}{\pi}(\beta_0\sin\varphi_t' - \sin\beta_0) + 2[c_t' + (u_a-u_w)\tan\varphi_t^b]\cos\varphi_t'}{\gamma(1-k_0)\cos 2\beta_1 + 0.38\gamma(1-k_0)\sin 2\beta_1 - \gamma(1+k_0)\sin\varphi_t'} - D$$

(4-36)

当地基非饱和土的性质一定时，Z 仅是夹角 β_0 和 β_1 的函数，为求 Z 的最大值，由 $\partial Z/\partial\beta_0 = 0$ 和 $\partial Z/\partial\beta_1 = 0$，得

$$\beta_0 = \frac{\pi}{2} - \varphi_t',\ 2\beta_1 \approx 21^\circ \tag{4-37}$$

将式(4－37)代入式(4－36)，整理得非饱和土地基塑性区最大开展深度 Z_{max} 为

$$Z_{max}=\frac{2\frac{p-\gamma D}{\pi}\left[\left(\frac{\pi}{2}-\varphi'_t\right)\tan\varphi'_t-1\right]+2[c'_t+(u_a-u_w)\tan\varphi^b_t]}{1.07\gamma(1-k_0)/\cos\varphi'_t-\gamma(1+k_0)\tan\varphi'_t}-D \tag{4-38}$$

将式(4－38)变形，得非饱和土条形地基基底均布荷载 p 为

$$p=M_Z\gamma Z_{max}+M_D\gamma D+M_C[c'_t+(u_a-u_w)\tan\varphi^b_t] \tag{4-39}$$

式中，M_z、M_D、M_C 为地基承载力系数，其表达式分别为

$$M_z=\frac{\pi[1.07(1-k_0)/\cos\varphi'_t-(1+k_0)\tan\varphi'_t]}{2\left[\left(\frac{\pi}{2}-\varphi'_t\right)\tan\varphi'_t-1\right]} \tag{4-40a}$$

$$M_D=M_z+1 \tag{4-40b}$$

$$M_C=\frac{\pi}{1-\left[\frac{\pi}{2}-\varphi'_t\right]\tan\varphi'_t} \tag{4-40c}$$

式中，$k_0=(1-\sin\varphi')\sqrt{OCR}$[314]，$OCR$ 为非饱和土超固结比，$OCR\geqslant 1$。

式(4－39)是按均质非饱和土地基推导的，若地基处于不同土层中，则第一项中的 γ 是指基础底面以下非饱和土的重度，第二项中的 γ 是指基底以上埋深范围内非饱和土的平均重度，以示区别用 γ_D 表示；且假设不同非饱和土中基质吸力分布规律相同，大小相等且不变。若在地基中不允许有塑性区存在，即令 $Z_{max}=0$，得非饱和土条形地基临塑荷载 p_{cr} 为

$$p_{cr}=M_D\gamma_D D+M_C[c'_t+(u_a-u_w)\tan\varphi^b_t] \tag{4-41}$$

若允许地基中塑性区开展深度达埋深的 1/4，即令 $Z_{max}=B/4$，得非饱和土条形地基临界荷载 $p_{1/4}$ 为

$$p_{1/4}=M_B\gamma B+M_D\gamma_D D+M_C[c'_t+(u_a-u_w)\tan\varphi^b_t] \tag{4-42}$$

式中，M_B 为地基承载力系数，且 $M_B=M_z/4$，其他符号同前。式(4－42)适用于基质吸力沿深度为常数的情况。

当基质吸力沿深度线性减小至地下水位 D_w 处为零时，地基 M 点处的基质

吸力为

$$(u_a - u_w)_M = (u_a - u_w)_0\left[1 - \frac{D+Z}{D_w}\right] \tag{4-43}$$

将式(4-43)代入式(4-36)，整理得

$$Z = \frac{\begin{bmatrix} 2\dfrac{p-\gamma D}{\pi}(\beta_0 \sin\varphi'_t - \sin\beta_0) + 2[c'_t + (u_a - u_w)_0(1 - D/D_w)\tan\varphi_t^b] \\ \times\cos\varphi'_t - [\gamma(1-k_0)\cos 2\beta_1 + 0.38\gamma(1-k_0)\sin 2\beta_1 - \gamma(1+k_0)\sin\varphi'_t]D \end{bmatrix}}{\begin{bmatrix} \gamma(1-k_0)\cos 2\beta_1 + 0.38\gamma(1-k_0)\sin 2\beta_1 \\ -\gamma(1+k_0)\sin\varphi'_t + 2(u_a - u_w)_0\tan\varphi_t^b\cos\varphi'_t/D \end{bmatrix}} \tag{4-44}$$

同样，由 $\partial Z/\partial\beta_0 = 0$ 和 $\partial Z/\partial\beta_1 = 0$ 可解得 $\beta_0 = \pi/2 - \varphi'_t$，$2\beta_1 \approx 21°$，进而代入式(4-44)，整理得塑性区最大开展深度 $Z_{\max}$ 为

$$Z_{\max} = \frac{\begin{bmatrix} 2\dfrac{p-\gamma D}{\pi}[(\pi/2 - \varphi'_t)\tan\varphi'_t - 1] + 2[c'_t + (u_a - u_w)_0(1 - D/D_w) \\ \times\tan\varphi_t^b] - [1.07\gamma(1-k_0)/\cos\varphi'_t - \gamma(1+k_0)\tan\varphi'_t]D \end{bmatrix}}{[1.07\gamma(1-k_0)/\cos\varphi'_t - \gamma(1+k_0)\tan\varphi'_t + 2(u_a - u_w)_0\tan\varphi_t^b/D]} \tag{4-45}$$

同样将式(4-45)变形，得基质吸力线性减小时条形地基基底均布荷载 p 为

$$p = M_Z\gamma Z_{\max} + M_D\gamma_D D + M_C[c'_t + (u_a - u_w)_0(1 - D/D_w)\tan\varphi_t^b] \tag{4-46}$$

式中，M_z、M_D、M_C 为对应的地基承载力系数，其表达式分别为

$$M_z = \frac{\pi[1.07(1-k_0)/\cos\varphi'_t - (1+k_0)\tan\varphi'_t + 2(u_a - u_w)_0\tan\varphi_t^b/(\gamma D)]}{2\left[\left(\dfrac{\pi}{2} - \varphi'_t\right)\tan\varphi'_t - 1\right]} \tag{4-47a}$$

$$M_D = \frac{\pi[1.07(1-k_0)/\cos\varphi'_t - (1+k_0)\tan\varphi'_t]}{2\left[\left(\dfrac{\pi}{2} - \varphi'_t\right)\tan\varphi'_t - 1\right]} + 1 \tag{4-47b}$$

$$M_C = \frac{\pi}{1 - \left[\frac{\pi}{2} - \varphi_t'\right]\tan\varphi_t'} \tag{4-47c}$$

从式(4-47)可以看出，当基质吸力线性减小时，地基承载力系数 M_z 除了与侧压力系数 k_0 和统一有效内摩擦角 φ_t' 有关外，还与地表基质吸力 $(u_a - u_w)_0$、与基质吸力有关的统一角 φ_t^b、非饱和土重度 γ 和基础埋深 D 等有关；承载力系数 M_D 也与基质吸力均匀分布时不同，同时 M_D 也不再等于 $M_z + 1$；承载力系数 M_C 没有发生变化。

令 $Z_{max} = B/4$，得基质吸力线性减小时非饱和土条形地基临界荷载 $p_{1/4}$ 为

$$p_{1/4} = M_B\gamma B + M_D\gamma_D D + M_C[c_t' + (u_a - u_w)_0(1 - D/D_w)\tan\varphi_t^b] \tag{4-48}$$

式中，地基承载力系数 $M_B = M_z/4$，其他符号同前。

上述式(4-42)和式(4-48)即为基于平面应变非饱和土抗剪强度统一解的地基临界荷载解析解，分别对应基质吸力分布沿深度为常数和线性减小至地下水位处为零两种情况。

4.3 解析解的可比性及验证

4.3.1 可比性分析

上述非饱和土的土压力解析解、地基极限承载力解析解和临界荷载解析解均建立在平面应变非饱和土抗剪强度统一解的基础上，具有广泛的理论意义。所得解析解不是一般的一个特解，而是一系列有序解的集合，考虑了中间主应力、基质吸力大小及分布、侧压力系数等综合影响，能退化为众多已有解答，而且还包含很多其他新的解答，可以适用于更多实际工程情况。

统一强度理论参数 b 反映中间主应力 σ_2 效应和强度准则的选择，$b=0$ 时平面应变抗剪强度统一解退化为基于 Mohr - Coulomb 强度准则的抗剪强度，未考虑中间主应力 σ_2 的影响；$b=1$ 时为基于双剪应力强度理论的抗剪强度；$0 < b < 1$ 时得到一系列新的抗剪强度公式；基质吸力 $(u_a - u_w) > 0$，对应非饱和土，

$(u_a - u_w) = 0$ 为饱和土；超固结比 $OCR \geqslant 1$，反映不同侧压力系数 k_0 的影响。

对于土压力，当 $b = 0$ 和 $(u_a - u_w) = 0$ 时，非饱和土土压力解析解，即式(4-19)和式(4-25)、式(4-21)和式(4-26)，变为饱和土朗肯主动和被动土压力[311]；当 $(u_a - u_w) = 0$ 时，土压力解析解变为饱和土基于统一强度理论的主动和被动土压力[265-266]。

对于地基极限承载力，当 $b = 0$ 和 $(u_a - u_w) = 0$ 时，非饱和土地基极限承载力解析解，即式(4-28)和式(4-33)，变为饱和土太沙基极限承载力[311]；当 $(u_a - u_w) = 0$ 时，极限承载力解析解变为基于统一强度理论的饱和土太沙基极限承载力[261-263]。

对于临界荷载，当 $b = 0$、$(u_a - u_w) = 0$ 和 $OCR = 1$ 时，非饱和土地基临界荷载解析解，即式(4-42)和式(4-48)，变为正常固结饱和土基于 Mohr-Coulomb 强度准则的临界荷载[313-314]；当 $k_0 = 1$、$b = 0$ 和 $(u_a - u_w) = 0$ 时，临界荷载解析解变为自重应力场如同静水压力时饱和土基于 Mohr-Coulomb 强度准则的临界荷载[311]；当 $k_0 = 1$ 和 $(u_a - u_w) = 0$ 时，临界荷载解析解变为自重应力场如同静水压力时饱和土基于统一强度理论的临界荷载[267]。

另外，所有解析解均考虑了基质吸力沿深度均匀分布和沿深度线性减小至地下水位处为零两种情况，以便更好地和工程实际中的吸力分布相吻合；所得解析解中吸附强度采用的是 $(u_a - u_w)\tan\varphi^b$，将角 φ^b 用分段函数式(4-7)表示，可以反映非饱和土抗剪强度随基质吸力变化的非线性，即高基质吸力的双重影响；吸附强度 $(u_a - u_w)\tan\varphi^b$ 亦可根据非饱和土三轴或直剪试验情况，替换成本书第 3 章 3.3.1 节的其他形式，能很容易地得到很多其他形式的新解答。

因此，本书 4.2 节所得的非饱和土土压力、地基极限承载力和临界荷载的解析解均为一系列解的集合，综合反映了多种因素的共同影响，可退化为众多已有解答，因而具有很好的可比性，也从必要性上对所得解析解进行了验证；同时又可以很容易地替换吸附强度的表达式，得到很多其他形式的新结果，因而具有很好的拓展性。

4.3.2　主动土压力实测验证

因现场测试基质吸力极其困难，针对非饱和土的工程实测数据鲜有报道，现仅对主动土压力解析解做以实测数据验证。取文献[265]中深 7.1 m 的基坑，采用直径为 0.8 m、长为 12.7 m 的悬臂桩支护，基坑周围土层分布及由室内试验确定的各层土物理力学指标，如图 4 - 7 所示。

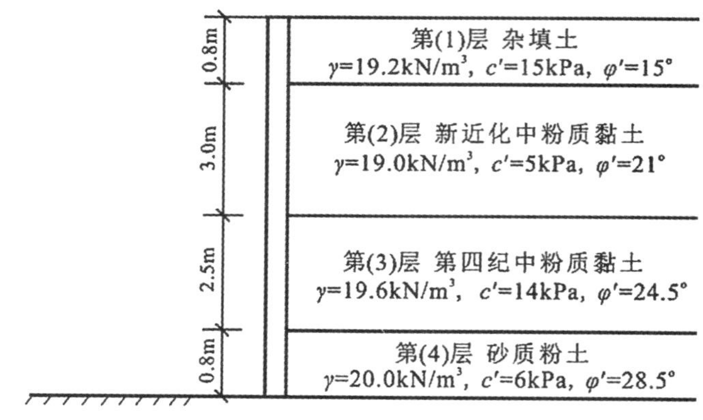

图 4 - 7 土层分布图

文献[265]中未提供各土层基质吸力大小和角 φ^b 的相关信息，考虑到各土层厚度较小和坑底降水等影响，取基质吸力为各层土有效粘聚力的算术平均值 10 kPa，即 $(u_a - u_w) = 10$ kPa，且沿深度为常数，属于低基质吸力，各层土的角 φ^b 等于其有效内摩擦角 φ'。利用式(4 - 18)和式(4 - 19)，按成层土主动土压力的计算方法，将上覆土按重度换算为当量土层高度，分别计算该土层顶面和底面处的主动土压力，如图 4 - 8 所示。为对比分析，同时也将饱和土朗肯主动土压力和文献[265]的结果一并给出，饱和土朗肯主动土压力为参数 $b = 0$、$(u_a - u_w) = 0$ 时式(4 - 19) 的结果，文献[265] 为参数 $b = 0.5$、$(u_a - u_w) = 0$ 时式(4 - 19) 的结果，即二者均为 4.2.1 节中非饱和土主动土压力解析解式(4 - 19)的特例。

由图 4 - 8 可以看出，当 $b = 0.5$、$(u_a - u_w) = 10$ kPa 时，由式(4 - 19)确定的主动土压力与朗肯土压力和文献[265]结果的变化规律一致，但比前二者所得结果均要小，能更接近主动土压力实测曲线，并且稍大于实测曲线，这都说明考虑非饱和土基质吸力的正确性和必要性。故式(4 - 19)在较大程度上改进了朗肯主动土压力过于保守的不足，同时又可避免文献[265]仅考虑中间主应力的弱点，且分析结果对挡土墙的设计计算是安全可行的。因此，基于平面应变条件下非饱和土抗剪强度统一解建立的主动土压力解析解，较朗肯主动土压力具有很大的优越性，能考虑多因素的综合影响，可根据工程实际情况，进行合理选择。

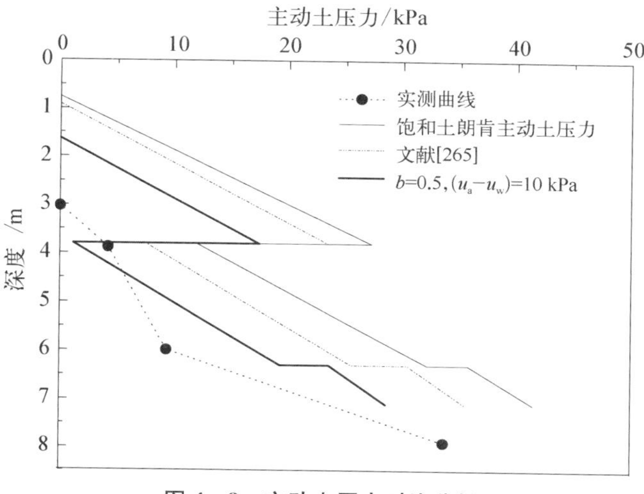

图 4-8　主动土压力对比分析

4.3.3　极限承载力模型试验验证

Vanapalli 和 Mohamed(2007)[320]开展了非饱和粗粒砂性土的地基极限承载力模型试验研究，模型槽的长×宽×高=900 mm×900 mm×750 mm，土体的初始孔隙比 e_0 为 0.63，塑性指数 $I_p=0$，重度 γ 为 16.02 kN/m^3，直剪试验测得饱和土的有效粘聚力 c' 为 0.60 kPa，有效内摩擦角 φ' 为 35.3°。模型试验采用的是 $B\times L=100$ mm×100 mm(B 为基础宽度，L 为基础长度)的地表矩形基础，即基础埋深为零，直接搁置在土体表面。通过升降模型槽的水位来实现对基质吸力的控制，并量测基础中心下不同深度处的基质吸力。在极限承载力分析时，考虑基础中心下 1.5 倍基础宽度 B 范围内应力球的平均基质吸力，如图 4-9 所示。

从图 4-9 可以看出，实测基质吸力沿深度非线性减小，但在基础中心下 1.5 倍基础宽度 B 范围的应力球内，可近似用与地下水位平衡的静水直线分布代替，并将梯形 abcd 形心处的基质吸力作为极限承载计算的基质吸力平均值。试验共进行了 4 种基质吸力下的承载力试验，对应平均基质吸力分别为 0 kPa(饱和土)、2 kPa、4 kPa 和 6 kPa，实测极限承载力分别为 121 kPa、570 kPa、715 kPa 和 840 kPa，地基破坏类型均属于基底完全光滑的整体剪切破坏。

Vanapalli 和 Mohamed(2007)[320]在饱和土抗剪强度参数 c' 和 φ' 的基础上，结合土-水特征曲线，基于太沙基极限承载力理论和 Mohr-Coulomb 强度准则，建议的非饱和土地表地基极限承载力为

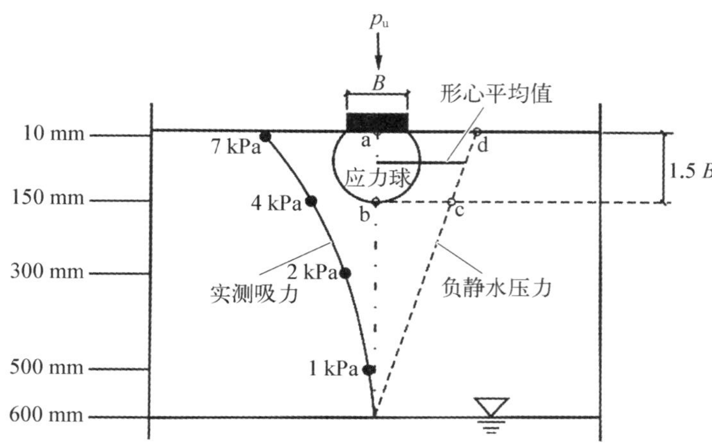

图 4-9　地基承载力模型槽及基质吸力分布(平均基质吸力为 6 kPa 时)

$$p_u = \frac{1}{2}\gamma B N_\gamma \xi_\gamma + [c' + (u_a - u_w)_b(1 - S^{\kappa_\psi})\tan\varphi' + (u_a - u_w)S^{\kappa_\psi}\tan\varphi']N_c\xi_c \tag{4-49}$$

式中，$(u_a - u_w)_b$ 为非饱和土的进气值；N_c 为粘聚力极限承载力系数，对应式(4-31c)中 $b = 0$ 时的结果；N_r 为重度极限承载力系数，采用 Kumbhokjar (1993)[324]建议的数值结果，有效内摩擦角 φ' 等于 35.3°时 N_r 为 47.96、φ' 等于 39.0°时 $N_r = 95.03$；ξ_r，ξ_c 分别为 Vesic(1973)[325]提出的承载力重度形状修正系数和粘聚力形状修正系数，其公式分别为

$$\xi_\gamma = 1 - 0.4\frac{B}{L},\ \xi_r \geqslant 0.6;\ \xi_c = 1.0 + \frac{N_q}{N_c} \times \frac{B}{L} \tag{4-50}$$

式中，N_q 为超载极限承载力系数，对应式(4-31b)中 $b = 0$ 时的结果。

式(4-49)中的 κ_ψ 为承载力拟合参数，对于砂土，$\kappa_\psi = 1$；对于黏性土，κ_ψ 与塑性指数 I_p 的拟合关系为

$$\kappa_\psi = 1.0 + 0.34I_p - 0.0031I_p^2 \tag{4-51}$$

从式(4-49)可以看出，Vanapalli 和 Mohamed(2007)[320]采用的吸附强度 c_s 公式为

$$c_s = (u_a - u_w)_b(1 - S^{\kappa_\psi})\tan\varphi' + (u_a - u_w)S^{\kappa_\psi}\tan\varphi' \tag{4-52}$$

为了和 Vanapalli 和 Mohamed(2007)式(4-49)的计算结果作比较，可将式

(4-52)拓展为统一吸附强度 c_{st}，其表达式为

$$c_{st}=(u_a-u_w)_b(1-S^{\kappa_\psi})\tan\varphi'_t+(u_a-u_w)S^{\kappa_\psi}\tan\varphi'_t \tag{4-53}$$

进而将式(4-53)代入式(4-28)，即替换原有 $(u_a-u_w)\tan\varphi_t^b$，可得基于平面应变非饱和土抗剪强度统一解的修正极限承载力，其表达式为

$$p_u=\frac{1}{2}\gamma BN_\gamma\xi_\gamma+[c'_t+(u_a-u_w)_b(1-S^{\kappa_\psi})\tan\varphi'_t+(u_a-u_w)S^{\kappa_\psi}\tan\varphi'_t]N_c\xi_c \tag{4-54}$$

式中，土体基本参数和修正系数的取值同式(4-49)；N_q，N_c 分别对应式(4-31b)和式(4-31c)。

从式(4-54)的推导过程，可以看出极限承载力解析解式(4-28)具有很好的拓展性，能很容易地变换成其他新的承载力公式；同时，式(4-54)将式(4-49)作为其 $b=0$ 时的一个特例，b 取其他值时，可得到一系列新的计算结果，可根据承载力模型试验结果，找出对应的 b 值，进而得到试验所用非饱和土的真实强度准则和极限承载力公式。

式(4-49)和式(4-54)的计算中都需要利用非饱和土的土-水特征曲线，即由基质吸力 (u_a-u_w) 得到对应的饱和度 S，进而代入公式计算极限承载力 p_u。Vanapalli 和 Mohamed(2007)[320]根据实测的饱和度和基质吸力，拟合的土-水特征曲线，如图 4-10 所示，测得的非饱和土进气值 $(u_a-u_w)_b$ 为 3 kPa。

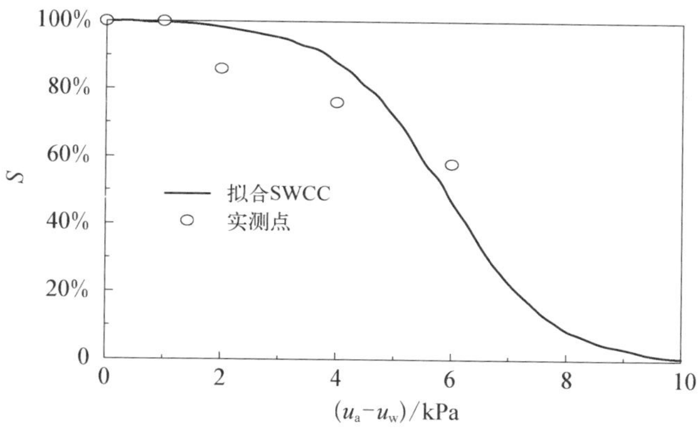

图 4-10　拟合的土-水特征曲线

式(4-49)和式(4-54)的计算结果与极限承载力模型试验结果的对比，如图 4-11 所示，计算中采用 Vanapalli 和 Mohamed(2007)[320]的建议，将有效内

摩擦角 φ' 提高 10%，即采用 $\varphi'=1.1\times35.5°\approx39°$。

从图 4-11 可以看出：① 基质吸力 (u_a-u_w) 对极限承载力的提高显著。基质吸力为零时，对应饱和土的极限承载力试验值为 121 kPa，基质吸力为2 kPa 时极限承载力试验值为 570 kPa，提高了 3.7 倍；基质吸力为 4 kPa 和 6 kPa 时，分别提高了 4.9 倍和 6.9 倍。可见，很小的基质吸力就能大幅度提高地基的极限承载力，因此地基设计时应考虑基质吸力对非饱和土地基极限承载力的提高作用；② 文献[320]基于 Mohr-Coulomb 强度准则的式(4-49)，没有考虑中间主应力的影响，其计算结果明显低于极限承载力试验值，不能充分发挥非饱和土的强度潜能；③ 极限承载力模型试验的结果与 $b=1/2$ 时式(4-54)的计算结果吻合很好，验证了极限承载力解析解式(4-54)的正确性，同时也说明该非饱和土的抗剪强度统一解中对应的 b 值应取 1/2。另外，$b=1$ 时式(4-54)的计算结果明显大于极限承载力试验值，这说明 $b=1$ 对试验所用非饱和土不适用，相比 $b=1/2$ 来说，$b=1$ 夸大了中间主应力对试验所用非饱和土强度的增强作用。

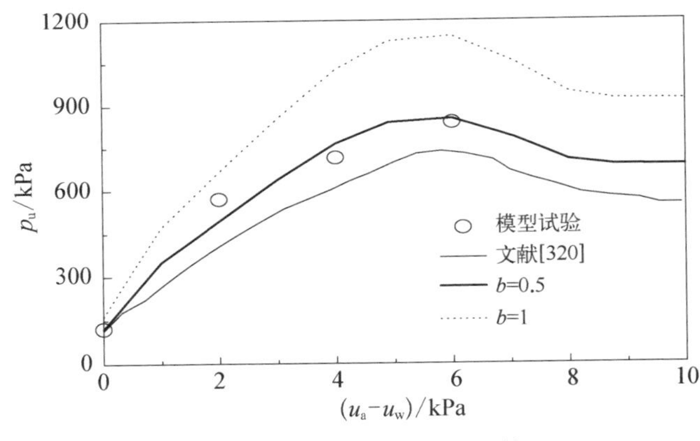

图 4-11 极限承载力的比较

4.4 参数影响分析

基于平面应变抗剪强度统一解所建立的土压力、地基极限承载力和临界荷载的解析解，可以考虑中间主应力、基质吸力大小及分布、侧压力系数等综合影响。探究这些因素对解析解的影响特性，可以找出关键因素，以便更好地做出工程对策，指导实际工程设计和施工。

讨论的主要影响因素包括：① 中间主应力的影响。中间主应力的影响通过参数 b 的取值来反映，同时也对应不同的强度准则，$b=0$ 为不考虑中间主应力影响的 Mohr - Coulomb 强度准则，$b=1$ 为中间主应力效应最大的双剪应力强度理论，$b=1/2$ 为中间主应力效应中等的加权新强度准则。② 基质吸力及分布的影响。基质吸力分布由沿深度不变和线性减小至地下水位处为零两种情况，沿深度不变时基质吸力用 (u_a-u_w) 表示，线性减小时地表处的基质吸力用 $(u_a-u_w)_0$ 表示。③ 高、低基质吸力的影响。基质吸力的影响又分低基质吸力和高基质吸力两种情况，分别对应角 φ^b 取一较小值和分段函数。④ 侧压力系数对临界荷载的影响，即非饱和土超固结比的影响。

在其他参数保持不变的前提下，以上 4 种因素对解析解的影响特性分析，可以固定这 4 个因素中的 3 个，只使一个因素在一定范围内变化，以分析此因素对解析解的影响规律及敏感性。

4.4.1　土压力的参数分析

算例 1　某挡土墙高 $H=8$ m，墙后均质非饱和土的重度 $\gamma=18$ kN/m^3，抗剪强度参数为有效粘聚力 $c'=5$ kPa，有效内摩擦角 $\varphi'=22°$。角 φ^b 取值分两种情况，在低基质吸力时，角 φ^b 取为常数，且 $\varphi^b=14°$；高基质吸力时，角 φ^b 按式(4-7)确定。地下水位在墙底以下 1 m 处(图 4-3)，即 $D_w=9$ m。

1. 低基质吸力时

此处分析的基质吸力范围为 0～250 kPa，假定角 $\varphi^b=14°$。图 4-12 给出了参数 $b=0$、0.5 和 1 时，在基质吸力沿深度为常数情况下，主动土压力 E_a 和被动土压力 E_p 随基质吸力 (u_a-u_w) 变化的关系。

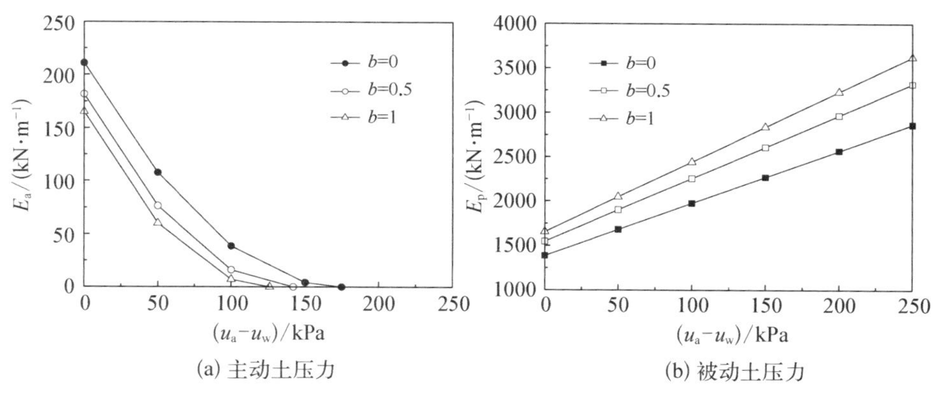

图 4-12　土压力参数影响分析(基质吸力沿深度为常数)

由图 4-12(a)可以看出，随着基质吸力(u_a-u_w)和参数b的增大，主动土压力E_a不断减小，直至为零。当$b=0.5$时，基质吸力从0(饱和土)增加到100 kPa，作用在挡土墙上的主动土压力E_a从181.5 kN/m减小到16 kN/m，可见基质吸力对主动土压力有很大的影响。$b=0$时，主动土压力解析解退化为朗肯主动土压力；$b=1$时为基于双剪应力强度理论的主动土压力。在基质吸力为50 kPa时，$b=1$时的主动土压力比$b=0$时减小了44.1%，即所得主动土压力比朗肯主动土压力偏小，较好地解释了朗肯主动土压力较工程实测值偏大的原因。

由图 4-12(b)可以看出，随着基质吸力(u_a-u_w)和参数b的增大，被动土压力E_p线性增大，且参数b越大，被动土压力E_p随基质吸力(u_a-u_w)增加得越快。当$b=0.5$时，基质吸力从0(饱和土)增加到100 kPa，作用在挡土墙上的被动土压力E_p从1 546.4 kN/m增加到2 256.1 kN/m，可见基质吸力对被动土压力的影响也很显著。$b=0$时，被动土压力解析解退化为朗肯被动土压力；$b=1$时为基于双剪应力强度理论的被动土压力。在基质吸力为100 kPa时，$b=1$时的被动土压力比$b=0$时增大了23.6%，即所得被动土压力比朗肯被动土压力偏大，较好地解释了朗肯被动土压力较工程实测值偏小的原因。

图 4-13 给出了参数$b=0$、0.5和1时，在基质吸力沿深度线性减小至地下水位处为零的情况下，主动土压力E_a和被动土压力E_p随地表基质吸力$(u_a-u_w)_0$变化的关系。

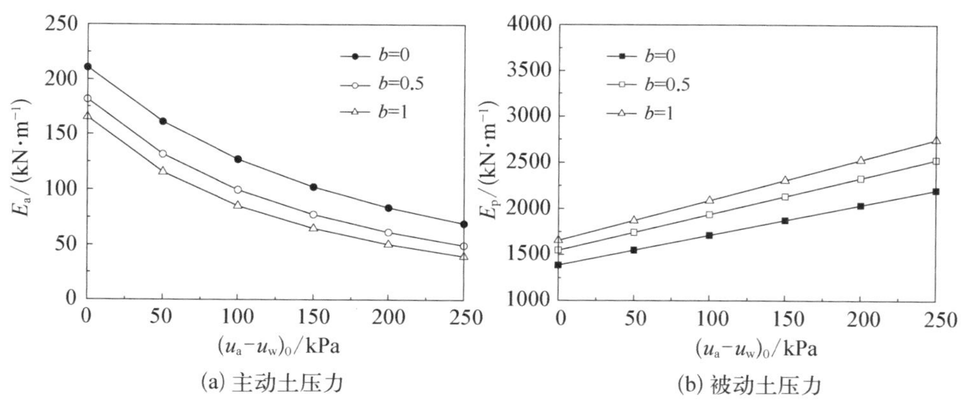

(a) 主动土压力

(b) 被动土压力

图 4-13　土压力参数影响分析(基质吸力沿深度线性减小)

由图 4-13 同样可以看出，与基质吸力沿深度为常数时的影响规律类似，随着基质吸力$(u_a-u_w)_0$和参数b的增大，主动土压力E_a不断减小，被动土压力E_p

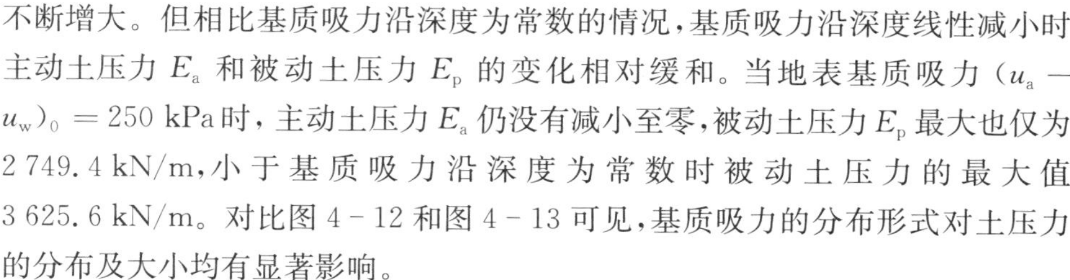

不断增大。但相比基质吸力沿深度为常数的情况，基质吸力沿深度线性减小时主动土压力 E_a 和被动土压力 E_p 的变化相对缓和。当地表基质吸力 $(u_a-u_w)_0=250$ kPa时，主动土压力 E_a 仍没有减小至零，被动土压力 E_p 最大也仅为 2 749.4 kN/m，小于基质吸力沿深度为常数时被动土压力的最大值 3 625.6 kN/m。对比图 4-12 和图 4-13 可见，基质吸力的分布形式对土压力的分布及大小均有显著影响。

2. 高基质吸力时

高基质吸力时，角 φ^b 按式(4-7)确定，即按分段函数确定，当基质吸力小于非饱和土进气值 $(u_a-u_w)_b$ 时，取 $\varphi^b=\varphi'=22°$；当基质吸力大于非饱和土进气值 $(u_a-u_w)_b$ 时，角 φ^b 按双曲线式(4-7b)确定，其中参数 λ_n 由有效内摩角 φ' 按式(4-9)计算，其大小为 $\lambda_n=0.049\,9$，参数 λ_m 分别取 5、10 和 30，以反映高基质吸力下角 φ^b 不同的变化速率。

此处只分析基质吸力沿深度为常数时的情况，基质吸力沿深度线性减小时的影响规律类似，只是影响程度相对较小些。非饱和土的进气值 $(u_a-u_w)_b$ 取为 200 kPa，分析的基质吸力范围为 0～400 kPa，同时从图 4-12(a)可以看出主动土压力 E_a 不受 200 kPa 以上高基质吸力的影响，故仅分析高基质吸力对被动土压力 E_p 的影响。图 4-14 给出了 $\lambda_m=5$、10 和 30 时，被动土压力 E_p 随基质吸力 (u_a-u_w) 和参数 b 变化的关系。

由图 4-14 可以看出，被动土压力 E_p 在进气值 $(u_a-u_w)_b$ 之前与低基质吸力下的影响规律相似，随着基质吸力 (u_a-u_w) 和参数 b 的增大而线性增加；在基质吸力大于进气值 $(u_a-u_w)_b$ 以后，高基质吸力具有双重影响：一是基质吸力对抗剪强度增大的效应，基质吸力越大，这种增大效应越强；二是基质吸力通过减小角 φ^b 对抗剪强度减小的影响，基质吸力越大，这种减小影响也越强，这两种作用的相对大小决定了非饱和土抗剪强度的变化情况，进而影响高基质吸力下被动土压力 E_p 的变化，这主要体现在参数 λ_m 上，其值反映了角 φ^b 随基质吸力变化的快慢情况。

因此，被动土压力 E_p 在高基质吸力下的变化规律与低基质吸力时明显不同，主要取决于参数 λ_m，可分为 3 种情况：① 在参数 $\lambda_m=5$ 时，被动土压力 E_p 在基质吸力 (u_a-u_w) 等于进气值 $(u_a-u_w)_b$ 时达到峰值，然后随着基质吸力 (u_a-u_w) 的不断增大，被动土压力 E_p 逐渐减小，并最后趋于稳定，这是由于角 φ^b 在高基质吸力范围内，按双曲线规律不断减小，其减小的影响已超过基质吸力增大的效应，随着基质吸力的进一步增大，基质吸力增大的效应逐渐增加，并

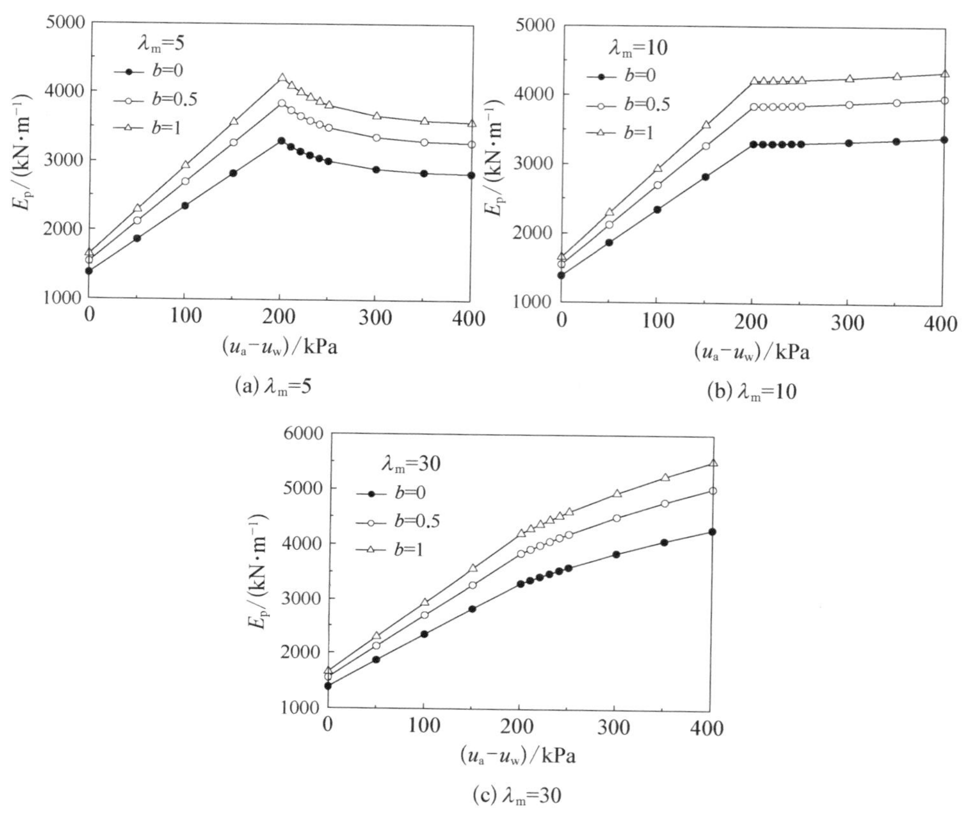

(a) λ_m=5　(b) λ_m=10

(c) λ_m=30

图 4-14　被动土压力高基质吸力影响分析

接近角 φ^b 减小的影响。② 在参数 $\lambda_m=10$ 时，被动土压力 E_p 在基质吸力(u_a-u_w)大于进气值$(u_a-u_w)_b$ 以后，随着基质吸力(u_a-u_w)的增大，被动土压力 E_p 略有增加，表明角 φ^b 减小的影响略小于基质吸力增大的效应，二者的影响大致相当。③ 在参数 $\lambda_m=30$ 时，被动土压力 E_p 随着基质吸力(u_a-u_w)的增大而大幅度增加，表明角 φ^b 减小的影响小于基质吸力增大的效应，基质吸力增大的效应占主导地位。由此可见，高基质吸力下角 φ^b 的影响非常复杂，被动土压力 E_p 在高基质吸力范围内可以具有不同的变化规律，对应非饱和土高基质吸力对其抗剪强度的影响特性。

4.4.2　极限承载力的参数分析

算例 2　某条形基础宽 $B=4$ m，埋深 $D=3$ m，基底上下均质非饱和土的重度 $\gamma=19.5$ kN/m^3，抗剪强度参数为有效粘聚力 $c'=20$ kPa，有效内摩擦角 $\varphi'=$

22°。角 φ^b 取值同样分两种情况，在低基质吸力时，角 φ^b 取为常数，且 $\varphi^b=14°$；高基质吸力时，角 φ^b 按式(4-7)确定。地下水位在基底以下 6 m 处，即 $D_w=9$ m。

1. 低基质吸力时

和土压力参数影响分析一样，此处分析的基质吸力范围为 0～250 kPa，且假定 $\varphi^b=14°$。图 4-15 和图 4-16 分别给出了在基质吸力沿深度为常数和线性减小两种情况下，地基极限承载力 p_u 随参数 b、基质吸力 (u_a-u_w) 或地表基质吸力 $(u_a-u_w)_0$ 变化的关系。图 4-17 给出了极限承载力系数与参数 b 的变化关系。

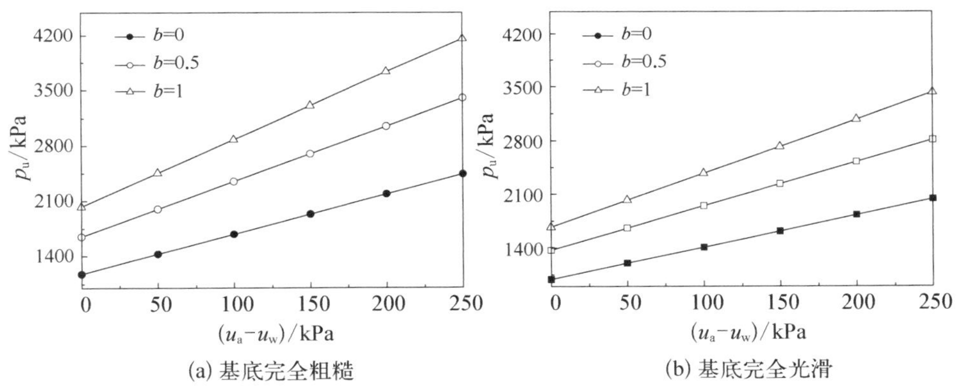

图 4-15　极限承载力参数影响分析(基质吸力沿深度为常数)

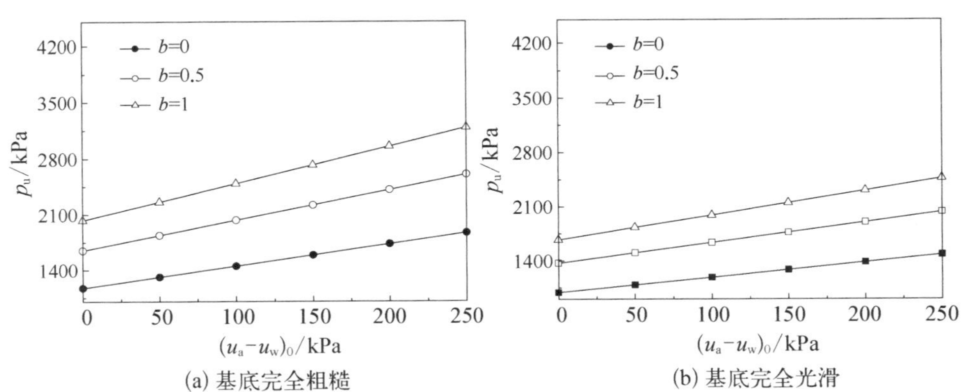

图 4-16　极限承载力参数影响分析(基质吸力沿深度线性减小)

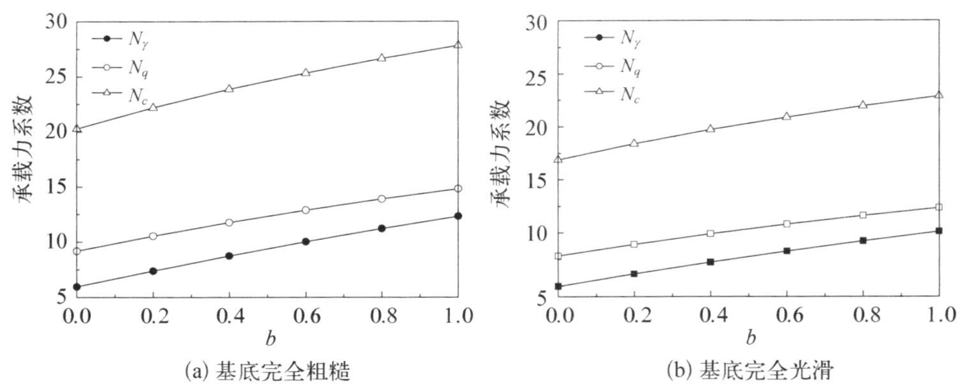

图 4－17　极限承载力系数与参数 b 的关系

由图 4－15—图 4－16 可以看出，随着基质吸力和参数 b 的增大，极限承载力 p_u 不断增大。当 $b=0.5$ 时，基质吸力从 0(饱和土)增加到 100 kPa，基质吸力沿深度为常数时极限承载力 p_u 从 1 649.2 kPa 增加到 2 348.7 kPa(基底完全粗糙)和从 1 371.0 kPa 增加到 1 948.3 kPa(基底完全光滑)，基质吸力沿深度线性减小时极限承载力 p_u 从 1 649.2 kPa 增加到 2 029.9 kPa(基底完全粗糙)和从 1 371.0 kPa 增加到 1 639.9 kPa(基底完全光滑)，可见基质吸力对极限承载力 p_u 的影响非常显著，基质吸力线性减小时的影响不如沿深度为常数时那么显著。

由图 4－17 可以看出，随着参数 b 的增加，极限承载力系数近似直线增加，$b=1$ 时 N_γ、N_q 和 N_c 分别比 $b=0$ 时增大了 106.5%、61%、37.3%(基底完全粗糙)和 103.6%、57.5%、35.3%(基底完全光滑)。对比图 4－15—图 4－17(a)和(b)知，在相同条件下基底完全光滑时极限承载力 p_u 和极限承载力系数与基底完全粗糙时的变化规律类似，但前者均小于后者。

2. 高基质吸力时

此处只分析基质吸力沿深度为常数，基底完全粗糙时极限承载力 p_u 的变化情况，基质吸力沿深度线性减小或基底完全光滑时的影响规律类似。同被动土压力高基质吸力参数影响分析一样，非饱和土的进气值 $(u_a-u_w)_b$ 取为 200 kPa，分析的基质吸力范围为 0～400 kPa，当基质吸力小于 200 kPa 时，取 $\varphi^b=\varphi'=22°$；当基质吸力大于 200 kPa 时，角 φ^b 按双曲线式(4－7b)确定，其中参数 λ_n 按式(4－9)确定为 $\lambda_n=0.0499$。图 4－18 给出了参数 $\lambda_m=5$、10 和 30 时，极限承载力 p_u 随基质吸力 (u_a-u_w) 和参数 b 变化的关系。

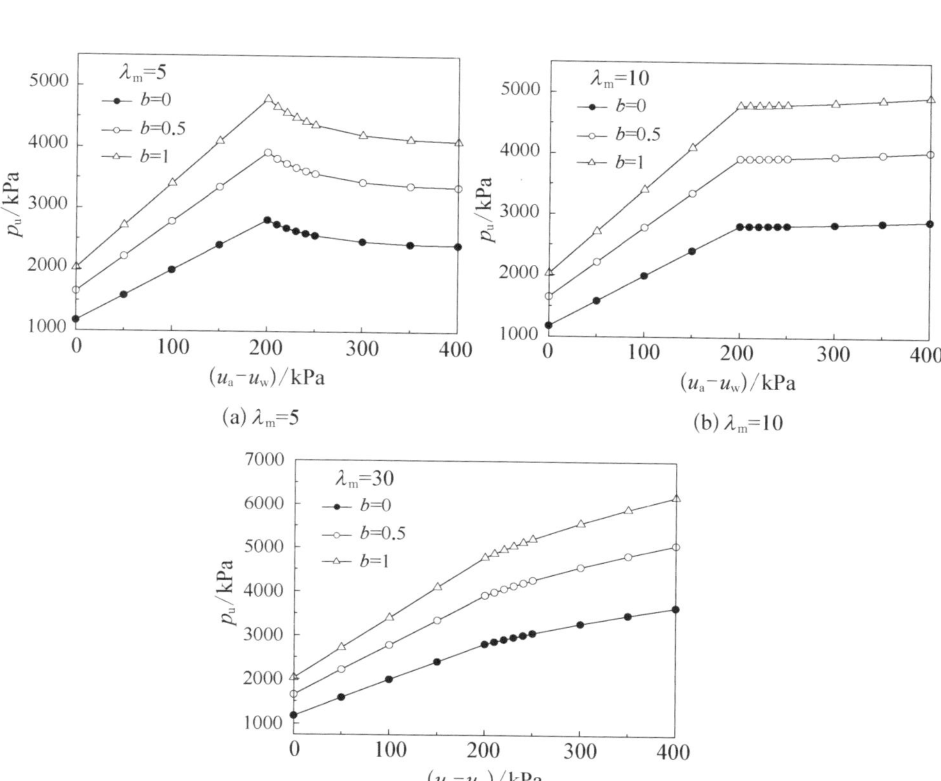

(a) λ_m=5

(b) λ_m=10

(c) λ_m=30

图 4-18　极限承载力高基质吸力影响分析

由图 4-18 可以看出，极限承载力 p_u 的变化规律在进气值$(u_a-u_w)_b=200$ kPa 前后分成 2 个阶段，与被动土压力 E_p 的高基质吸力影响规律相似。第一阶段与低基质吸力下极限承载力 p_u 的影响规律相同，第二阶段的变化规律主要取决于角 φ^b 在高基质吸力范围内减小的影响和基质吸力增大的效应之间的相对大小，可分为 3 种情况：① 角 φ^b 减小的影响超过基质吸力增大的效应时，极限承载力 p_u 随着基质吸力的增大，逐渐减小并最后趋于稳定，如图 4-18(a)所示。② 角 φ^b 减小的影响略小于基质吸力增大的效应时，极限承载力 p_u 随着基质吸力的增大略有增加，如图 4-18(b)所示。③ 角 φ^b 减小的影响明显小于基质吸力增大的效应时，极限承载力 p_u 随着基质吸力的增大而大幅度增加，如图4-18(c)所示。可根据高基质吸力下非饱和土抗剪强度试验或极限承载力模型试验，确定合适的参数 λ_m 值。

4.4.3 临界荷载的参数分析

非饱和土土体参数取值、地下水位和基质吸力范围同算例 2。

1. 低基质吸力时

非饱和土一般为超固结土，土体侧压力系数 k_0 可能小于 1，也可能大于 1。侧压力系数 k_0 可表示为超固结比 OCR 的函数($k_0=(1-\sin\varphi')\sqrt{OCR}$)，随着超固结比 OCR 的增大而增大。图 4－19 给出了正常固结($OCR=1$) 非饱和土地基临界荷载 $p_{1/4}$ 与基质吸力(u_a-u_w) 和参数 b 的变化关系。图 4－20 给出了参数$b=0.5$时，超固结($OCR>1$) 非饱和土地基临界荷载 $p_{1/4}$ 与基质吸力(u_a-u_w) 的变化关系。

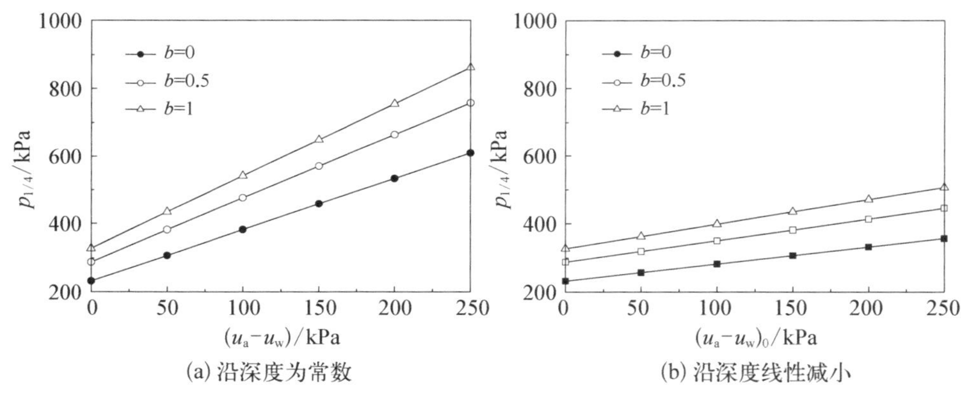

(a) 沿深度为常数　　(b) 沿深度线性减小

图 4－19　临界荷载参数影响分析 ($OCR=1$)

由图 4－19 可以看出，随着参数 b 和基质吸力(u_a-u_w) 的增大，正常固结非饱和土地基临界荷载 $p_{1/4}$ 直线增大。当 $b=0.5$ 时，基质吸力从 0(饱和土)增加到 100 kPa，对应的临界荷载 $p_{1/4}$从 288.2 kPa 增加到 475.9 kPa(基质吸力沿深度为常数)和从 288.2 kPa 增加到 350.8 kPa(基质吸力沿深度线性减小)，可见基质吸力对临界荷载 $p_{1/4}$的影响相当显著，基质吸力沿深度线性减小时的影响相对较小些。当 (u_a-u_w) =50 kPa 时，$b=1$ 时临界荷载 $p_{1/4}$ 比 $b=0$ 时增大了 41.4%(基质吸力沿深度为常数)和 41.2%(基质吸力沿深度线性减小)。

由图 4－20 可以看出，随着超固结比 OCR 和基质吸力的增大，超固结非饱和土地基临界荷载 $p_{1/4}$ 不断增大，当 $b=0.5$，(u_a-u_w) = 50 kPa时，$OCR=2.5$ 时临界荷载 $p_{1/4}$ 比 $OCR=1$ 时增大了 40.2%(基质吸力沿深度为常数)和 48.0%(基质吸力沿深度线性减小)。当基质吸力沿深度为常数时，临界荷载

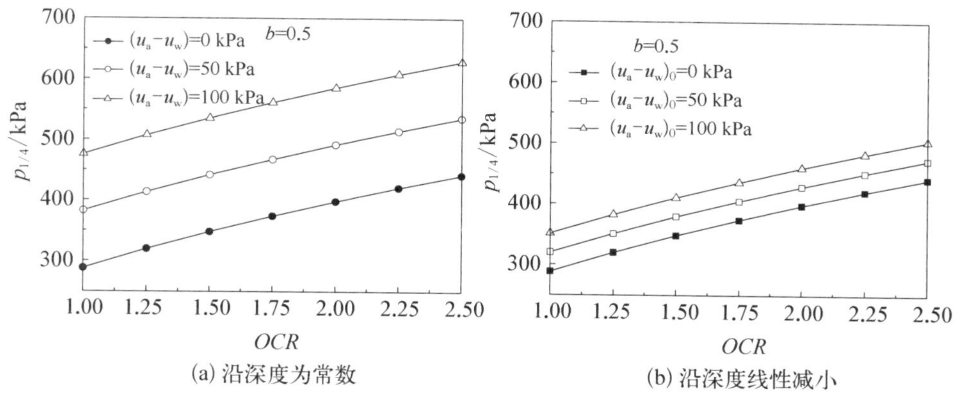

图 4-20　临界荷载与超固结比 OCR 的变化关系

$p_{1/4}$ 与超固结比 OCR 近似呈线性关系，且不同基质吸力 (u_a-u_w) 所对应的临界荷载 $p_{1/4}$ 间彼此相互平行，基质吸力 (u_a-u_w) 每增加 50 kPa，临界荷载 $p_{1/4}$ 平均增加约 94 kPa。当基质吸力沿深度线性减小时，临界荷载 $p_{1/4}$ 与超固结比 OCR 之间的非线性关系更明显，不同地表基质吸力 $(u_a-u_w)_0$ 所对应的 $p_{1/4}$ 间彼此仍相互平行，地表基质吸力 $(u_a-u_w)_0$ 每增加 50 kPa，临界荷载 $p_{1/4}$ 平均增加约 30 kPa。

2. 高基质吸力时

图 4-21 给出了参数 $\lambda_m=5$、10 和 30 时，临界荷载 $p_{1/4}$ 随基质吸力 (u_a-u_w) 和参数 b 变化的关系。

由图 4-21 可以看出，临界荷载 $p_{1/4}$ 与被动土压力 E_p、极限承载力 p_u 在高基质吸力下的影响规律相似，按角 φ^b 在高基质吸力范围内减小的影响和基质吸力增大的效应之间的相对大小，可分为 3 种情况，即随着基质吸力 (u_a-u_w) 的增大，临界荷载 $p_{1/4}$ 或逐渐减小并最后趋于稳定，或略有增加，或大幅度增加，对应不同的参数 λ_m，实际反映的是高基质吸力下非饱和土的强度特性。

综合比较各因素的参数影响分析，可以看出：中间主应力对解析解的影响显著，随着参数 b 的增大，被动土压力 E_p、地基极限承载力 p_u 和临界荷载 $p_{1/4}$ 均不断增加，主动土压力 E_a 不断减小，这都说明考虑中间主应力可以更好地发挥非饱和土自身的强度潜能，更客观地认识其自承载力；基质吸力大小及其分布对解析解具有显著影响，应考虑基质吸力对非饱和土强度的增强作用，要设法保护土中的基质吸力，如使用不透水薄膜覆盖挡土墙表面，并在暴雨时引走地表径流等，以便维持基质吸力对强度的增强作用；高基质吸力对解析解的影响特性实际反映的是非饱和土抗剪强度的非线性，应根据抗剪强度或极限承载力试验做出合理选择；超固结比对临界荷载 $p_{1/4}$ 的影响显著，应根据非饱和土的应力历史，合理确定侧压力系数 k_0。

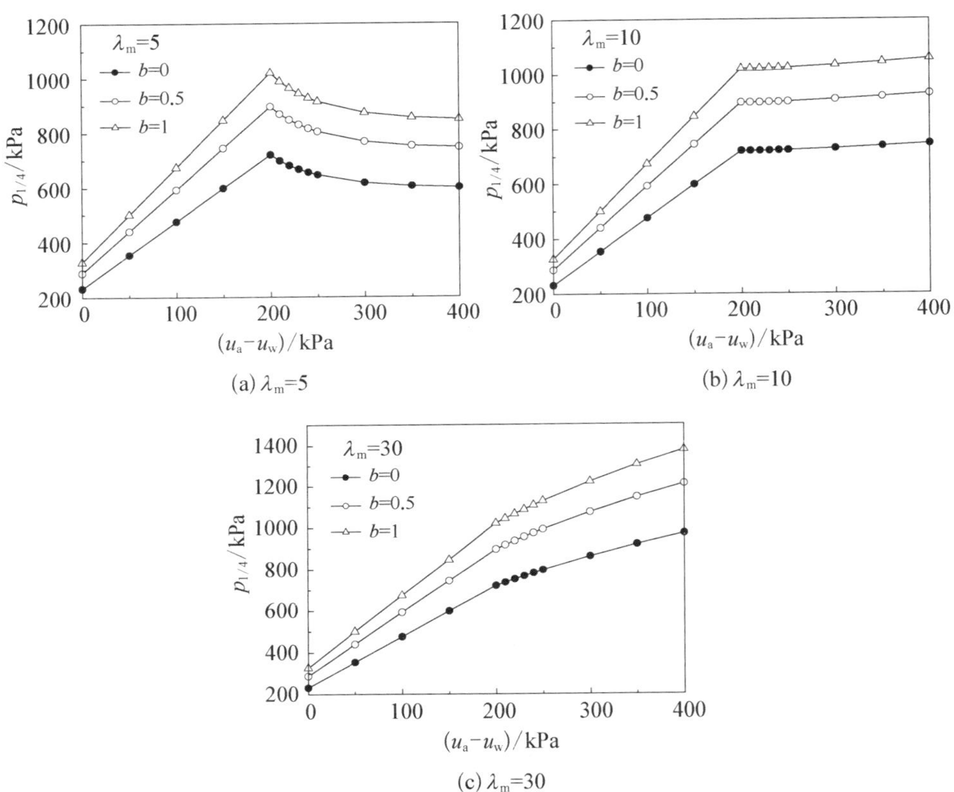

图 4-21　临界荷载高基质吸力影响分析(基质吸力沿深度为常数)

4.5 本章小结

本章依据非饱和土统一强度理论，推导了平面应变条件下非饱和土抗剪强度统一解，并拟合高基质吸力的一个抗剪强度参数，进而将平面应变抗剪强度统一解应用到非饱和土的土压力、地基极限承载力和临界荷载的计算中，建立对应的解析解，并对所得解析解进行了可比性分析、主动土压力实测及极限承载力模型试验验证，最后进行了参数影响分析，得到如下结论：

(1) 基于非饱和土统一强度理论的平面应变抗剪强度统一解，能合理地反映中间主应力效应，可以得到一系列新的非饱和土抗剪强度公式，饱和土抗剪强度统一解是其基质吸力为零时的一个特例。

(2) 将吸附强度看作总粘聚力的组成部分，推导了非饱和土主动及被动土压力、地基极限承载力和任意侧压力系数下均适用的临界荷载的解析解。所得解析解具有广泛的理论意义，可根据实际工程具体情况，进行多种选择。基于Mohr－Coulomb 强度准则的朗肯土压力、地基极限承载力和临界荷载均是所得对应解析解中参数 $b=0$ 时的特例，参数 b 取其他值可得到一系列新的解答；当基质吸力为零时，解析解变为饱和土对应解；土体侧压力系数 $k_0=1$ 时，得到自重应力场如同静水压力时的地基临界荷载；进而从必要性上对解析解进行了验证。

(3) 经与主动土压力的现场实测曲线及地基极限承载力模型试验的比较，验证了主动土压力解析解和拓展极限承载力解析解的正确性。主动土压力解析解较朗肯主动土压力具有很大的优越性，综合考虑了中间主应力和基质吸力的影响。拓展极限承载力公式较 Vanapalli 和 Mohamed 的原有公式，更符合非饱和土的受力状况和强度特性，同时也说明所得解析解具有很好的拓展性。

(4) 中间主应力对所得解析解的影响显著，随着中间主应力效应的增加，被动土压力、地基极限承载力和临界荷载均不断增加，主动土压力不断减小，这都说明考虑中间主应力可以更好地发挥非饱和土自身的强度潜能，更客观地认识其自承载能力，能更经济、安全地进行工程设计，降低工程造价。非饱和土超固结比对临界荷载的影响亦不容忽视。

(5) 基质吸力对所得解析解具有显著影响，应考虑基质吸力对非饱和土强度的增强作用，要设法保护土中的基质吸力，避免吸附强度的丧失；基质吸力沿深度线性减小时的影响不如沿深度为常数时那么显著，工程实践中可埋设监测仪器，实测其大小和分布情况，以便更好地指导工程设计。

(6) 高基质吸力具有双重影响，按角 φ^b 减小的影响和基质吸力增大的效应之间的相对大小，可分为 3 种情况，所对应的解析解随着基质吸力的增大，或逐渐减小并最后趋于稳定，或略有增加，或大幅度增加，这实际反映的是高基质吸力下非饱和土强度的非线性规律。

第5章 深埋圆形岩石隧道弹-脆-塑性分析

收敛约束法能清楚地描述隧道围岩支护复合体的物理性态，并能借鉴岩石力学的最新研究成果，改变了一直沿用的传统结构力学的支护计算模式，因而广泛应用于岩石隧道的支护设计。收敛约束法的围岩特征曲线是围岩性态的特性化，即反映围岩的力学特性和地应力情况。关于隧道围岩应力和变形的研究，主要集中在两个方向[196]：一个方向是寻求数学方法尽量真实地描述岩石的物理力学特性，而对地下工程的形状和施工过程进行简化，即二维平面应变理论分析或数值模拟；另一个方向则是对围岩的物理力学特性尽量简化，而使隧道几何特征和施工过程尽量接近工程实践，即三维数值模拟。由于二维平面应变分析简单、计算速度快，再结合开挖面的三维空间效应，能得到与三维数值模拟相近的结果，因此目前隧道工程设计和分析中仍主要以第一个方向为主。

地下工程岩体在开挖前处于地应力平衡状态，开挖扰动导致岩体应力重分布，特别是在深埋高地应力环境下开挖隧道或采矿，岩体的破坏由开挖诱导应力控制，不同于浅部的节理控制破坏模式。随着地应力或开挖诱导应力的增加，隧道围岩的破坏方式逐渐转型，即从块体或楔形体的冒落、滑移破坏转变成脆性剪切破坏，而且围岩破坏范围也从局部破坏逐渐扩展到全面破坏。目前对围岩进行的弹塑性分析，以及以弹塑性分析为基础而建立的围岩特征曲线，多采用Mohr - Coulomb 强度准则或 Hoek - Brown 经验强度准则，没有综合考虑中间主应力 σ_2、围岩脆性软化及剪胀、塑性区较小弹性模量和不同弹性应变定义等影响，难以反映围岩真实的应力与变形情况。本章基于统一强度理论和非关联流动法则，合理考虑多种因素的综合影响，对深埋圆形岩石隧道围岩的应力和变形进行分析，进而建立围岩应力、位移和特征曲线的弹-脆-塑性解析新解，并对其进行可比性分析及验证，最后进行参数影响分析。

5.1 基本假定

5.1.1 轴对称开挖平面应变模型

岩石既是连续的又是断裂的，是断裂与连续的对立统一。连续性模型是功能模型，而不是实际的物理模型。经验表明，即使应用于不连续岩体，连续介质力学的解答往往也能给出正确的预测。由于隧道轴对称开挖模型能获得精确的理论解析解，对实际工程问题的求解往往具有重要的参考价值，甚至指导作用，因而在地下隧道工程中得到了广泛的应用。基于此模型得到的解析解，不仅可以给出工程上实用的计算方法，而且还可以揭示各种因素及相关参数对围岩应力和变形的影响规律，对认识各影响因素在工程中的应用范围具有重要意义，同时还能作为其他各种方法，尤其是数值计算方法精确性的一种经验或误差评估。

岩石隧道工程实践中，当埋深大于等于 5 倍隧道直径时[160-161,244-245]，可认为处于深埋条件下。图 5－1 所示的开挖半径为 r_i 的深埋圆形隧道，处于均质、连续且各向同性的岩石地层中，不考虑破碎围岩的自重影响。在隧道洞壁周边受均匀的径向支护力 p_i 作用，在无穷远处受等值初始地应力 p_o 作用，即围岩侧压力系数为 1，水平地应力等于竖向地应力。

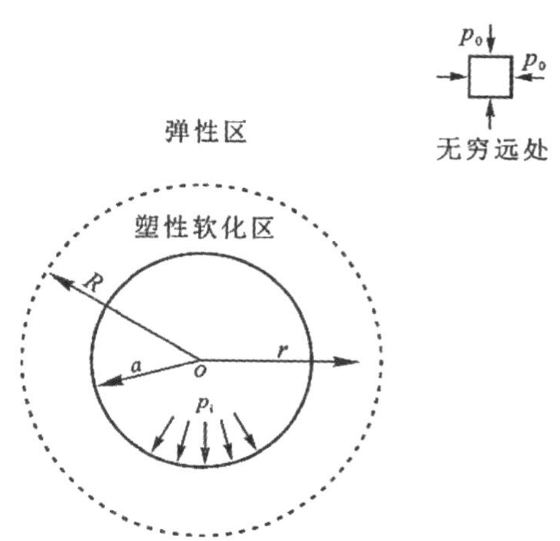

图 5－1　隧道轴对称开挖模型

在隧道未开挖时，隧道洞壁径向支护力 p_i 等于初始地应力 p_o。在隧道开挖后，支护力 p_i 随着开挖面的前进不断减小，当其小于围岩临界支护力 p_y 时，隧道周边就会形成一个半径为 R 的塑性区。由于隧道纵向相比其横断面尺寸大很多，且圆形隧道的几何形状和荷载情况均是轴对称的，因而可将深埋圆形隧道简化为轴对称平面应变问题。以压应力为正，拉应力为负，则在该平面内的围岩切向应力 σ_θ 和径向应力 σ_r 分别为第一主应力 σ_1 和第三主应力 σ_3，即 $\sigma_1=\sigma_\theta$、$\sigma_3=\sigma_r$。沿隧道轴向的纵向应力 σ_z 为中间主应力 σ_2，且在围岩塑性区内满足 $\sigma_z=\sigma_2=(\sigma_\theta+\sigma_r)/2$。

5.1.2 弹-脆-塑性模型及剪胀特性

岩石与延性金属材料不同，破坏具有明显的脆性软化和体积膨胀，其强度参数在破坏后有较大幅度的下降，理想弹-塑性模型对脆性岩石材料已不适用，塑性区的体积应变也不再为零，具有明显的剪胀特性。图 5-2 即为简化的岩石弹-脆-塑性模型和应变分量之间的关系，图中以压应力及对应的压应变为正，ε_1^e 为强度达到峰值时的第一主应变 ε_1；ε_1^p 和 ε_3^p 分别为峰值强度后局部坐标中第一主应变 ε_1 和第三主应变 ε_3 的应变塑性分量，β 为剪胀特性参数。岩石的弹-脆-塑性模型能反映岩石的脆性破坏和软化，同时也是岩石应变软化模型的一种特殊情况，但较应变软化模型简单，易于得到解析解，得出的计算结果稍偏安全。另外，当不考虑岩石破坏前后的强度参数变化时，弹-脆-塑性模型即退化为理想弹-塑性模型。

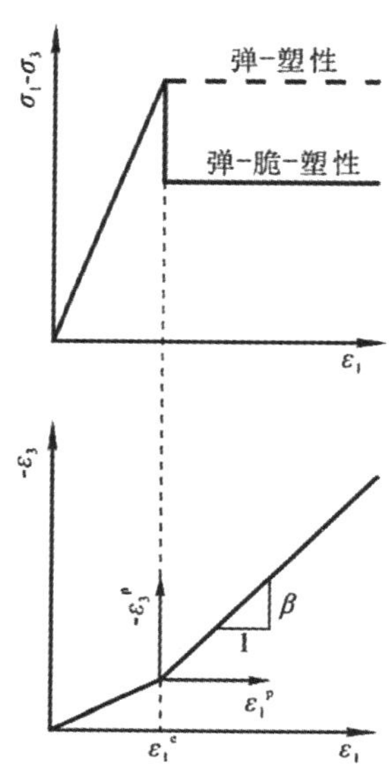

图 5-2 弹-脆-塑性模型及应变关系

采用统一强度理论来描述岩石的脆-塑性特征，由式(2-17)整理变换得平面应变条件下围岩的初始和后继屈服面为

$$\sigma_1 = M_j\sigma_3 + Y_j \tag{5-1}$$

$$M_j = \frac{(2+b)+(2+3b)\sin\varphi_j}{(2+b)(1-\sin\varphi_j)},\ Y_j = \frac{4(1+b)c_j\cos\varphi_j}{(2+b)(1-\sin\varphi_j)}$$

式中，j 为符号参数，$j=i$ 表示应变软化前，对应初始屈服面及初始强度参数 c_i 和 φ_i、$j=\mathrm{r}$ 表示应变软化后，对应后继屈服面及塑性区软化后的后继强度参数 c_r 和 φ_r；b 为统一强度理论参数，反映中间主剪应力及其面上的正应力对岩石屈服或破坏的影响程度，即中间主应力 σ_2 效应，$0\leqslant b\leqslant 1$。

在隧道开挖边界附近，岩体破裂而导致围岩体积膨胀，主要源于三方面因素[198]：① 岩体膨胀引起新生裂隙的增加；② 破裂岩体沿现有裂隙的剪切滑移；③ 破裂岩石块体的相对运动所导致的几何不兼容。因此，围岩的剪胀特性主要对隧道开挖边界附近的岩体变形产生影响。从图 5-2 可以看出，峰后局部坐标下第一主应变塑性分量 ε_1^p 和第三主应变塑性分量 ε_3^p 的关系为[166,197]

$$\varepsilon_3^{p} = -\beta\varepsilon_1^{p}，即\ \beta\varepsilon_1^{p} + \varepsilon_3^{p} = 0 \tag{5-2}$$

式(5-2)即为岩体的非关联流动法则，式中剪胀特性参数 β 与围岩剪胀角 ψ 的关系为：

$$\beta = \frac{1+\sin\psi}{1-\sin\psi} \tag{5-3}$$

围岩的剪胀角 ψ 一般小于等于其内摩擦角 φ，即 $0 \leqslant \psi \leqslant \varphi$。当 $\psi = \varphi$ 时，剪胀特性参数 β 达到最大值 β_{max}，式(5-2)所表示的非关联流动法则即变为关联流动法则；当 $\psi = 0°$ 时，参数 $\beta = 1$，即围岩不发生剪胀。关联流动法则常会高估围岩的剪胀特性，而不考虑围岩的剪胀特性将低估隧道洞壁位移，实际多数围岩的剪胀角 ψ 在 $0 < \psi < \varphi$ 范围内，常取[117] $\psi = \varphi/2$，$\varphi/4$ 或 $\varphi/8$。

5.2　半径相关的塑性区弹性模量

在隧道开挖的过程中，应力重分布或爆破开挖会对周边围岩产生扰动和损伤，进而使得围岩的弹性模量发生变化，不再是一常数，Kaiser(1981)[199]就特别强调过因塑性区弹性模量降低而导致的围岩大变形问题。常有两种方法来表示这种变化的岩石弹性模量：压力相关的弹性模量(Pressure-dependent Modulus，PDM)和半径相关的弹性模量(Radius-dependent Modulus，RDM)。

压力相关的弹性模量认为围岩的弹性模量与小主应力 σ_3 或围压有密切关系，代表性的研究有：Kulhawy(1975)[200]，Santarelli 等(1986)[201]，Brown 等(1989)[202]，Nawrocki 和 Dusseault(1995)[203]，Verman 等(1997)[204]，Lionco 和 Assis(2000)[205]，Asef 和 Reddish(2002)[206]。压力相关的弹性模量的代表性公式如下。

Kulhawy(1975)[200]的公式为：

$$E(\sigma_3) = E_0\sigma_3^{t_1} \tag{5-4}$$

Santarelli 等(1986)[201]的公式为：

$$E(\sigma_3) = E_0 + (t_2\sigma_3)^{t_3} \tag{5-5}$$

Brown 等(1989)[202]建议了幂函数和指数函数两个公式，其表达式分别为

$$E(\sigma_3) = (t_4\sigma_3 + t_5)^{t_6} \tag{5-6}$$

$$E(\sigma_3) = E_\infty - (E_\infty - E_0)e^{t_7\sigma_3} \tag{5-7}$$

式中，σ_3 为小主应力或围压，$t_1 - t_7$ 为拟合参数；E_0 为单轴压缩（$\sigma_3 = 0$）时的弹性模量，E_∞ 为理论上 $\sigma_3 \to \infty$ 时的弹性模量。

在式(5-4)—式(5-7)中，式(5-4)是唯一能在围岩弹性分析中得到解析解的公式，但式(5-4)在 $\sigma_3 \to 0$ 时，$E(\sigma_3) \to 0$，不适用于围压较小的情况。其他3个公式的拟合效果相当，已在井壁弹性分析中得到一定的应用[201-202]。

半径相关的弹性模量认为围岩的弹性模量与距离 r 有对应的函数关系，Ewy 和 Cook(1990)[207]提出的简单幂函数形式的半径相关的弹性模量公式为：

$$E(r) = E_1(r/R_1)^n,\ n = \frac{\log(E_2/E_1)}{\log(R_2/R_1)} \tag{5-8}$$

式中，E_1，E_2 分别为 $r = R_1$ 和 $r = R_2$ 时的边界弹性模量，即 $E(R_1) = E_1$、$E(R_2) = E_2$；参数 n 为由边界条件确定的幂指数。

Nawrocki 和 Dusseault(1995)[203]建议了较复杂的幂函数形式和指数函数形式的半径相关的弹性模量，它们虽能更准确地反映弹性模量的半径相关性，但因表达式复杂，难以用于解析分析和工程设计。因为围岩的小主应力 σ_3，即径向应力 σ_r 是半径 r 的函数，所以压力相关的弹性模量 PDM 实际是半径相关的弹性模量 RDM 的特例。半径相关的弹性模量是压力相关的弹性模量的拓展和深化，能反映围岩弹性模量的压力相关性、应变局部化以及开挖扰动等综合影响。

由于开挖扰动和应力重分布而进入塑性区的隧道围岩，除强度参数降低外，弹性模量也不再为一定值，其值较弹性区围岩的弹性模量要小。由于开挖扰动和应力重分布与距离 r 最相关，越靠近洞壁扰动越严重，围岩弹性模量降低得越多。随着距离 r 的增加，其弹性模量不断增大，可认为在围岩弹塑性交界处达到初始弹性模量 E_i。这种渐进变化的围岩弹性模量可用半径相关的弹性模量式(5-8)来表示，并将其限制在围岩塑性区内变化，改进的半径相关的塑性区弹性模量 $E(r)$ 为

$$E(r) = E_r(r/r_i)^n,\ n = \frac{\log(E_i/E_r)}{\log(R/r_i)} \tag{5-9}$$

式中，E_r 为隧道洞壁处的围岩弹性模量，$E(r_i) = E_r$；E_i 为围岩的初始弹性模量，即弹性区围岩的弹性模量，$E(R) = E_i$。

从式(5-9)可以看出，围岩的弹性模量只在其塑性区内变化，弹性区内围岩的弹性模量不变。对参数 n 和模量 E_r 取不同值，可以得到多种不同的塑性区弹性模量变化情况，如：当 $n=0$、$E_r=E_i$ 时，对应不考虑围岩塑性区弹性模量的降低，即整个围岩的弹性模量一样；当 $n=0$、$E_r<E_i$ 时，对应围岩塑性区弹性模量为小于弹性区弹性模量的一较小值，但不考虑其沿半径方向的变化；当 $n>0$、$E_r<E_i$ 时，对应塑性区半径相关的弹性模量，可以考虑多种因素对弹性模量的综合影响。

因围岩的泊松比变化一般很小，故暂不考虑塑性区泊松比的半径相关性。现有围岩塑性区的位移解答绝大部分没有考虑弹塑性区围岩弹性模量之间的差异，仅有部分成果将围岩塑性区弹性模量设为比其弹性区弹性模量小的一常数，没有真正考虑塑性区弹性模量的半径相关性对围岩塑性区位移分布的影响。

5.3 弹-脆-塑性解析新解

5.3.1 应力解析新解

不考虑围岩自重时，轴对称平面应变条件下的应力平衡微分方程为

$$\frac{\mathrm{d}\sigma_r}{\mathrm{d}r}+\frac{\sigma_r-\sigma_\theta}{r}=0 \tag{5-10}$$

在围岩塑性区内(以压应力为正)，$\sigma_1=\sigma_\theta$、$\sigma_3=\sigma_r$，且满足围岩后继屈服面式(5-1)($j=\mathrm{r}$)，则有

$$\sigma_\theta=M_r\sigma_r+Y_r \tag{5-11}$$

$$M_r=\frac{(2+b)+(2+3b)\sin\varphi_r}{(2+b)(1-\sin\varphi_r)},\ Y_r=\frac{4(1+b)c_r\cos\varphi_r}{(2+b)(1-\sin\varphi_r)}$$

将式(5-11)代入式(5-10)，整理得

$$\frac{\mathrm{d}\sigma_r}{(M_r-1)\sigma_r+Y_r}=\frac{\mathrm{d}r}{r} \tag{5-12}$$

对式(5-12)两边分别积分，并以隧道内边界为应力边界条件，即当 $r=r_i$ 时，$\sigma_r=p_i$，可求得围岩塑性区的径向应力 σ_r，再将其代入式(5-11)，可求得对

应的切向应力 σ_θ，进而得围岩塑性区的应力为

$$\sigma_r = (p_i + c_r \cot \varphi_r)(r/r_i)^{C_0} - c_r \cot \varphi_r \tag{5-13a}$$

$$\sigma_\theta = M_r (p_i + c_r \cot \varphi_r)(r/r_i)^{C_0} - c_r \cot \varphi_r \tag{5-13b}$$

$$C_0 = \frac{4(1+b)\sin \varphi_r}{(2+b)(1-\sin \varphi_r)}$$

围岩的弹性区可以看作是在弹塑性交界 $r = R$ 处和无穷远处分别受临界支护力 p_y 和初始地应力 p_o 共同作用的厚壁圆筒，其应力分布为[166]

$$\sigma_r = p_o - (p_o - p_y)\frac{R^2}{r^2} \tag{5-14a}$$

$$\sigma_\theta = p_o + (p_o - p_y)\frac{R^2}{r^2} \tag{5-14b}$$

在围岩弹塑性交界处，弹性区的应力满足围岩的初始屈服面式(5-1)($j = i$)，即有

$$\sigma_\theta = M_i \sigma_r + Y_i \tag{5-15}$$

$$M_i = \frac{(2+b)+(2+3b)\sin \varphi_i}{(2+b)(1-\sin \varphi_i)},\ Y_i = \frac{4(1+b)c_i \cos \varphi_i}{(2+b)(1-\sin \varphi_i)}$$

将弹性区内边界 R 处的应力，即 $\sigma_r = p_y$，$\sigma_\theta = 2p_o - p_y$，代入式(5-15)，整理得围岩的临界支护力 p_y 为

$$p_y = \frac{2p_o - Y_i}{1 + M_i} \tag{5-16}$$

当支护力 p_i 小于临界支护力 p_y 时，围岩进入弹塑性变形状态。

同时，在围岩弹塑性交界处，径向应力 σ_r 连续，则由式(5-13a)和式(5-16)相等，整理得围岩塑性区半径 R 为

$$R = r_i \left[\frac{p_y + c_r \cot \varphi_r}{p_i + c_r \cot \varphi_r}\right]^{\frac{1}{C_0}} \tag{5-17}$$

依据围岩的强度参数和地应力情况，由式(5-16)求得围岩临界支护力 p_y，当支护力 p_i 大于等于临界支护力 p_y 时，围岩处于完全弹性状态，即 $R = r_i$，其应力由式(5-14)确定；否则将先由式(5-17)求得围岩塑性区半径 R，再由式

(5－13)和式(5－14)分别确定围岩塑性区和弹性区的应力。

5.3.2 位移解析新解

当围岩处于弹塑性状态时，扣除开挖前初始地应力产生的开挖前变形后，围岩弹性区的位移为[166]

$$u=\frac{1+\nu_i}{E_i}\times\frac{R^2(p_o-p_y)}{r} \tag{5-18}$$

式中，E_i 和 ν_i 分别为围岩的初始弹性模量和泊松比。

当 $r=R$ 时，由式(5－18)得围岩弹塑性交界 $r=R$ 处的位移 u_R 为

$$u_R=\frac{(1+\nu_i)(p_o-p_y)}{E_i}R \tag{5-19}$$

在围岩塑性区内(以压应变为正)，$\varepsilon_1=\varepsilon_\theta$，$\varepsilon_3=\varepsilon_r$，由非关联流动法则式(5－2)可得

$$\beta\varepsilon_\theta^p+\varepsilon_r^p=0 \tag{5-20}$$

围岩塑性区的应变可分解为弹性应变和塑性应变两部分，即

$$\varepsilon_r=\varepsilon_r^e+\varepsilon_r^p \tag{5-21a}$$

$$\varepsilon_\theta=\varepsilon_\theta^e+\varepsilon_\theta^p \tag{5-21b}$$

将式(5－21)代入式(5－20)，整理得

$$\beta\varepsilon_\theta+\varepsilon_r=\beta(\varepsilon_\theta^p+\varepsilon_\theta^e)+(\varepsilon_r^p+\varepsilon_r^e)=\beta\varepsilon_\theta^e+\varepsilon_r^e \tag{5-22}$$

将几何方程 $\varepsilon_r=\mathrm{d}u/\mathrm{d}r$，$\varepsilon_\theta=u/r$ 代入式(5－22)得

$$\frac{\mathrm{d}u}{\mathrm{d}r}+\beta\frac{u}{r}=\beta\varepsilon_\theta^e+\varepsilon_r^e=f(r) \tag{5-23}$$

以围岩弹塑性交界 $r=\mathrm{R}$ 处的位移 u_R 为位移边界条件，积分式(5－23)得隧道围岩塑性区的位移为

$$u=\frac{1}{r^\beta}\int_R^r r^\beta(\beta\varepsilon_\theta^e+\varepsilon_r^e)\mathrm{d}r+u_R(R/r)^\beta=\frac{1}{r^\beta}\int_R^r r^\beta f(r)\mathrm{d}r+u_R(R/r)^\beta \tag{5-24}$$

对围岩塑性区弹性应变的考虑，常见的有3种定义：

1. 第一定义

假定塑性区的弹性应变为一常数[154,170]，不考虑其距离变化，与塑性区的应力分布无关，其值等于弹塑性交界处弹性区的应变大小，则由式(5-18)结合几何方程得：

$$\varepsilon_r^e = -\frac{1+\nu_i}{E_i}(p_o - p_y) \tag{5-25a}$$

$$\varepsilon_\theta^e = \frac{1+\nu_i}{E_i}(p_o - p_y) \tag{5-25b}$$

此时 $f(r)$ 为：

$$f_1(r) = \frac{1+\nu_i}{E_i}(\beta - 1)(p_o - p_y) \tag{5-26}$$

2. 第二定义

将围岩塑性区看作一厚壁圆筒[154,164-166]，其内壁 $r = r_i$ 处受到内压力$(p_i - p_o)$的作用，外边界 $r = R$ 处受到$(p_y - p_o)$的作用，可得其塑性区的弹性应变为：

$$\varepsilon_r^e = \frac{1+\nu_r}{E(r)}\left[(1-2\nu_r)C_1 + \frac{C_2}{r^2}\right],\ \varepsilon_\theta^e = \frac{1+\nu_r}{E(r)}\left[(1-2\nu_r)C_1 - \frac{C_2}{r^2}\right]$$

$$C_1 = \frac{(p_y - p_o)R^2 - (p_i - p_o)r_i^2}{R^2 - r_i^2},$$

$$C_2 = \frac{r_i^2 R^2 (p_i - p_y)}{R^2 - r_i^2} \tag{5-27}$$

式中，$E(r)$ 为围岩塑性区半径相关的弹性模量、ν_r 为围岩塑性区的泊松比。

此时 $f(r)$ 为：

$$f_2(r) = \frac{1+\nu_r}{E(r)}\left[(1-2\nu_r)(\beta+1)C_1 + (1-\beta)\frac{C_2}{r^2}\right] \tag{5-28}$$

3. 第三定义

利用广义胡克定律并考虑初始地应力，得围岩塑性区的弹性应变为

$$\varepsilon_r^e = \frac{1+\nu_r}{E(r)}[(1-\nu_r)(\sigma_r - p_o) - \nu_r(\sigma_\theta - p_o)] \tag{5-29a}$$

$$\varepsilon_\theta^e = \frac{1+\nu_r}{E(r)}[(1-\nu_r)(\sigma_\theta - p_o) - \nu_r(\sigma_r - p_o)] \tag{5-29b}$$

此时 $f(r)$ 为：

$$f_3(r)=\frac{1+\nu_r}{E(r)}[(1-\nu_r-\beta\nu_r)\sigma_r+(\beta-\nu_r-\beta\nu_r)\sigma_\theta-(1-2\nu_r)(\beta+1)p_o] \tag{5-30}$$

上述 3 种对塑性区弹性应变的不同定义，相比最初不考虑剪胀和体积应变变化的经典金属弹塑性理论分析均有了很大的进步，考虑了围岩的剪胀特性和塑性区弹性应变的影响。但各定义的出发点不同，所得到的位移表达式也不相同。第一定义认为围岩塑性区的弹性应变为常数，第二定义把围岩塑性区看作是厚壁圆筒，主要是为了避免 Hoek - Brown 等非线性强度准则在用第三定义求解位移麻烦而提出的，所以前两种定义都是近似的，没有将围岩塑性区的弹性应变与其应力相关联。第三定义相比前两种定义更精确、更合理，因为它考虑了围岩塑性区应力重分布的影响，位移计算需要用到围岩塑性区的应力分布式(5 - 13)，由此得出的塑性区位移将能更加准确地反映围岩的变形情况。

将式(5 - 13)代入式(5 - 30)，再将式(5 - 26)的 $f_1(r)$、式(5 - 28)的 $f_2(r)$和式(5 - 30)的 $f_3(r)$分别代入式(5 - 24)，进而积分式(5 - 24)得围岩塑性区的位移解析新解为

$$\frac{u}{r}=\frac{1}{r^{\beta+1}}\left\{\frac{(1+\nu_i)(p_o-p_y)R^{\beta+1}}{E_i}+\frac{(1+\nu_r)}{E_r}\begin{bmatrix}D_1(r^{\beta+1}-R^{\beta+1})+D_2(r^{\beta+1-n}-R^{\beta+1-n})\\+D_3(r^{\beta-1-n}-R^{\beta-1-n})\\+D_4(r^{\beta+C_0+1-n}-R^{\beta+C_0+1-n})\end{bmatrix}\right\} \tag{5-31}$$

式(5 - 31)是对上述 3 种塑性区弹性应变定义均适用的围岩塑性区位移通用表达式，针对不同的塑性区弹性应变定义，对应不同的常数 D_1-D_4，如下：

第一定义：

$$D_1=\frac{E_r(1+\nu_i)(\beta-1)}{E_i(1+\nu_r)(\beta+1)}(p_o-p_y),\ D_2=D_3=D_4=0 \tag{5-32}$$

第二定义：

$$D_1=0,\ D_2=\frac{(1-2\nu_r)(\beta+1)C_1}{(\beta+1-n)r_i^{-n}},\ D_3=\frac{(1-\beta)C_2}{(\beta-1-n)r_i^{-n}},\ D_4=0 \tag{5-33}$$

第三定义：

$$D_1=0,\ D_2=\frac{-(1-2\nu_r)(\beta+1)}{(\beta+1-n)r_i^{-n}}(p_o+c_r\cot\varphi_r),\ D_3=0$$

$$D_4=\frac{[1-(1+M_r)\nu_r+\beta(M_r-\nu_r-M_r\nu_r)]}{(\beta+C_0+1-n)r_i^{C_0-n}}(p_i+c_r\cot\varphi_r) \quad (5-34)$$

将 $r=r_i$ 代入式(5-31)，即得隧道洞壁位移 u_o 为

$$\frac{u_o}{r_i}=\frac{1}{r_i^{\beta+1}}\left\{\frac{(1+\nu_i)(p_o-p_y)R^{\beta+1}}{E_i}+\frac{(1+\nu_r)}{E_r}\begin{bmatrix}D_1(r_i^{\beta+1}-R^{\beta+1})+D_2(r_i^{\beta+1-n}-R^{\beta+1-n})\\+D_3(r_i^{\beta-1-n}-R^{\beta-1-n})\\+D_4(r_i^{\beta+C_0+1-n}-R^{\beta+C_0+1-n})\end{bmatrix}\right\} \quad (5-35)$$

式(5-35)即为隧道围岩特征曲线的解析新解，反映了隧道洞壁位移 u_o 与支护力 p_i 之间的关系。当支护力 $p_i=0$ 时，由式(5-35)即可求得无支护隧道围岩的最大洞壁位移 u_{omax}。

5.4 解析新解的可比性分析及验证

5.4.1 可比性分析

上述基于统一强度理论和非关联流动法则，对深埋圆形隧道围岩弹-脆-塑性分析所得到的应力和位移解析新解，是隧道收敛约束法中围岩特征曲线的理论基础，能考虑中间主应力、围岩脆性软化、剪胀、塑性区半径相关的弹性模量和不同弹性应变定义等综合影响，具有广泛的理论意义和很好的可比性。所得解析新解不是一般的一个特解，而是一系列有序有规律解的集合，能退化为众多已有解答，而且还包含很多其他新的解答，可以适用于不同实际工程情况。另外，所得解析新解是真正意义上的理论解析解，不需要借助任何数值算法或自相似公式变换，较 Hoek - Brown 等非线性强度准则的解答更简洁、方便，并且考虑的因素更多，适用的范围更广。

统一强度理论参数 b 能反映中间主应力 σ_2 效应和不同强度准则的影响，$b=0$ 时所得解析新解退化为基于 Mohr - Coulomb 强度准则的解答，没有考虑中间主应力 σ_2 的影响，$b=1$ 时为双剪应力强度理论解，$0<b<1$ 时得到一系列

有序的新的结果。弹-脆-塑性模型能考虑岩石峰后不同的强度变化，当不考虑围岩峰后强度脆性下降时，即 $c_r = c_i$，$\varphi_r = \varphi_i$，可得到理想弹-塑性模型的解答。

围岩的剪胀特性、塑性区半径相关的弹性模量和不同的弹性应变定义只影响围岩塑性区的位移大小及分布，不影响其应力分布。剪胀特性参数 $\beta \geqslant 1$，能反映不同剪胀特性对围岩塑性区位移的影响，$\beta = 1$ 时得到不考虑围岩剪胀特性的位移解，$\psi = \varphi$ 时得到基于关联流动法则的位移解。围岩塑性区半径相关的弹性模量能反映塑性区弹性模量的非线性渐进变化，可对应多种不同的塑性区弹性模量情况，当 $n = 0$，$E_r = E_i$ 时，得到不考虑围岩塑性区弹性模量降低的位移解，当 $n = 0$，$E_r < E_i$ 时，得到围岩塑性区弹性模量为一较小常数的位移解。不同的弹性应变定义对应不同的位移解参数 $D_1 - D_4$，能得到更加准确的围岩塑性区位移分布情况。

因此，5.3 节所得的围岩弹-脆-塑性解析新解为一系列解的集合，解析新解中 5 种因素的不同组合[中间主应力效应，即参数 b；围岩脆性软化，即参数 c_r 与 φ_r；围岩剪胀特性，即参数 β；塑性区半径相关的弹性模量，即参数 E_r 与 n；塑性区弹性应变定义，即函数 $f_1(r) - f_3(r)$，对应不同的参数 $D_1 - D_4$]，能得到众多已有的解答和很多新的解答，综合反映了多因素的共同影响，具有广泛的适用性和很好的可比性，也从必要性上对所得解析新解进行了验证。

5.4.2　与统一弹-塑性有限元结果比较

潘晓明等(2010)[326]将统一强度理论和大型有限元软件 ABAQUS 相结合，对其本构模型进行二次开发，利用关联流动法则确定塑性流动矢量，并给出了模型奇异点的数学处理方法，实现了统一理想弹-塑性本构模型的程序化。利用新开发的 ABAQUS 软件平台，文献[326]对一受等值地应力作用的圆形隧道进行了二维平面应变数值模拟。由于是完全轴对称问题，取其1/4模型进行计算，如图 5 - 3 所示。隧道半径 $r_i =$ 10 m，外边界取为 10 倍隧道半径，即 100 m，围岩材料参数为 c=6 MPa，φ=30°，ν=0.3，E=2.0 GPa。支护力 p_i=0 MPa，初始地应力 p_o=30 MPa。

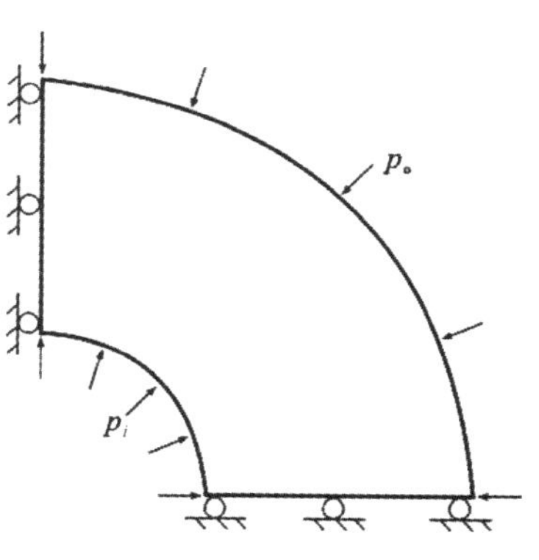

图 5 - 3　有限元计算模型

因文献[326]中有限元分析采用的是理想弹-塑性模型和关联流动法则，没有考虑围岩的脆性软化，同时也没有区分围岩塑性区和弹性区弹性模量之间的不同，故本书解析解中的参数分别取为：$c_{\mathrm{r}}=c_i=6$ MPa，$\varphi_{\mathrm{r}}=\varphi_i=30°$，$\nu_{\mathrm{r}}=\nu_i=0.3$，$E_{\mathrm{r}}=E_i=2.0$ GPa，$n=0$，$\beta=(1+\sin 30°)/(1-\sin 30°)=3$。

统一强度理论参数 b 分别取 0、0.5 和 1 时，本书解析新解（位移计算比较时，采用塑性区弹性应变第三定义）和有限元数值结果的比较，如图 5-4—图 5-6 所示。

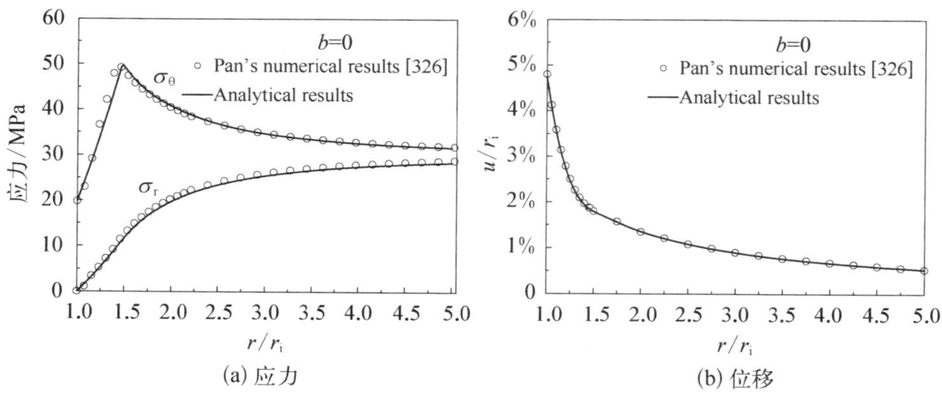

(a) 应力　　(b) 位移

图 5-4　本书解析解和有限元数值解的比较 ($b=0$)

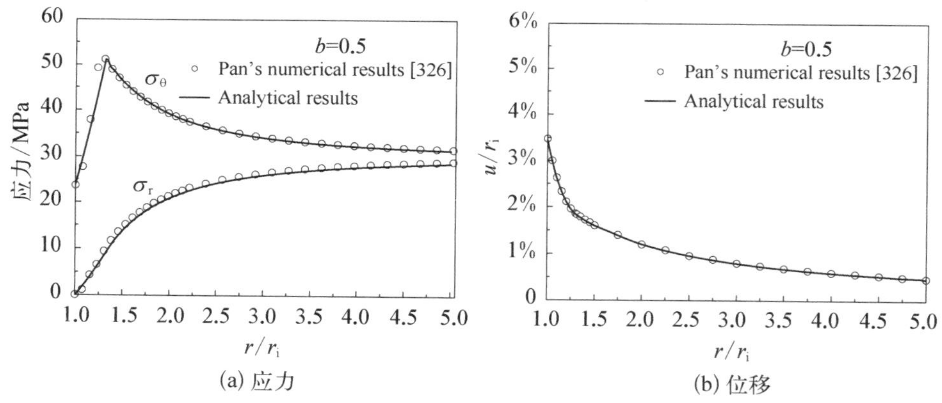

(a) 应力　　(b) 位移

图 5-5　本书解析解和有限元数值解的比较 ($b=0.5$)

由图 5-4—图 5-6 可以看出，在不同参数 b 下，本书应力和位移解析解的结果均和文献[326]统一弹-塑性有限元数值模拟的结果吻合的非常好，证明了本书解析新解的正确性。同时可以看出，参数 b 对隧道围岩应力分布和洞壁位移的影响显著，不同的 b 值对应不同的塑性区半径和不同的洞壁位移。

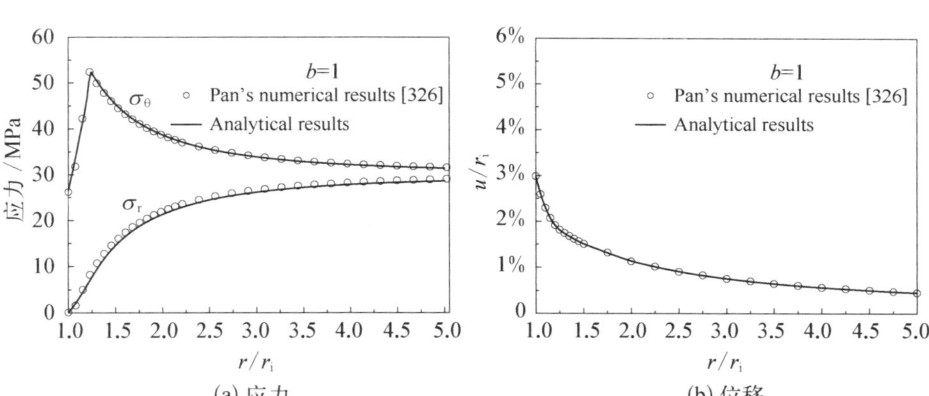

(a) 应力　　(b) 位移

图 5-6　本书解析解和有限元数值解的比较 ($b=1$)

5.4.3　与广义 Hoek - Brown 经验强度准则解比较

Sharan(2008)[166]利用广义 Hoek - Brown(H - B)经验强度准则，建立了深埋圆形岩石隧道应力和位移的弹-脆-塑性半解析解，需要利用数值算法求解围岩塑性区半径和塑性区位移，实际使用不便。其塑性区位移分析采用的是非关联流动法则和塑性区弹性应变第三定义，并区分了塑性区和弹性区弹性模量之间的差异，但没有考虑塑性区弹性模量的渐进变化，故在以下位移比较中取 $n=0$。

因广义 Hoek - Brown 经验强度准则属于单剪强度理论，不能反映中间主应力 σ_2 效应，统一强度理论参数 $b=0$ 时的 Mohr - Coulomb 强度准则同样没有考虑中间主应力的影响，因此可将本书 $b=0$ 时的解析解和文献[166]的广义 Hoek - Brown 经验强度准则解进行比较，二者均没有考虑中间主应力 σ_2 的影响。隧道半径 $r_i=5.0\,\text{m}$，支护力 $p_i=0$ MPa，初始地应力 $p_o=150$ MPa，其他围岩材料参数，如表 5 - 1 所示。表中 GSI 为地质强度指标，m_b、s 和 a 为广义 Hoek - Brown 经验强度准则的初始强度参数，m_{br}、s_r 和 a_r 为对应的后继强度参数，后继强度参数确定时取 $GSI_r=0.5GSI$，岩体扰动参数 $D_r=0.5$，σ_c 为完整岩块的单轴抗压强度。

鉴于当前岩土工程大部分软件和设计方法都是基于 Mohr - Coulomb 线性强度准则而建立的，Hoek 等(2002)[118]提出了面积逼近法，并将其公式编译成 RocLab 软件[327]，将非线性广义 Hoek - Brown 经验强度准则的参数，即 m_b、s 与 a 或 m_{br}、s_r 与 a_r，转化为线性 Mohr - Coulomb 强度准则的等效抗剪强度参数，即 c_i 与 φ_i 或 c_r 与 φ_r。面积逼近法需要给定最小主应力 σ_3 的拟合区间，在深埋岩石隧道工程实践中，其上限 σ_{3max} 常取完整岩块单轴抗压强度 σ_c 的 1/4，即 $\sigma_{3max}=\sigma_c/4$，这与实际岩体脆性破坏时的围压范围相符合。表 5-2 给出了由 RocLab 软件计算所得的围岩初始和后继等效抗剪强度参数。

表 5-1　硬岩的广义 Hoek-Brown 经验强度准则参数[166]

GSI	σ_c/MPa	E_i/GPa	ν_i	m_b	s	a	E_r/GPa	ν_r	m_{br}	s_r	a_r
75	150	42	0.2	10.2	0.062	0.5	10	0.2	1.27	0.000 2	0.51

表 5-2　硬岩等效抗剪强度参数

c_i/MPa	φ_i/deg	c_r/MPa	φ_r/deg
14.1	45.8	6.4	28.3

本书参数 $b=0$ 时的应力解析解与广义 Hoek-Brown(H-B)经验强度准则解的比较，如图 5-7 所示，包括理想弹-塑性模型(Perfectly plastic)和弹-脆-塑性模型(Elastic-brittle-plastic)，理想弹-塑性模型对应的后继强度参数和初始强度参数相等，即 $m_{br}=m_b$、$s_r=s$ 和 $a_r=a$，或 $c_r=c_i$、$\varphi_r=\varphi_i$。

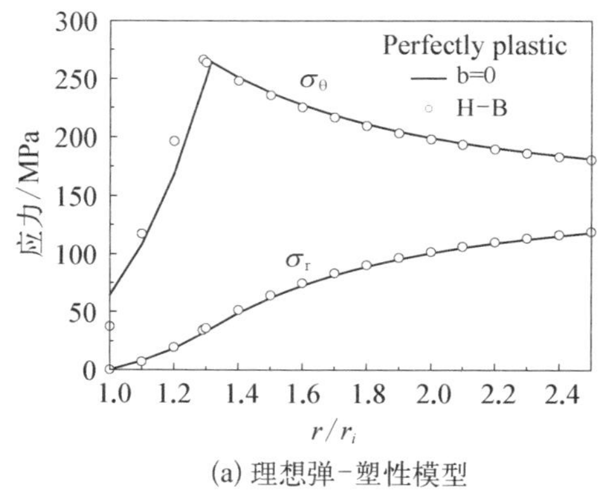

(a) 理想弹-塑性模型

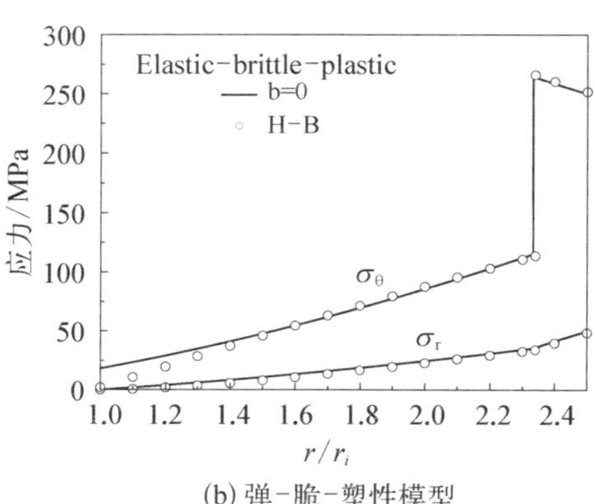

(b) 弹-脆-塑性模型

图 5-7　本书解析解和广义 Hoek-Brown 解的应力比较

由图 5-7 可以看出，本书参数 $b=0$ 时的应力解析解和广义 Hoek-Brown 经验强度准则解的峰值和分布规律均有较好的一致性，说明了本书应力解析新解的合理性。另外，在洞壁附近 ($1<r/r_i<1.4$) 处，二者存在一定的差异，这主要是由于采用面积逼近法将非线性经验强度准则参数线性化时，高估了围

岩的抗拉强度，使得本书应力解析解在洞壁附近稍偏大。对比理想弹-塑性模型和弹-脆-塑性模型的应力分布，可以看出围岩的材料模型对其应力分布影响显著。理想弹-塑性模型的围岩塑性区半径 R 较小，切向应力 σ_θ 处处连续。弹-脆-塑性模型的围岩塑性区半径 R 较大，且切向应力 σ_θ 在弹塑性交界处发生突变，这是由于在围岩弹塑性交界处，弹性区应力满足初始屈服面，塑性区应力满足后继屈服面，对应各自不同的强度参数，但只能保证其径向应力 σ_r 连续。

针对围岩塑性区位移，文献[166]基于广义 Hoek - Brown(H - B)经验强度准则的弹-脆-塑性半解析解，考虑了剪胀特性以及塑性区较小弹性模量的影响，但没有考虑塑性区弹性模量的渐进变化。图 5 - 8 给出了围岩在弹-脆-塑性模型下，本书参数 $b=0$ 时的位移解析解和广义 Hoek - Brown 经验强度准则解的比较，包括不同的剪胀特性参数，$\beta=1.0$（不考虑围岩剪胀）和 $\beta=1.5$（考虑围岩剪胀）；以及不同的塑性区弹性模量，$E_r=E_i=42$ GPa，即不考虑围岩塑性区弹性模量的降低；$E_r=10$ GPa，考虑了围岩塑性区弹性模量的降低。

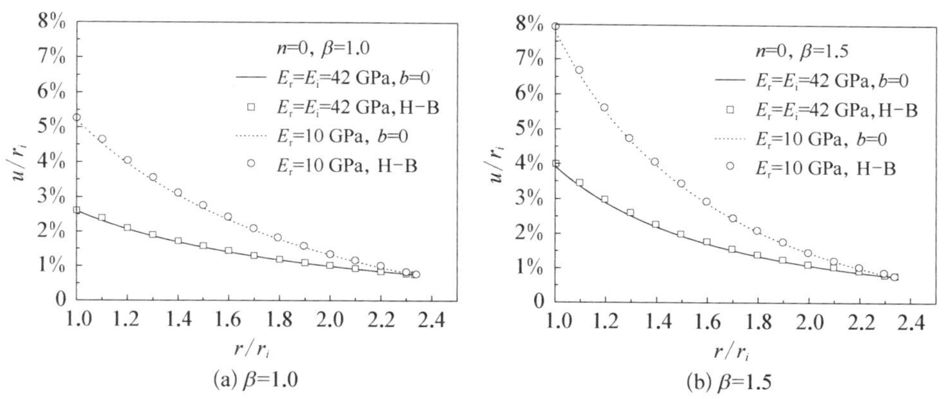

图 5 - 8　本书解析解和广义 Hoek - Brown 解的位移比较(弹-脆-塑性模型)

由图 5 - 8 可以看出，不论是否考虑围岩剪胀或塑性区弹性模量的变化，本书参数 $b=0$ 时的位移解析解和广义 Hoek - Brown 经验强度准则解均吻合的很好，证明了本书位移解析新解的正确性。同时可以看出，剪胀特性参数 β 和塑性区弹性模量 E_r 对围岩塑性区位移分布及洞壁位移的影响较大。综合应力和位移比较知，广义 Hoek - Brown 经验强度准则解可看作是本书解析新解中参数 $b=0$ 时的一个特例。

5.5 参数影响分析

本书第 5.3 节所得深埋圆形隧道的应力和位移解析新解，可以给出围岩的应力和位移分布，并能构建隧道收敛约束法中的围岩特征曲线，可为隧道支护选型和支护压力的确定提供理论基础。中间主应力 σ_2、围岩脆性软化、剪胀、塑性区半径相关的弹性模量和不同弹性应变定义等会对围岩受力变形情况和特征曲线产生不同的影响，探究这些因素影响的大小和敏感程度，可为围岩参数合理确定及隧道支护设计提供借鉴。

讨论的主要影响因素包括：① 中间主应力的影响，可通过参数 b 的取值来反映，$0 \leqslant b \leqslant 1$，不同的 b 值对应不同的强度准则和不同的中间主应力效应。② 岩石脆性软化的影响。脆性软化是岩石材料强度破坏的重要特征，后继强度参数的取值能反映软化的不同程度。③ 剪胀特性的影响，通过剪胀特性参数 β 的取值来反映岩石的剪胀特性。④ 塑性区半径相关的弹性模量的影响，通过隧道洞壁弹性模量 E_r 和参数 n 的组合来反映。⑤ 塑性区弹性应变定义的影响，即取不同的 $f(r)$ 表达式，对应不同的参数 $D_1 - D_4$。另外，由式(5-13)、式(5-14)和式(5-31)知，中间主应力效应和脆性软化对围岩的应力、位移和特征曲线均会产生影响；剪胀特性、塑性区半径相关的弹性模量以及不同弹性应变定义只影响围岩塑性区位移和特征曲线，对围岩应力不产生影响。

此处仍以文献[166]中的代表性硬岩为例来分析，其强度参数见表 5-1 和表 5-2。在其他参数保持不变的前提下，以上 5 种因素的影响特性分析，可以固定这 5 个因素中的 4 个，只使一个因素在一定范围内变化，以分析此因素的影响规律及敏感性。另外需要指出的是，除了表 5-2 所列的围岩强度参数外，在因素影响分析中仍需补充以下条件：参数 $b = 0.5$，参数 $\beta = 1.5$，半径相关的弹性模量 $E(r)$ 和弹性应变第三定义 $f_3(r)$，作为在不讨论某种因素影响分析时的共性条件。如：除讨论弹性应变定义的影响外，其他 4 种因素影响分析时都采用弹性应变第三定义 $f_3(r)$，有特别说明时除外，其他类同。

5.5.1 中间主应力影响分析

不同的岩石具有不同的中间主应力 σ_2 效应，对应不同的参数 b。参数 b 可以连续取 0—1，$b = 0$ 代表岩石不具有 σ_2 效应，$b = 1$ 代表岩石的 σ_2 效应最大，此时

中间主应力 σ_2 与第三主应力 σ_3 对岩石强度的贡献一样，即不同的 b 值对应不同的中间主应力效应和不同的强度准则。表 5-3 给出了不同 b 值下，围岩临界支护力 p_y、塑性区半径 R、隧道洞壁相对最大位移 u_{omax}/r_i 以及参数 n 的相应变化情况。

表 5-3 中间主应力的影响

b	0	0.25	0.5	0.75	1
p_y/MPa	35.41	31.86	29.37	27.52	26.10
R/r_i	2.33	2.06	1.89	1.79	1.71
u_{omax}/r_i	5.00%	3.71%	3.03%	2.63%	2.36%
n	1.69	1.99	2.25	2.47	2.67

从表 5-3 可以看出，随着参数 b 的增大，围岩临界支护力 p_y、塑性区半径 R、隧道洞壁最大位移 u_{omax} 均不断减小，$b=1$ 时 p_y、R 以及 u_{omax}/r_i 分别比 $b=0$ 时减小了 26.3%、26.6% 和 52.8%。如不考虑中间主应力 σ_2 的影响，即基于 Mohr-Coulomb 强度准则的计算结果，围岩会产生 25 cm 的大变形，洞径要减小 0.5 m，按经验需要进行大规模的超前支护和洞内强复合支护。而随着 b 的增大，隧道洞壁位移不断减小，相应的支护可以减弱或改用轻型支护，可见由 Mohr-Coulomb 强度准则计算的结果太保守。

围岩临界支护力 p_y 越小，表示保持围岩处于完全弹性状态所需的最小支护力就越小；塑性区半径 R 和隧道洞壁相对最大位移 u_{omax}/r_i 越小，代表围岩的应力状态和变形情况有所改善。参数 n 随着 b 值的增大而增大，表示围岩塑性区的弹性模量 $E(r)$ 以更快的速度达到初始弹性模量 E_i，如图 5-9(a) 所示。在隧道洞壁 $r=r_i$ 处，围岩塑性区弹性模量 $E(r)$ 为 E_r，随着距离的增大，$E(r)$ 不断增大，直到围岩弹塑性交界处达到初始弹性模量 E_i。不同 b 值所对应的 $E(r)$ 增长速率不同，b 值越大，$E(r)$ 增加的越快。

当参数 b 分别取 0、0.5 和 1 时，围岩应力、塑性区位移和特征曲线的变化关系，如图 5-9(b)和图 5-10 所示。

由图 5-9(b)可以看出，随着参数 b 的增大，围岩塑性区的切向应力 σ_θ 逐渐增大，表示围岩能承受更高的应力；切向应力 σ_θ 发生突变的位置不断前移，即塑性区半径 R 不断减小，切向应力 σ_θ 的峰值亦有稍许增加。由图 5-10 可以看出，参数 $b=0$ 时，围岩位移最大，围岩特征曲线最靠右，随着参数 b 的增加，围岩塑性区位移不断减小，支护特征曲线不断左移，特别是在隧道洞壁处或支护力为零时。

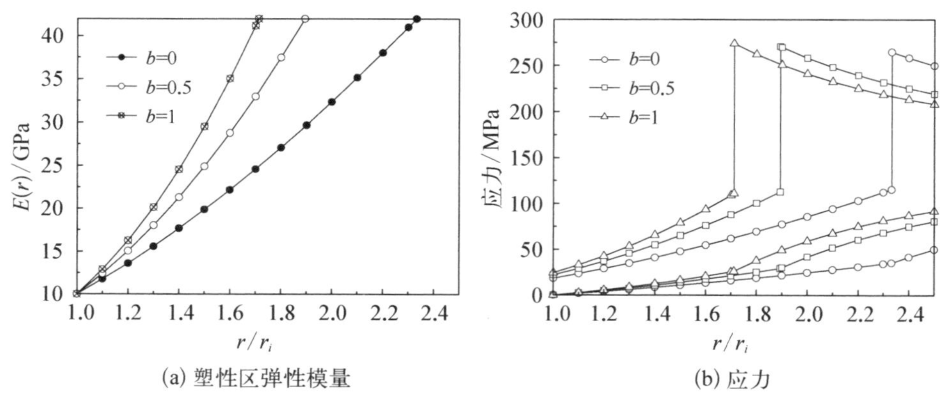

图 5-9　中间主应力对围岩塑性区弹性模量和应力的影响

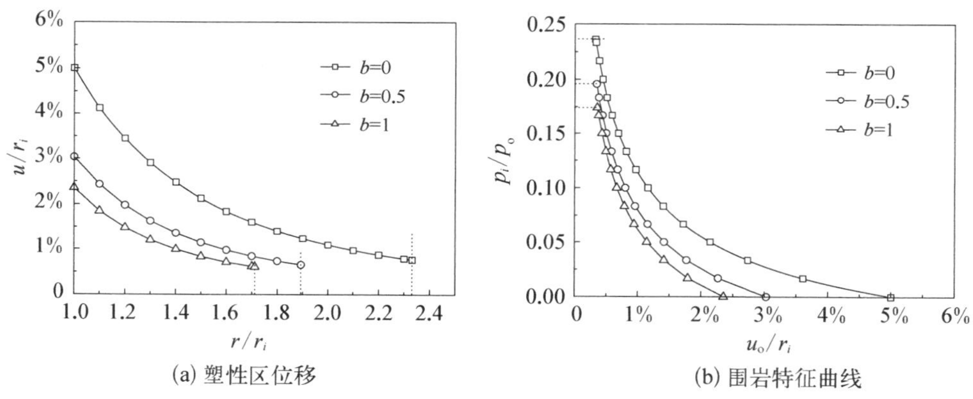

图 5-10　中间主应力对围岩塑性区位移和特征曲线的影响

总之，参数 b 对临界支护力 p_y、塑性区半径 R、塑性区弹性模量 $E(r)$、应力和位移分布以及围岩特征曲线的显著影响，都说明考虑岩石的中间主应力 σ_2 效应，能够更客观地认识围岩的自身强度，可以更充分发挥其强度潜能。同时，也说明不同的强度准则对隧道围岩应力和变形具有显著影响，即隧道结构强度理论效应的重要性。在实际工程应用中，应根据工程实际情况和岩石力学特性试验，合理确定参数 b 和对应的强度准则。

5.5.2　脆性软化影响分析

岩石的抗剪强度包括粘聚力和摩擦滑移两部分，但二者的机理和性质相差较大，脆性软化后的变化规律也不相同。峰后粘聚力 c_r 变化较大，有时甚至可以忽略，而内摩擦角 φ_r 的变化相对较小。Fazio 和 Ribacchi(1984)[328] 指出可用峰后粘聚力的下降，来等效渗流体积力对隧道稳定性的影响。因而不考虑内摩擦角 φ_r 的微小变化，峰后粘聚力 c_r 分别取 3.2 MPa、6.4 MPa 和 9.6 MPa，对应围岩塑性区位移和特征曲线的变化关系，如图 5-11 所示。

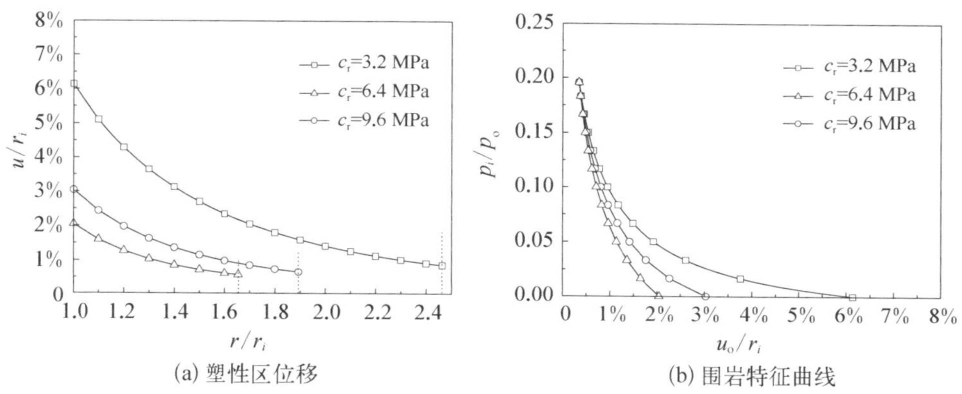

(a) 塑性区位移　　(b) 围岩特征曲线

图 5-11　峰后粘聚力对围岩塑性区位移和特征曲线的影响

由图 5-11 可以看出，峰后粘聚力 c_r 对围岩塑性区位移和特征曲线的影响显著，随着峰后粘聚力 c_r 的增大，围岩塑性区位移不断减小，支护特征曲线不断左移，$c_r=9.6$ MPa时隧道洞壁位移比 $c_r=3.2$ MPa时减小了66.7%。峰后粘聚力 c_r 对塑性区位移的影响和参数 b 的影响规律类似，不同的粘聚力 c_r 对应不同的塑性区半径和洞壁位移。但对围岩特征曲线的影响却和参数 b 的影响规律有所不同，不同的粘聚力 c_r 下的围岩特征曲线始于同一个起点，即对应同一临界支护力 p_y，这是由于岩石峰后不同脆性软化程度只影响围岩塑性区的强度参数，而对使围岩处于完全弹性状态的临界支护力 p_y 没有影响。

5.5.3　剪胀特性影响分析

剪胀特性是岩石脆性破坏时变形的重要特征，围岩真实的剪胀角 ψ 与第三主应力 σ_3 或塑性剪应变 η 有关，在塑性区内不是定值。在本书 5.3.2 节位移推导中做了简化，认为剪胀特性符合线性非关联流动法则，并且剪胀角 ψ 为一常数，进而得出参数 β 亦为常数。取 3 个剪胀特性参数 β 值：$\beta=1.0$(不考虑围岩剪胀)、$\beta=1.5$(中等程度剪胀) 和 $\beta=2.0$(强剪胀)，来分析剪胀特性对围岩塑性区位移和特征曲线的影响，如图 5-12 所示。

由图 5-12 可以看出，剪胀特性参数 β 对围岩塑性区位移和特征曲线具有

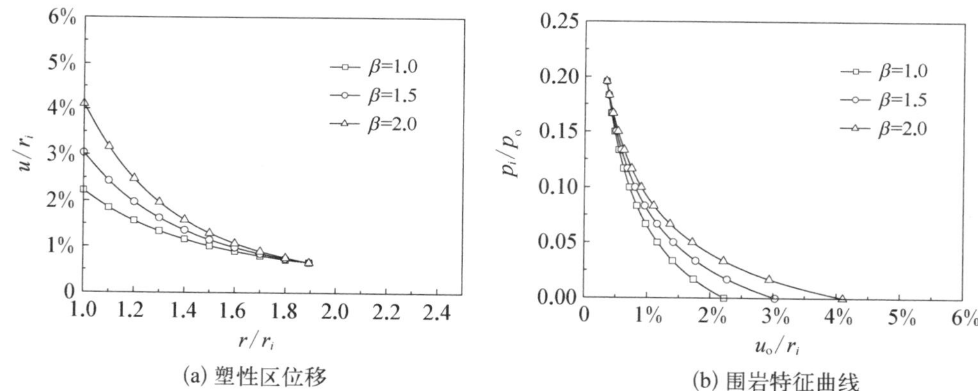

(a) 塑性区位移　　(b) 围岩特征曲线

图 5-12　剪胀特性对围岩塑性区位移和特征曲线的影响

显著影响，参数 $\beta=1.0$ 时，围岩位移最小，围岩特征曲线最靠左，随着参数 β 的增加，围岩塑性区位移不断增大，支护特征曲线不断右移，$\beta=2.0$ 时隧道洞壁位移比 $\beta=1.0$ 时增大了 45.8%。不考虑围岩剪胀($\beta=1.0$)的结果，明显低估了隧道洞壁位移，这对合理估计隧道最终变形将产生不利影响，故应考虑围岩剪胀特性对其变形的重要影响。

5.5.4　塑性区弹性模量影响分析

围岩塑性区的弹性模量比其弹性区的弹性模量要小，且不再是一常数，具有渐进变化性。此处针对变化的弹性模量 $E(r)$，给出 3 种不同的处理方法。方法 1 认为围岩弹、塑性区的弹性模量一样，即 $E_r=E_i=42$ GPa、$n=0$，这也是当前绝大多数围岩弹塑性理论分析和数值模拟时所采用的；方法 2 认为围岩塑性区弹性模量为比弹性区弹性模量小的一常数，即 $E_r=10$ GPa、$E_i=42$ GPa 和 $n=0$，考虑了塑性区弹性模量的下降，但没有考虑其沿半径方向的变化；方法 3 采用塑性区半径相关的弹性模量式(5-9)，即 $E_r=10$ GPa、$E_i=42$ GPa 和 $n>0$。

图 5-13 和图 5-14 分别给出了 3 种不同塑性区弹性模量下，围岩塑性区位移和特征曲线与统一强度理论参数 b 和剪胀特性参数 β 的关系。

从图 5-13 和图 5-14 可以看出，方法 1 得到的位移最小，围岩特征曲线最靠左，低估了隧道洞壁位移，是下限；方法 2 得到的位移最大，围岩特征曲线最靠右，高估了隧道洞壁位移，是上限；方法 1 和方法 2 是围岩塑性区弹性模量变化的两个极端情况。围岩塑性区采用半径相关的弹性模量，即方法 3 得到的位移

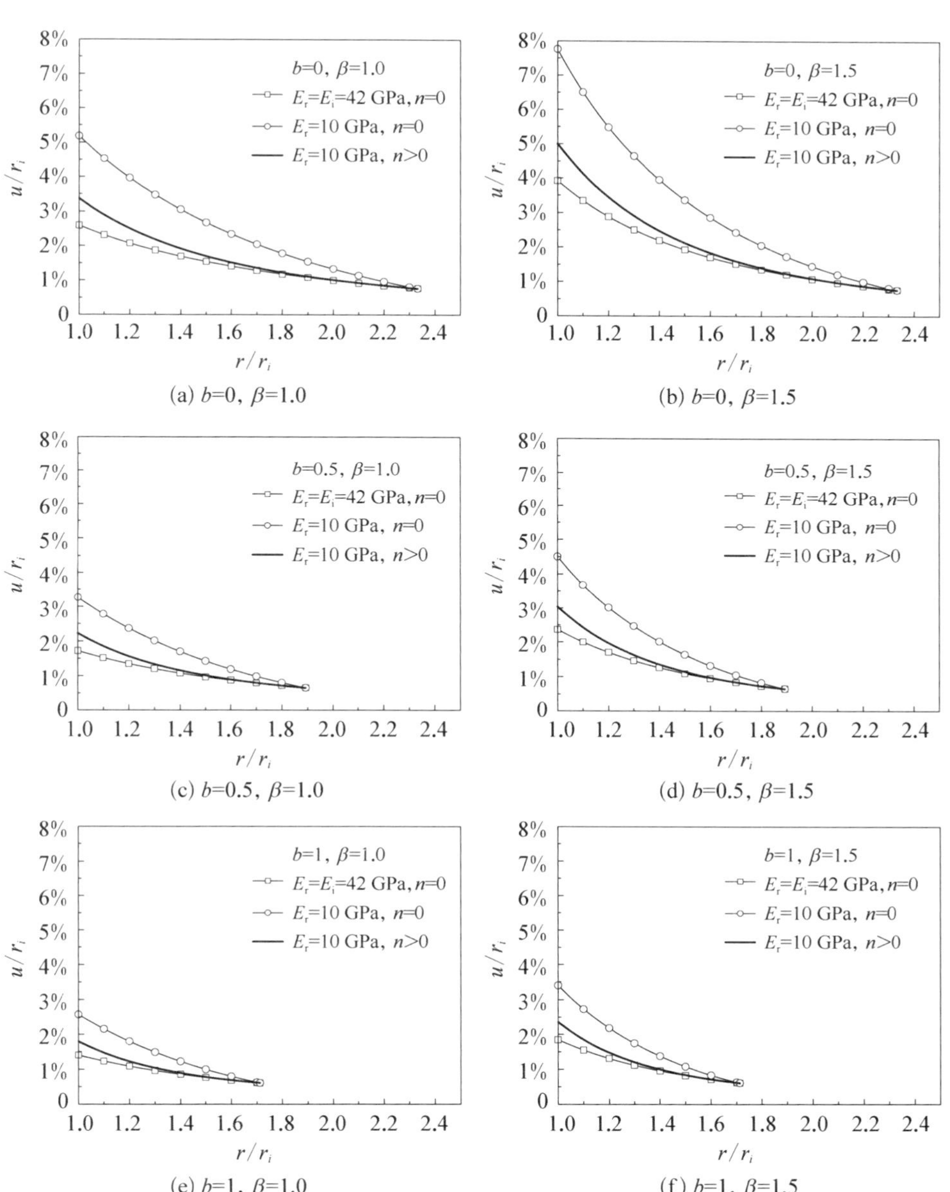

(a) $b=0$, $\beta=1.0$　(b) $b=0$, $\beta=1.5$

(c) $b=0.5$, $\beta=1.0$　(d) $b=0.5$, $\beta=1.5$

(e) $b=1$, $\beta=1.0$　(f) $b=1$, $\beta=1.5$

图 5-13　不同参数 b 和 β 下塑性区弹性模量对围岩塑性区位移的影响

和特征曲线都处于二者之间，既没有像方法 1 那样无视围岩塑性区和弹性区弹性模量之间的差异，也没有像方法 2 那样设为一较小值来简单处理，而是充分考虑了围岩应力重分布及爆破损伤等影响，所以方法 3 得到的位移能更接近隧道

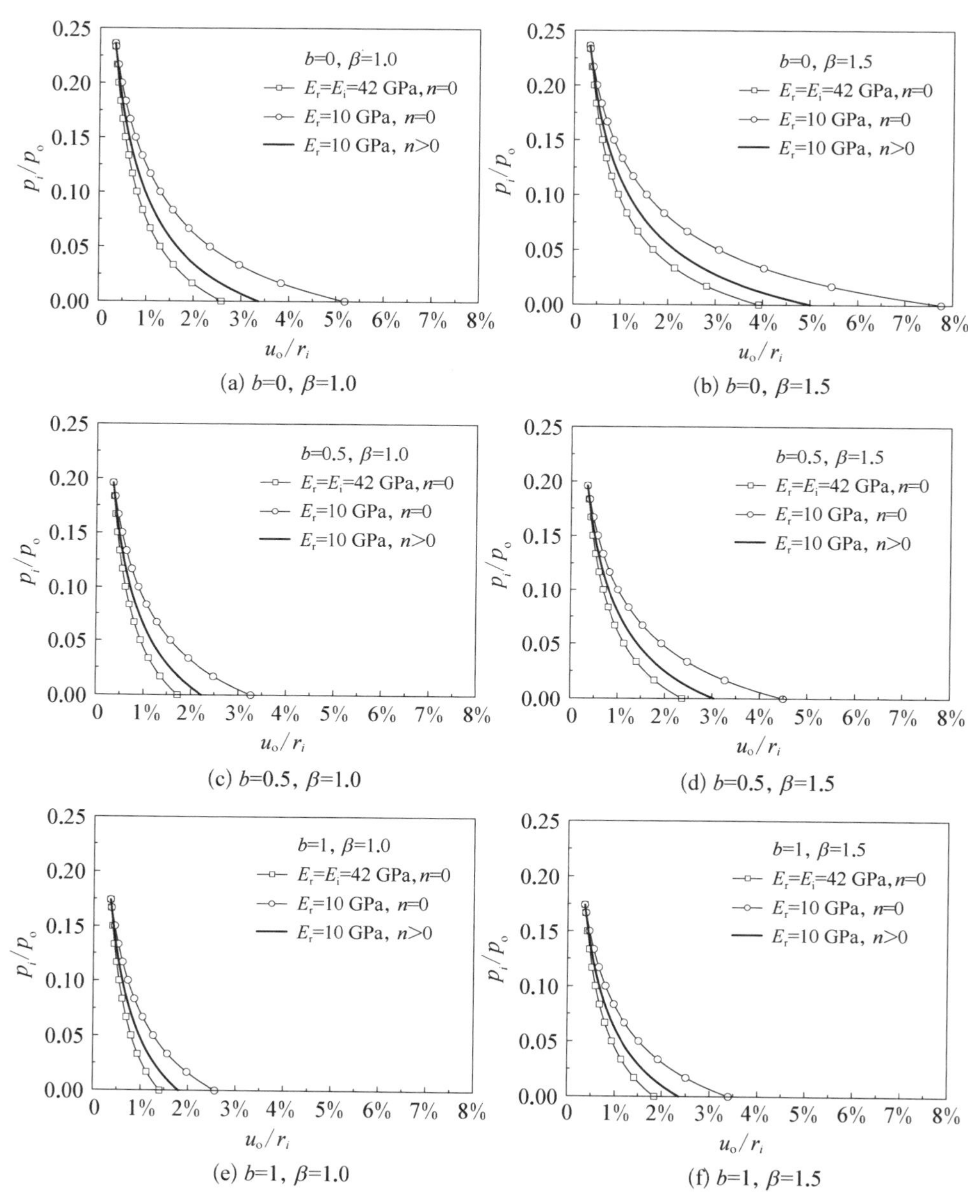

图 5-14 不同参数 b 和 β 下塑性区弹性模量对围岩特征曲线的影响

变形真实情况。随着距离不断地远离洞壁，方法 3 得到的位移越来越靠近方法 1，体现了隧道开挖卸载受扰程度的不断减小。随着参数 b 的增大，围岩强度潜能得到更加充分的发挥，围岩塑性区范围不断减小，隧道受扰损伤逐步减弱，方法 3 得到的位移和围岩特征曲线更早、更快地接近方法 1。

另外，从图 5-13 和图 5-14 还可以看出，不同参数 b 和 β 下，3 种方法所得到的围岩位移和特征曲线间的差异明显不同。其差异程度随着参数 b 的增大而减小，随着参数 β 的增大而增大。参数 $b=0$、参数 $\beta=1.5$ 时，三者相差最大，此时隧道洞壁相对位移 u_{omax}/r_i 的绝对差值：方法 2 比方法 3 高 2.76%，方法 1 比方法 3 低 1.08%，方法 2 比方法 1 高 3.84%。参数 $b=1$、参数 $\beta=1.0$ 时，三者相差最小，此时隧道洞壁相对位移 u_{omax}/r_i 的绝对差值：方法 2 比方法 3 高 0.77%，方法 1 比方法 3 低 0.40%，方法 2 比方法 1 高 1.17%。参数 b 和 β 的其他组合时，均处于二者之间的中间状态。

5.5.5　塑性区弹性应变影响分析

常见围岩塑性区的弹性应变有 3 种不同的定义 $f_1(r)-f_3(r)$，得到围岩塑性区位移表达式，对应不同的参数 D_1-D_4。第一种取为常数定义的 $f_1(r)$ 最简单，得到的位移公式亦最简单。第二种依据厚壁圆筒定义的 $f_2(r)$，当岩体采用非线性强度准则时，能得到相比第三定义 $f_3(r)$ 更简洁的位移解答，因而在 Hoek-Brown 等非线性强度准则求解围岩塑性区位移和特征曲线中得到了一定的应用。对于线性强度准则而言，如 Tresca 准则、Mohr-Coulomb 强度准则以及统一强度理论等，3 种弹性应变定义都能得到相对较简洁的位移解析解和围岩特征曲线，因此采用哪种定义主要取决于该定义的合理性和准确程度。从理论模型和力学概念来看，第三定义 $f_3(r)$ 应该是更合理、更准确的，第一定义 $f_1(r)$ 和第二定义 $f_2(r)$ 都是近似的。

图 5-15 和图 5-16 分别给出了 3 种不同塑性区弹性应变定义下，围岩塑性区位移和特征曲线与统一强度理论参数 b 和剪胀特性参数 β 的关系。

从图 5-15 和图 5-16 可以看出，不同参数 b 和 β 下，第一定义 $f_1(r)$ 得到的围岩位移都最小，严重低估了隧道洞壁位移，围岩特征曲线最靠左，因此采用第一定义 $f_1(r)$ 将会产生较大误差，设计偏不安全。

所有参数 b 和 β 的组合下，第二定义 $f_2(r)$ 和第三定义 $f_3(r)$ 的围岩位移和特征曲线整体相差都较小。但在隧道洞壁附近，第二定义 $f_2(r)$ 对应的围岩位移稍小于第三定义 $f_3(r)$ 的结果，随着距离的增大，第二定义 $f_2(r)$ 对应的围岩位移又稍高于第三定义 $f_3(r)$ 的结果，最后 3 种定义的位移均交于同一点，即围岩弹塑性交界处的位移大小，其值是从弹性区位移分析得到的，不受围岩塑性区弹性应变的影响。对于围岩特征曲线，第二定义 $f_2(r)$ 都在第三定义 $f_3(r)$ 的内

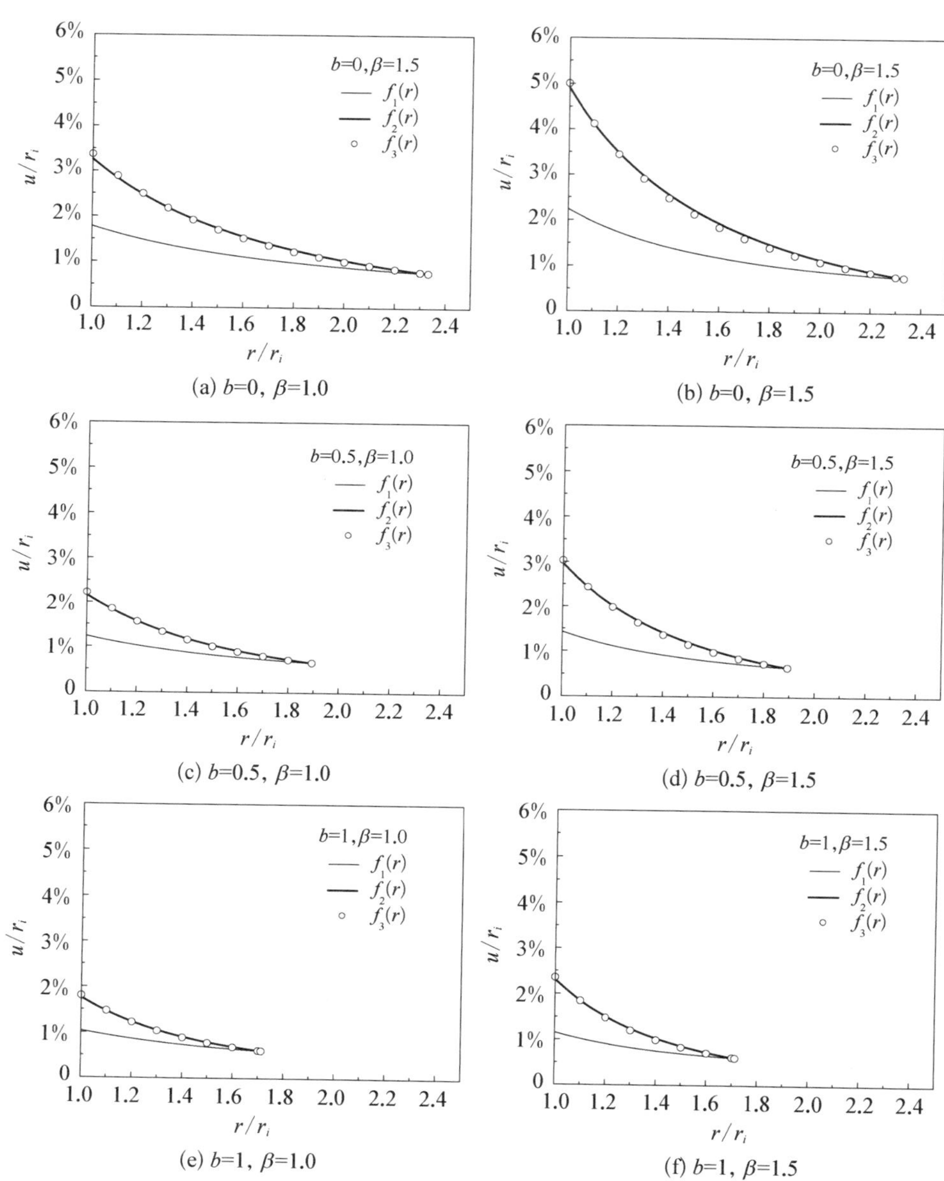

(a) $b=0,\ \beta=1.0$　(b) $b=0,\ \beta=1.5$

(c) $b=0.5,\ \beta=1.0$　(d) $b=0.5,\ \beta=1.5$

(e) $b=1,\ \beta=1.0$　(f) $b=1,\ \beta=1.5$

图 5-15　不同参数 b 和 β 下塑性区弹性应变对围岩塑性区位移的影响

侧，即稍低于第三定义 $f_3(r)$ 的围岩特征曲线。第二定义 $f_2(r)$ 和第三定义 $f_3(r)$ 之间的差异，在工程误差所允许的范围内。因此，当采用 Hoek - Brown 等非线性强度准则进行围岩特征曲线分析和支护压力确定时，可以采用依据厚

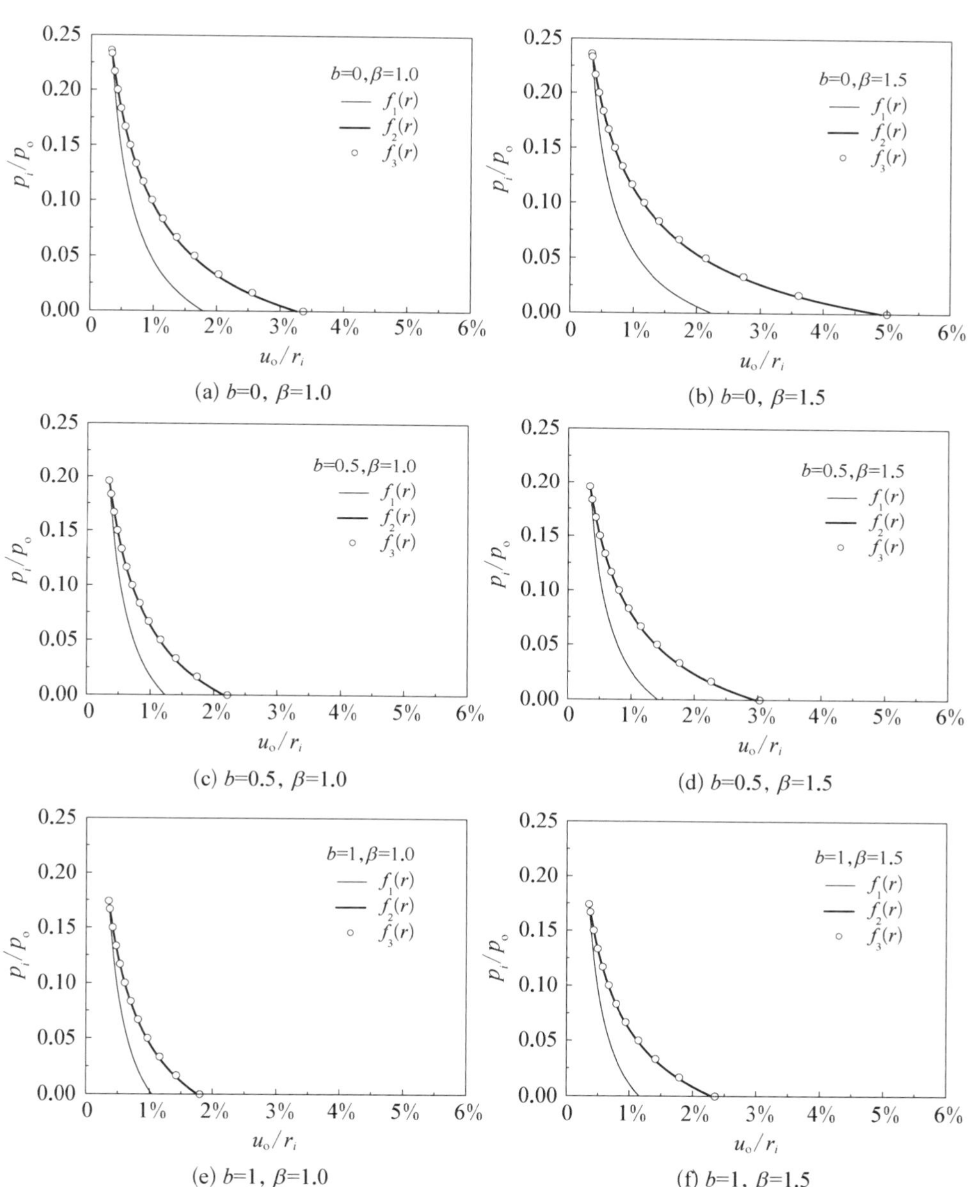

(a) b=0, β=1.0　(b) b=0, β=1.5

(c) b=0.5, β=1.0　(d) b=0.5, β=1.5

(e) b=1, β=1.0　(f) b=1, β=1.5

图 5-16　不同参数 b 和 β 下塑性区弹性应变对围岩特征曲线的影响

壁圆筒定义的 $f_2(r)$ 来降低分析难度和简化公式，由此产生的误差是可以接受的。

另外，不同参数 b 和 β 下，不同弹性应变定义所得到的围岩位移和特征曲线间的差异显著不同，这种差异主要是指第一定义 $f_1(r)$ 与第二定义 $f_2(r)$ 及第三定义 $f_3(r)$ 之间的差异，第二定义 $f_2(r)$ 和第三定义 $f_3(r)$ 之间的差异也有对应的变化规律，但不是很明显。其差异程度随着参数 b 的增大而减小，随着参数 β 的增大而增大。参数 $b=0$、参数 $\beta=1.5$ 时，三者相差最大，此时隧道洞壁相对位移 u_{omax}/r_i 的绝对差值：第一定义 $f_1(r)$ 比第三定义 $f_3(r)$ 低 2.76%，第二定义 $f_2(r)$ 比第三定义 $f_3(r)$ 低 0.09%。参数 $b=1$、参数 $\beta=1.0$ 时，三者相差最小，此时隧道洞壁相对位移 u_{omax}/r_i 的绝对差值：第一定义 $f_1(r)$ 比第三定义 $f_3(r)$ 低 0.76%，第二定义 $f_2(r)$ 比第三定义 $f_3(r)$ 低 0.04%。参数 b 和 β 的其他组合时，均处于二者之间的中间状态。

5.6 本章小结

本章基于统一强度理论和非关联流动法则，合理考虑中间主应力、围岩脆性软化、剪胀、塑性区半径相关的弹性模量和不同弹性应变定义等综合影响，对深埋圆形岩石隧道进行了弹-脆-塑性分析，得到围岩应力、位移和特征曲线的解析新解，并对其进行可比性分析，以及统一弹-塑性有限元、广义 Hoek - Brown 经验强度准则解的验证，最后进行了参数影响分析，得到如下结论：

(1) 所得应力和位移的解析新解是真正意义上的理论解析解，综合反映了多因素的共同影响，是一系列有序有规律解的集合，能退化为众多已有解答，而且还包含很多其他新的解答，具有广泛的适用性和很好的可比性，进而从必要性上对解析新解进行了验证。

(2) 经与统一弹-塑性有限元数值模拟结果，以及广义 Hoek - Brown 经验强度准则半解析解的比较，进一步验证了解析新解的正确性。另外，可将广义 Hoek - Brown 经验强度准则解看作是本书解析新解中参数 $b=0$ 时的一个特例，而且本书解析新解较其更简洁、方便。

(3) 中间主应力对围岩临界支护力、塑性区范围、弹性模量变化、应力和位移分布以及围岩特征曲线的影响显著，即隧道结构的强度理论效应明显。考虑岩石的中间主应力效应，能够更客观地认识围岩的强度潜能，可以更经济、安全地指导隧道支护设计。应根据实际工程情况和岩石力学特性试验，合理确定参数 b 和对应的强度准则。

(4) 岩石脆性软化和剪胀特性对围岩变形和特征曲线具有显著影响。应根

据岩石峰后强度和变形特征，合理确定围岩后继强度参数和剪胀角。采用理想弹-塑性模型或不考虑围岩剪胀特性，将低估隧道塑性区范围和变形，设计偏危险。

(5) 不考虑围岩塑性区弹性模量的降低得到的位移最小，围岩特征曲线最靠左，是下限；设围岩塑性区弹性模量为一较小值得到的位移最大，围岩特征曲线最靠右，是上限。半径相关的围岩塑性区弹性模量考虑了应力重分布及爆破损伤等影响，得到的围岩位移和特征曲线处于上、下限之间，体现了隧道开挖卸载受扰程度的距离变化，能更接近隧道实际变形情况。

(6) 塑性区弹性应变第一定义和第二定义都是近似的，应优先选用更合理和准确的第三定义，特别是采用岩体线性强度准则时。第一定义的误差较大，设计偏不安全。第二定义与第三定义整体相差较小，可结合岩体非线性强度准则，进行围岩特征曲线分析和支护压力确定。

(7) 塑性区弹性模量变化和不同弹性应变定义的影响程度与中间主应力效应和剪胀特性密切相关，体现了多因素的相互共同影响。差异程度随着中间主应力效应的增加而减小，随着剪胀特性的增大而增大。中间主应力效应最小、剪胀特性最大时，差异程度最大；中间主应力效应最大、剪胀特性最小时，差异程度最小；其他各种情况，均为二者之间的中间状态。

第6章 隧道开挖面空间效应及支护压力确定

隧道开挖后，开挖面附近的岩体呈现三维应力状态。随着开挖面的推进，隧道开挖面附近的岩体受扰动而失去原有的应力平衡状态，其应力和变形随之重新调整而达到另一新的平衡状态，这种应力和变形随开挖面前进不断重分布的现象称为隧道开挖面的空间效应。围岩与支护之间的相互作用随开挖面空间效应的变化而变化，对此过程认识不清就会造成支护压力和围岩稳定变形的错误估计，进而造成支护结构设计不当，甚至引发工程事故。在应用收敛约束法时，确定支护设置前隧道洞壁因应力释放而产生的前期变形至关重要，已成为影响收敛约束法应用与发展的关键因素之一。在围岩特征曲线的构建中，常以径向虚拟支撑力的变化来反映隧道开挖面的空间效应，但难以建立虚拟支护力与开挖面间距离以及围岩性态之间的定量关系。更多的研究者倾向采用易于量测和控制的隧道洞壁变形沿纵向的变化，来反映随开挖面前进不断减弱的空间效应，即收敛约束法中的隧道纵向变形曲线。隧道纵向变形曲线多采用三维弹性数值拟合、三维弹塑性数值拟合或工程实测数据拟合的公式，这在一定程度上符合由简化的三维结构模型和复杂的二维介质模型相结合，来解决工程实际问题的理念[227]。本章对符合轴对称模型的深埋圆形隧道的开挖面空间效应进行分析，介绍能反映开挖面空间效应的支护力系数法和位移释放系数法，分析比较其适用性与空间效应差异，结合代表性硬岩和软岩两种岩体，利用围岩特征曲线和支护特征曲线的交点，对比研究因空间效应差异、不同支护起始位置方法等所造成的支护压力和围岩稳定变形的不同，最后探讨了各因素的影响特性。

6.1　开挖面空间效应机理

隧道空间效应主要表现为两种形式[143]：在隧道横断面方向上表现为“环形”约束，是一个由顶部、边墙和底部围岩所形成的完整封闭拱，即“成拱作用”，如图 6－1(a)所示。这是一个厚度比隧道半径大许多倍的巨大岩石环，因而具有相当大的承载能力，而且可以看作是一种十分有效的隧道永久性支护，只要它不垮下来，就能在隧道开挖后持久地发挥作用；在隧道轴线方向上则表现为“半圆穹”约束，如图 6－1(b)所示。半圆穹是指隧道轴线方向洞壁变形的形状呈半圆穹形，其约束程度取决于隧道断面形状、围岩强度和变形特性、地应力、隧道埋深以及施工对岩体的扰动程度等因素。这两种空间约束方式的联合作用，使得开挖面附近一定范围的岩体在无支护的情形下得以暂时稳定。隧道开挖面的空间效应主要是指隧道纵向的“半圆穹”约束，即隧道开挖面前方未开挖岩体对后方已开挖围岩应力和变形发展的约束作用，其大小与围岩的物理力学性质关系密切。新奥法的关键就在于它能积极调动围岩的这两种空间效应，促使其形成与发展，并对其支撑作用加以充分利用。

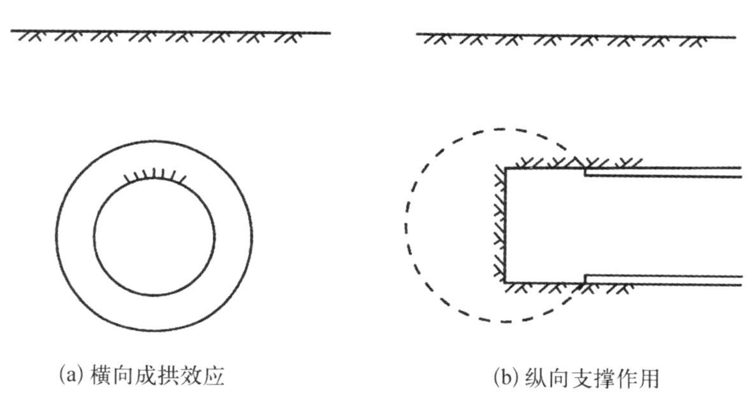

(a) 横向成拱效应　　(b) 纵向支撑作用

图 6－1　隧道空间效应示意

隧道的纵向空间约束效应出现在开挖面附近，即隧道开挖过程中开挖面的临时支撑作用，常用虚拟支护力代替，这种临时支撑作用依赖于开挖面的存在以及开挖面的有效支撑范围。随着开挖面的前进，这种临时支撑作用不断减小，并在开挖面后方一定距离处消失，围岩达到平面应变状态。尽管开挖面的纵向支撑作用是临时性的,但正是这种临时的支撑作用为隧道开挖面附近的施工安全提供了保障,起到了限制围岩开挖变形和维持围岩稳定的作用。隧道开挖面的空间效应所提供的临时支撑作用,常用围岩应力释放系数或位移释放系数来表示与衡量。

正是由于开挖面前方岩体对开挖面附近一定范围的围岩存在空间约束作用,开挖面附近的围岩才能仅部分卸载。随着开挖面的推进,空间约束作用逐渐减弱,后续释放的围岩压力一方面依靠围岩的固有剪切强度和连续性,从隧道洞壁处向外迁移传向更远的围岩,另一方面则转化为支护压力,研究隧道开挖面的空间效应对于准确确定支护压力和支护合理选型具有重要意义。

围岩的流变特性主要影响隧道的长期性态和二次衬砌设计,在隧道掘进施工并构筑初次支护的过程中,隧道开挖面的空间效应是主导因素,可暂不考虑围岩流变特性的影响。下面主要探讨收敛约束法中开挖面的空间效应实现方法,即分别分析支护力和径向位移沿隧道纵向的分布情况,并比较其空间效应差异及对收敛约束分析的影响。研究对象为深埋圆形隧道,受等值地应力 p_0 作用,全断面匀速开挖,不考虑破碎围岩自重和流变的影响,也不考虑支护特性对开挖面空间效应的影响,如图 5 - 1 所示。围岩满足均匀、连续和各向同性的假定,符合弹性、理想弹-塑性或弹-脆-塑性模型。

6.2 支护力系数法

隧道开挖面的空间效应可以用应力释放系数来表示,即建立沿隧道纵向变化的应力释放系数公式。在开挖面前方一定距离处的某断面,其应力释放系数为零,即虚拟支护力 p_i 等于初始地应力 p_0,认为此处的岩体没有受到开挖扰动的影响。随着开挖面的逐渐推进,此断面的应力释放系数逐渐增大,虚拟支护力不断减小,即虚拟支护力 $p_i=(1-\text{应力释放系数})\times$初始地应力 p_0,如图 5 - 1 所示。在开挖面到达该断面时,应力已释放了 30%左右。开挖面通过该断面后,应力释放继续进行,在开挖面后方一定距离处完全释放,即虚拟支护力 p_i 为零,隧道开挖面的空间效应完全消失。

Thomas 和 Nedim(2009)[231]基于理想弹-塑性 FLAC3D 数值模拟的位移结果,结合二维平面应变隧道洞壁位移公式,反算虚拟支护力 p_i,并拟合了以围岩塑性区相对深度 $\bar{\eta}$ 和内摩擦角 φ 为基础的支护力系数 $p_i^*(x)$(x 为断面距开挖面的距离，$x=0$ 代表隧道开挖面，$x>0$ 代表开挖面后方）。支护力系数 $p_i^*(x)$ 为虚拟支护力 $p_i(x)$ 与初始地应力 p_o 的比值，即 $p_i^*(x)=p(x)/p$。支护力系数有别于应力释放系数，它与应力释放系数之和恒等于 1。

Thomas 和 Nedim(2009)[231]拟合的支护力系数 $p_i^*(x)$ 为

$$p_i^*(x)=\frac{p_i(x)}{p_o}=p_{i0}^*\times\bar{\xi}^{1.2}\times\left[\frac{1-x/L_{\text{infl}}}{x/L_{\text{infl}}+\bar{\xi}}\right]^{1.2},\ 0\leqslant x \tag{6-1}$$

式中，p_{i0}^* 为开挖面 $x=0$ 处的支护力系数，L_{infl} 为开挖面后方空间效应的影响范围，$\bar{\xi}$ 为等效拟合参数，它们均与围岩塑性区相对深度 $\bar{\eta}$ 和内摩擦角 φ 有关，其表达式分别为：

$$\bar{\eta}=\frac{R_{\max}-r_i}{r_i}=R_{\max}/r_i-1 \tag{6-2}$$

$$L_{\text{infl}}=(2.07\,\bar{\eta}+6.40)\times r_i \tag{6-3}$$

$$p_{i0}^*=\bar{a}_1\cos(\bar{b}_1\times\bar{\eta}+\bar{c}_1)+\bar{d}_1\times\bar{\eta}+\bar{e}_1 \tag{6-4}$$

$\bar{a}_1=0.131\,4\tan\varphi+0.012\,9$，$b_1=-0.025\,9\tan\varphi+2.622\,7$

$\bar{c}_1=0.011\tan\varphi-0.643\,9$，$\bar{d}_1=-0.185\,4\tan\varphi-0.159\,3$，

$\bar{e}_1=-0.139\,6\tan\varphi+0.809\,2$

$$\bar{\xi}=\bar{a}_2\cos(\bar{b}_2\times\sqrt{\bar{\eta}}-\bar{\eta}+\bar{c}_2)+\bar{d}_2+\bar{e}_2\times\bar{\eta} \tag{6-5}$$

$\bar{a}_2=0.023\,625$，$\bar{b}_2=0.460\,4\tan^2\varphi+0.374\,9\tan\varphi+5.527\,6$

$\bar{c}_2=-0.039\,7\tan^2\varphi+0.015\tan\varphi-1.032\,7$，$\bar{d}_2=0.047\,395$

$\bar{e}_2=-0.024\,7\tan^2\varphi-0.006\tan\varphi+0.003\,9$

式中，r_i 为隧道半径，$R_{\max}$ 为支护力 $p_i=0$ 时的围岩塑性区最大半径；$\bar{a}_1-\bar{e}_1$，$\bar{a}_2-\bar{e}_2$ 均为拟合参数。

式(6-1)仅适用于模拟理想弹-塑性围岩开挖面及其后方的空间效应（$x\geqslant 0$），并且要求围岩内摩擦角 φ 在 20°到 40°之间，塑性区相对深度 $\bar{\eta}$ 的范围为 0～2.5。当 $\bar{\eta}=0$ 时，$R_{\max}=r_i$，即围岩处于完全弹性状态；当 $\bar{\eta}=2.5$ 时，$R_{\max}=3.5r_i$，即围岩最大塑性区范围不超过 3.5 倍的隧道半径。

式(6-1)反映了围岩最大塑性区范围 $R_{\max}$ 和内摩擦角 φ 对开挖面空间效应的共同影响，应用支护力系数式(6-1)进行收敛约束分析的步骤，如下：

(1) 结合围岩强度参数和地应力情况，由式(5-17)确定支护力 $p_i=0$ 时的塑性区最大半径 R_{max}。

(2) 由式(6-2)确定围岩塑性区相对深度 $\bar{\eta}$，并判断其适用性；若适用，则由式(6-3)—式(6-5) 计算影响范围 L_{infl}，开挖面处的支护力系数 p_{i0}^* 和等效拟合参数 $\bar{\xi}$，最后由式(6-1) 确定支护力系数 $p_i^*(x)$ 沿隧道纵向的分布。

(3) 取定支护构筑距开挖面的距离 x，由支护力系数 $p_i^*(x)$ 的分布，并结合围岩特征曲线，确定隧道洞壁前期变形 u_0，即确定支护作用的起点，最后利用特征曲线的交点确定支护压力和围岩稳定变形，如图 6-2 所示。

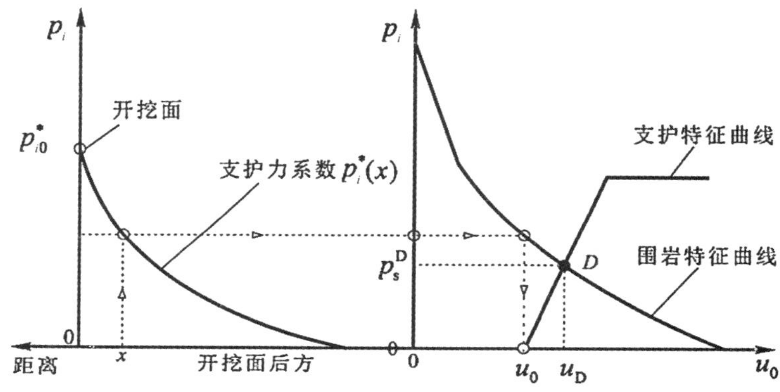

图 6-2 利用支护力系数确定支护起始作用位置

6.3 位移释放系数法

6.3.1 位移释放系数公式

围岩收敛变形是隧道施工中最重要和最常见的监测项目，很多的围岩特性参数和施工控制措施都能通过收敛变形来宏观反映，所以很多学者更倾向于利用隧道纵向变形曲线来研究开挖面的空间效应和前期变形。随着开挖面的不断前进，围岩洞壁径向变形 u_o 不断发展[244]，直到达到最终平面应变状态，如图 6-3所示。

位移释放系数 $u^*(x)$ 为某一研究段面在开挖过程中，围岩内边界处的径向变形 $u_o(x)$ 与其平面应变无支护下的最大变形 u_{omax} 之比。当围岩处于弹性状态时，位移释放系数等于应力释放系数，而当围岩处于弹塑性状态时，二者将不再

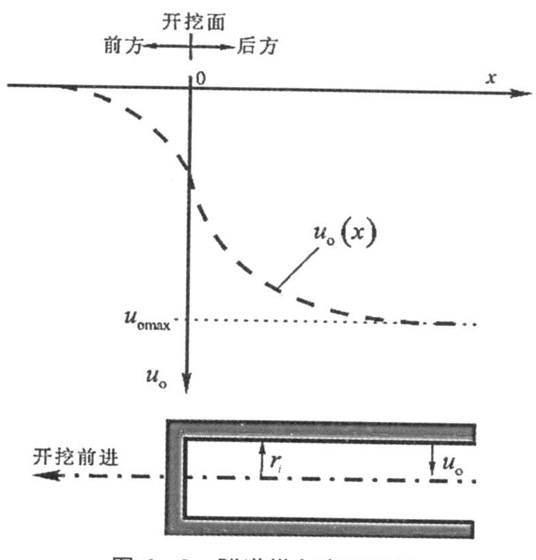

图 6-3　隧道纵向变形特性

具有简单的对应关系。很多学者对位移释放系数或隧道纵向变形曲线进行了研究，下面仅给出代表性的公式加以比较分析，并探究其差异。

1. Panet 和 Guenot(1982)公式

Panet 和 Guenot(1982)[235]基于三维有限元弹性分析，拟合的开挖面及其后方的位移释放系数与距开挖面距离之间的关系为：

$$u^*(x)=\frac{u_o(x)}{u_{omax}}=0.28+0.72\left[1-\left(\frac{0.84}{0.84+x^*}\right)^2\right],\ 0\leqslant x \quad (6-6)$$

式中，$x^*=x/r_i$，x 为隧道纵向某断面的位置坐标，$x=0$ 表示隧道开挖面，$x<0$ 表示开挖面前方，$x>0$ 表示开挖面后方；$u_o(x)$ 为坐标 x 处的隧道洞壁径向位移，$u_o(x)/u_{omax}$ 为坐标 x 处的位移释放系数；下同。

Panet(1995)[239]又将式(6-6)进一步修改为：

$$u^*(x)=\frac{u_o(x)}{u_{omax}}=0.25+0.75\left[1-\left(\frac{0.75}{0.75+x^*}\right)^2\right],\ 0\leqslant x \quad (6-7)$$

2. Corbetta 和 Nguyen-Minh(1992)公式

Corbetta 和 Nguyen-Minh(1992)[237]采用弹性应力分析法，给出了与式(6-6)和式(6-7)类似的位移释放系数公式，其表达式为：

$$u^*(x)=\frac{u_o(x)}{u_{omax}}=0.29+0.71\{1-\exp[-1.5(x^*)^{0.7}]\},\ 0\leqslant x \tag{6-8}$$

3. Unlu 和 Gercek(2003)考虑围岩泊松比 ν 的公式

Unlu 和 Gercek(2003)[239]针对深埋弹性围岩，利用有限差分程序 FLAC3D，拟合了考虑围岩泊松比 ν 影响的分段位移释放系数，包括开挖面前方、开挖面及其后方整个隧道纵向，其表达式为：

$$u_0^*=0.22\nu+0.19,\ x=0 \tag{6-9a}$$

$$u^*(x)=\frac{u_o(x)}{u_{omax}}=u_0^*+A_a[1-\exp(B_a x^*)],\ x\leqslant 0 \tag{6-9b}$$

$$u^*(x)=\frac{u_o(x)}{u_{omax}}=u_0^*+A_b\left[1-\left(\frac{B_b}{B_b+x^*}\right)^2\right],\ 0\leqslant x \tag{6-9c}$$

$$A_a=-0.22\nu-0.19,\ B_a=0.73\nu+0.81;$$

$$A_b=-0.22\nu+0.81,\ B_b=0.39\nu+0.65$$

式中，u_0^* 为开挖面 $x=0$ 处的位移释放系数，围岩泊松比 ν 的适用范围为 $0.05\leqslant\nu\leqslant 0.45$。

4. Lee(1994)公式

Lee(1994)[240-241]利用归一化方法分析了隧道变形量测数据，并提出如下位移释放系数。

$$u^*(x)=\frac{u_o(x)}{u_{omax}}=\frac{1}{2}\left[1-\tanh\left(\frac{1}{3}-\frac{x^*}{2}\right)\right] \tag{6-10}$$

5. Hoek(1999)拟合工程实测数据的公式

Hoek(1999)[160]利用 Chern 等(1998)[243]在 Mingtam 地下水电站的现场实测数据，采用最佳拟合方法，建议的位移释放系数为：

$$u^*(x)=\frac{u_o(x)}{u_{omax}}=[1+\exp(-x^*/1.10)]^{-1.7} \tag{6-11}$$

6. Vlachopoulos 和 Diederichs(2009)以围岩塑性区最大半径 R_{max} 为基础的公式

Vlachopoulos 和 Diederichs(2009)[246]针对深埋理想弹-塑性围岩，分相同

埋深不同围岩强度和相同围岩强度不同埋深两种情况，利用有限差分程序FLAC3D进行多组数值模拟，建立了以围岩塑性区最大半径 R_{max} 为基础的位移释放系数，其表达式为：

$$u_0^* = \frac{1}{3}\exp(-0.15R^*),\ x = 0 \tag{6-12a}$$

$$u^*(x) = \frac{u_o(x)}{u_{omax}} = u_0^*\exp(x^*),\ x \leqslant 0 \tag{6-12b}$$

$$u^*(x) = \frac{u_o(x)}{u_{omax}} = 1-(1-u_0^*)\exp(-1.5x^*/R^*),\ 0 \leqslant x \tag{6-12c}$$

式中，$R^* = R_{max}/r_i$，R_{max} 为支护力 $p_i = 0$ 时由式(5-17)确定的无支护围岩塑性区最大半径。

Rodriguez-Dono等(2010)[329]利用FLAC3D数值模拟，得出只要利用解析公式或平面数值模拟得到不同材料模型下的围岩塑性区最大半径 R_{max}，就可以利用式(6-12)建立相应正确的隧道纵向变形曲线，验证和拓展了位移释放系数式(6-12)对弹-脆-塑性模型和应变软化模型的正确性和适用性。

7. Basarir等(2010)引入岩体质量分级数RMR的公式

Basarir等(2010)[247]针对深埋理想弹-塑性软岩，利用岩体质量分级数RMR估计围岩强度参数，对RMR＝20、30、40和50四种岩体，以及埋深为100 m、200 m、300 m和400 m四种情况，分别进行多组FLAC3D有限差分数值模拟，建立了以岩体质量分级数RMR为基础的隧道纵向变形曲线，其表达式为：

$$u_o(x)/r_i = \overline{d}_1 \mathrm{RMR}^{\overline{d}_2}\ \overline{d}_3^{(x^*/2)},\ x < 0 \tag{6-13a}$$

$$u_o(x)/r_i = \overline{d}_4 \mathrm{RMR}^{\overline{d}_5}(x^*/2)^{\overline{d}_6},\ 0 < x \tag{6-13b}$$

式中，$\overline{d}_1-\overline{d}_6$ 为拟合参数，可对应查表获得。埋深为100 m到400 m中间某值时，拟合参数 $\overline{d}_1-\overline{d}_6$ 可近似插值获得。

6.3.2　位移释放系数比较

式(6-6)—式(6-13)仅为常见的具有代表性的位移释放系数或隧道纵向变形曲线公式，可以从变量个数、适用范围和公式来源及不足等多方面综合比较。

(1) 变量个数不同：有的仅与距开挖面的距离 x 有关，如式(6－6)—式(6－8)、式(6－10)和式(6－11)；有的则显式或隐式考虑了围岩特性的影响，如式(6－9)考虑了围岩泊松比 ν 的影响，式(6－12)通过围岩塑性区最大半径 R_{max} 隐式考虑了隧道埋深、岩体特性和施工方法等综合影响，式(6－13)以岩体质量分级数 RMR 来反映岩性的影响。

(2) 适用范围不同：有的仅适用于弹性围岩，如式(6－6)—式(6－9)，且式(6－6)—式(6－8)仅给出隧道开挖面及其后方的位移释放系数，为了更好地了解和控制开挖面前方围岩的变形情况，后继公式一般均给出整条曲线。有的则仅适用于弹塑性围岩，如式(6－10)、式(6－11)和式(6－13)；有的则对弹性围岩和弹塑性围岩均适用，如式(6－12)对弹性围岩 ($R_{max}/r_i=1$) 和各种弹塑性围岩 ($R_{max}/r_i>1$) 均适用。

(3) 来源不同及不足：式(6－6)—式(6－9)为三维弹性数值拟合，式(6－10)为隧道监测变形资料的归一化公式，式(6－11)为基于单个工程实测数据的拟合公式，适用范围有限。式(6－12)和式(6－13)为三维弹塑性数值拟合，但式(6－13)在隧道开挖面 $x=0$ 处不连续，且需要 6 个无明确物理意义的拟合参数，实际应用不便。

综合比较来看，Vlachopoulos 和 Diederichs(2009)[246]建立的位移释放系数式(6－12)具有明显的优势，它以围岩塑性区最大半径 R_{max} 为基础，对弹性围岩($R_{max}/r_i=1$) 和弹塑性围岩($R_{max}/r_i>1$) 均适用，又隐式反映了隧道埋深(地应力大小)、岩体特性(中间主应力效应与围岩脆性软化)和施工方法等综合影响，且易与围岩特征曲线解析解相结合，具有较强的适用性。因此，下文将着重探讨式(6－12)与其他位移释放系数、支护力系数在反映开挖面空间效应方面的差异，以及由此而导致的支护压力和围岩稳定变形的不同。

6.4 空间效应比较

6.4.1 不同位移释放系数比较

不同的位移释放系数公式反映了隧道开挖面不同程度的空间效应，现从各位移释放系数沿隧道纵向的分布做一比较和说明。

图 6－4 给出了 Vlachopoulos 和 Diederichs(2009)建立的位移释放系数式

(6-12)随围岩塑性区最大相对半径 R_{max}/r_i 的变化关系。可以看出,随着塑性区最大相对半径 R_{max}/r_i 的变化,对应的位移释放系数间差异较大。相对半径 R_{max}/r_i 越大,位移释放系数变化的越缓慢,即围岩强度越低,塑性区范围越大,隧道开挖面的空间效应影响范围就越大。对相对半径 $R_{max}/r_i=1$ 的弹性围岩,同一位置 x 处所对应的位移释放系数最大,并且其开挖面的空间效应影响范围最小。

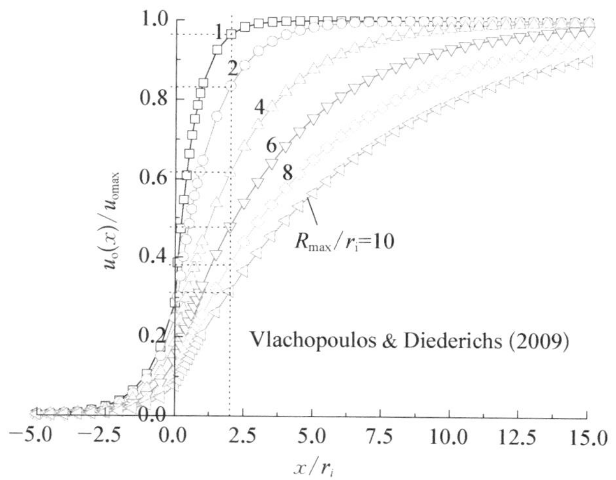

图 6-4　位移释放系数沿纵向分布-式(6-12)

同时还可以看出,在开挖面前方($x<0$),不同相对半径 R_{max}/r_i 下的位移释放系数之间相差不大;相反,在开挖面及其后方($x\geqslant 0$),不同相对半径 R_{max}/r_i 下的位移释放系数相差逐渐增大,后又不断减小并最终趋近 1.0,即隧道达到无支护下的平面应变状态,开挖面的空间效应完全消失。在隧道开挖面处($x=0$),相对半径 $R_{max}/r_i=1$、4 和 8 时,所对应的位移释放系数分别为 0.29、0.18 和 0.10;在隧道开挖面后方一倍隧道直径,即 $x=2r_i$ 处,相对半径 $R_{max}/r_i=1$、4 和 8 所对应的位移释放系数分别为 0.97、0.61 和 0.38。应考虑围岩塑性区最大半径 R_{max} 对位移释放系数的影响,否则仅依据弹性围岩的位移释放系数,将会高估位移的释放程度,夸大围岩前期变形 u_0,进而错误地确定支护起始作用位置,造成支护设计荷载偏小,支护设计偏危险。

图 6-5 给出了弹性围岩开挖面空间效应的位移释放系数分布,包括仅与距开挖面的距离 x 有关的式(6-6)—式(6-8),以及考虑围岩泊松比 ν 影响的式(6-9)。

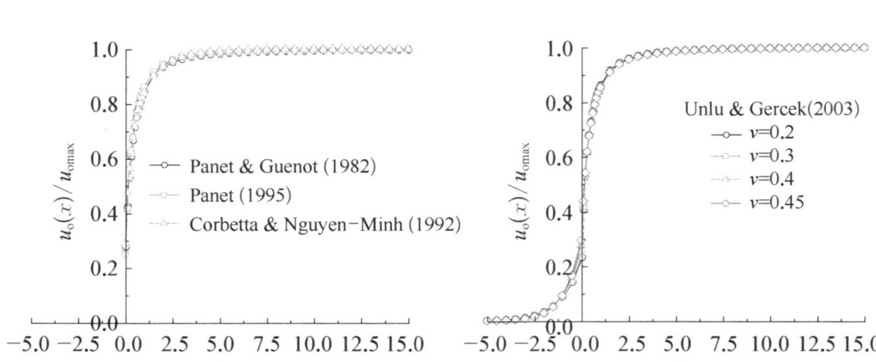

(a) 式(6-6)—式(6-8)　　(b) 式(6-9)

图 6－5　弹性围岩位移释放系数-式(6－6)—式(6－9)

从图 6－5(a)可以看出，在弹性状态下，围岩各位移释放系数式(6－6)—式(6－8)之间的差异很小，仅在隧道开挖面及其后方一倍隧道直径内略有微小不同，可以完全忽略这种差异，这 3 个公式均不能反映开挖面前方围岩的变形情况。对于处于完全弹性状态的围岩而言，其位移释放系数在开挖面后方 1.5 倍隧道半径内急剧增大，并在开挖面后方 3 倍隧道半径以外，位移释放系数已接近 1.0。这表明弹性围岩的开挖面空间效应，在开挖面后方 1.5 倍隧道半径范围内最为显著，对开挖面后方 3 倍隧道半径以外的围岩影响较小。

从图 6－5(b)可以看出，式(6－9)可以给出弹性围岩开挖面前方的变形情况，围岩的泊松比 ν 对隧道变形大小有直接影响，但对位移释放系数影响甚微，可以忽略围岩泊松比 ν 对开挖面空间效应的影响。

由图 6－5 知，Panet(1995)[239]的位移释放系数式(6－7)以及 Unlu 和 Gercek(2003，ν=0.3)[239]的位移释放系数式(6－9)，堪称弹性围岩反映隧道开挖面空间效应的代表性公式。图 6－6 给出 Vlachopoulos 和 Diederichs(2009)建立的位移释放系数式(6－12) ($R_{max}/r_i=1$) 和这二者的比较。

从图 6－6 可以看出，在隧道开挖面后方，式(6－7)和式(6－9)几乎完全重合，再次验证了可以不考虑围岩泊松比 ν 对开挖面空间效应的影响；通过与式(6－7)和式(6－9)的比较，可以看出式(6－12) ($R_{max}/r_i=1$) 和二者的分布规律以及量值差异都非常小，因此可以把式(6－12) ($R_{max}/r_i=1$) 看作是式(6－7)和式(6－9)的近似替代，即证明了式(6－12)对弹性围岩的适用性。

对于深埋弹塑性围岩，隧道开挖面空间效应的影响范围较弹性围岩要大。隧道工程支护设计中，常采用 Lee(1994)[240-241]对隧道变形归一化的位移释放系

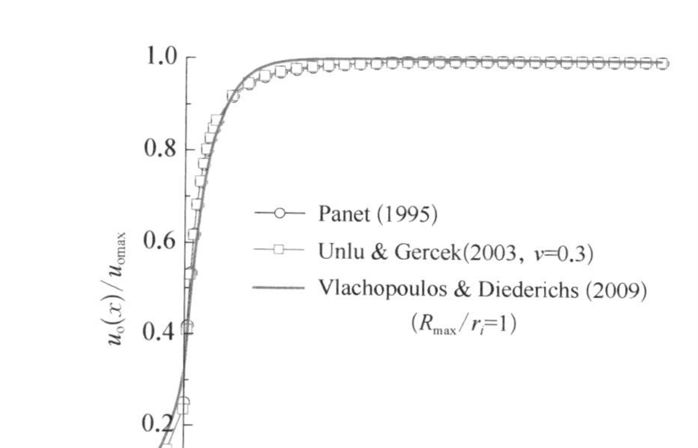

图 6-6　弹性围岩位移释放系数比较

数式(6-10)，以及 Hoek(1999)[160] 拟合工程实测数据的位移释放系数式(6-11)，它们都仅是距开挖面距离 x 的函数，并都能给出整条隧道纵向变形曲线。图 6-7 给出了式(6-10)和式(6-11)的比较，以及它们与 Vlachopoulos 和 Diederichs(2009)位移释放系数式(6-12) ($R_{max}/r_i = 2$) 的比较。

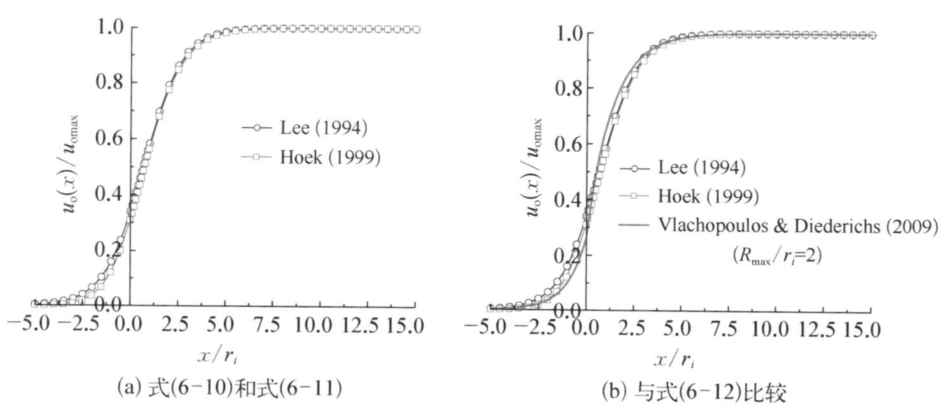

(a) 式(6-10)和式(6-11)　　(b) 与式(6-12)比较

图 6-7　弹塑性围岩位移释放系数比较

从图 6-7(a)可以看出，不管是在开挖面前方还是在开挖面及其后方，式(6-10)所代表的位移释放系数都略高于式(6-11)，但二者之间的差别很小，特别是在开挖面后方。从图 6-7(b)知，在开挖面及其前方，式(6-12) ($R_{max}/r_i = 2$) 所代表的位移释放系数比式(6-10)与式(6-11)的位移释放系数略低，而在开挖面后方又略有偏高，但整体差别较小，因而式(6-12)（$R_{max}/r_i=2$）可近似替代式(6-10)和式(6-11)，同时又能保证支护设计安全。

Basarir 等(2010)[247]将岩体质量分级数 RMR 引入隧道纵向变形曲线，建立了分段纵向位移分布式(6-13)，并给出了不同埋深 H 下的拟合参数表，但式(6-13)在开挖面 $x=0$ 处不连续，这严重影响了其应用的准确程度。图 6-8 为整理文献[247]中 RMR=30 的软岩隧道纵向变形曲线所得到的位移释放系数，以及与 Vlachopoulos 和 Diederichs(2009)位移释放系数式(6-12)（$R_{max}/r_i=2$、2.5 和 4）的比较。

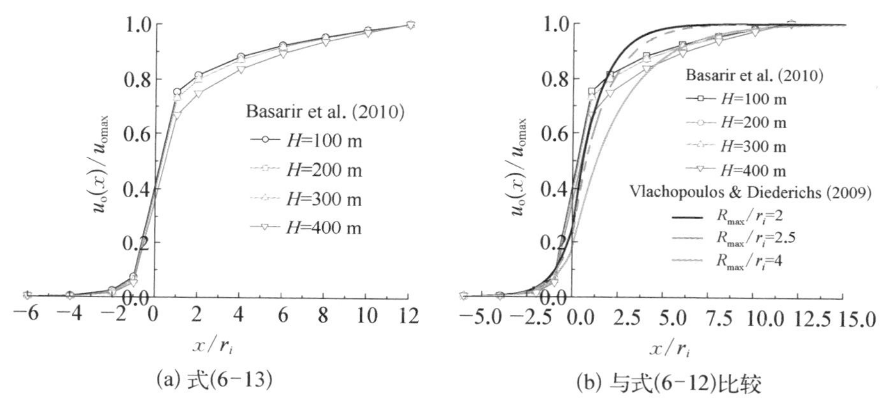

图 6-8 弹塑性围岩位移释放系数比较

从图 6-8(a)可以看出，不同埋深 H 下的软岩位移释放系数在开挖面前方差异很小，在开挖面后方 1 倍到 6 倍隧道半径内差异较大。埋深 H 越大，位移释放系数变化越缓慢，纵向影响的范围越大，即围岩的塑性区范围越大，开挖面空间效应的影响范围越大。从图 6-8(b)可以看出，不同埋深 H 下式(6-13)的位移释放系数与式(6-12)中 $R_{max}/r_i=2$ 到 $R_{max}/r_i=4$ 所对应的位移释放系数相当，并且可用式(6-12)($R_{max}/r_i=2.5$) 近似平均代替。

通过各位移释放系数之间的比较，了解了不同位移释放系数之间的相对关系，重要的是说明了 Vlachopoulos 和 Diederichs(2009)[246]位移释放系数式(6-12)的广泛适用性，即在特定条件下，式(6-12)能代替其他位移释放系数公式，同时又可以适应更多新的情况；同时，也说明现有其他常用位移释放系数公式仅适用于某种特定条件，不能忽略围岩塑性区范围的影响，而不加区分地使用某一特定位移释放系数公式。

6.4.2　与支护力系数法比较

Thomas 和 Nedim(2009)[231]建立的支护力系数式(6－1),可以反映围岩塑性区范围和内摩擦角对隧道开挖面空间效应的影响,但其要求内摩擦角 φ 在 20°到 40°之间,围岩塑性区最大范围 $R_{\max}$ 不超过 3.5 倍的隧道半径。另外,式(6－1)仅适用于理想弹-塑性围岩的隧道开挖面及其后方 ($x \geqslant 0$),对开挖面前方($x < 0$) 不适用。图 6－9 给出了围岩塑性区范围和内摩擦角对支护力系数的影响特性。

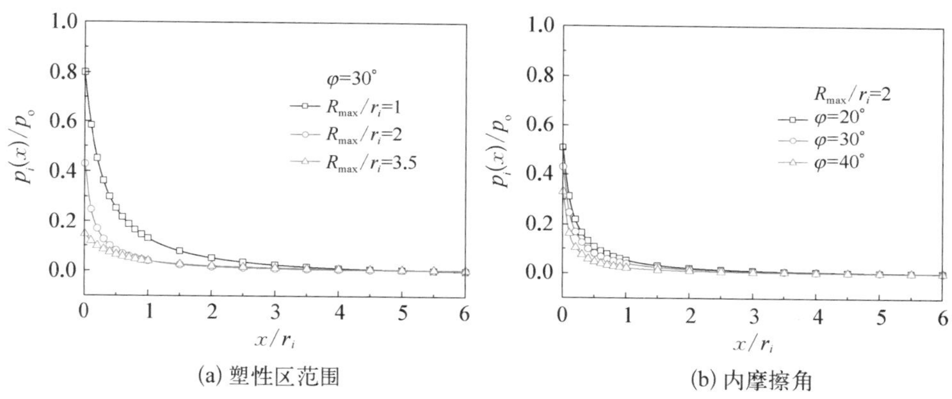

(a) 塑性区范围　(b) 内摩擦角

图 6－9　支护力系数参数分析

由图 6－9 可以看出,围岩塑性区最大半径 $R_{\max}$ 对支护力系数的影响要比内摩擦角 φ 的影响显著,随着相对半径 $R_{\max}/r_i$ 和内摩擦角 φ 的增大,支护力系数不断减小。在开挖面 $x = 0$ 处,相对半径 $R_{\max}/r_i = 3.5$ 的支护力系数 p_{i0}^* 仅为 $R_{\max}/r_i = 1.0$(弹性围岩)时的 18.1%,内摩擦角 $\varphi = 40°$ 的支护力系数 p_{i0}^* 为 $\varphi = 20°$ 时的 64.9%。但从图 6－9 难以直观看出,相对半径 $R_{\max}/r_i$ 和内摩擦角 φ 对隧道开挖面空间效应的影响。

在实际隧道工程施工和变形监测中,一般很难量测到开挖面前方的围岩变形情况,所以常以开挖面或其后方某处的位移量测值作为初始位移,采用相对初始位移的变化率 $C(x)$ 来描述隧道变形的纵向变化[235],其定义为

$$C(x) = \frac{u_o(x) - u_o(x=0)}{u_{o\max} - u_o(x=0)} = \frac{\dfrac{u_o(x)}{u_o(x=0)} - 1}{\dfrac{u_{o\max}}{u_o(x=0)} - 1} \tag{6-14}$$

式中，$u_o(x)$ 为隧道纵向某断面在距开挖面不同 x 处的洞壁变形，$u_o(x=0)$ 为开挖面到达该断面时的洞壁变形，u_{omax} 为无支护平面应变条件下隧道洞壁的最大变形。

采用相对变化率 $C(x)$ 可以相对较容易地整理和分析隧道变形量测资料，图 6－10 给出了 Thomas 和 Nedim(2009)以支护力系数式(6－1)分析的相对变化率 $C(x)$ 与 Vlachopoulos 和 Diederichs(2009)位移释放系数式(6－12)变换结果的比较。

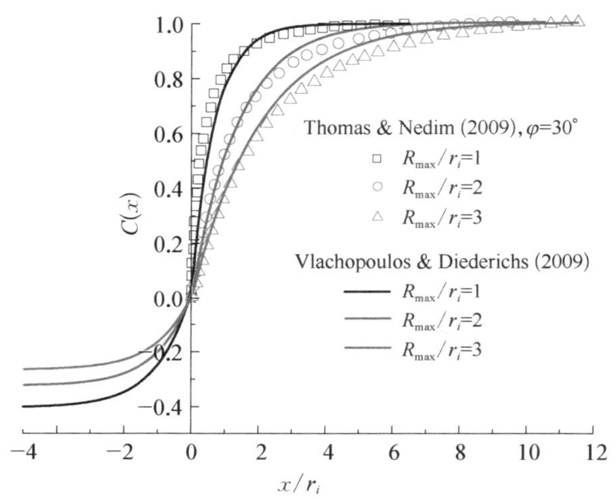

图 6－10　位移释放系数与支护力系数的比较

从图 4－8 可以看出，位移释放系数式(6－12)结果变换得出的相对变化率 $C(x)$ 与支护力系数式(6－1)的结果具有很好的一致性，尤其是当相对半径 $R_{max}/r_i=2$ 时。位移释放系数式(6－12)与支护力系数式(6－1)都考虑了围岩塑性区最大半径 R_{max} 的影响，但相比支护力系数式(6－1)，位移释放系数式(6－12)的适用范围更广，它对围岩塑性区最大半径 R_{max} 没有限制，同时还可以反映开挖面前方的围岩早期变形情况。

6.4.3　弹性数值模拟及工程实测数据验证

为了进一步说明 Vlachopoulos 和 Diederichs(2009)位移释放系数式(6－12)的合理性，此处与李煜舲等(2008)[240]弹性数值模拟的归一化结果，以及与 Chern 等(1998)[243]的 Mingtam 地下水电站、张平等(2009)[252]的紫平铺隧道、申艳军等(2010)[330]的大岗山隧道等现场实测数据做比较，如图 6－11 所示。

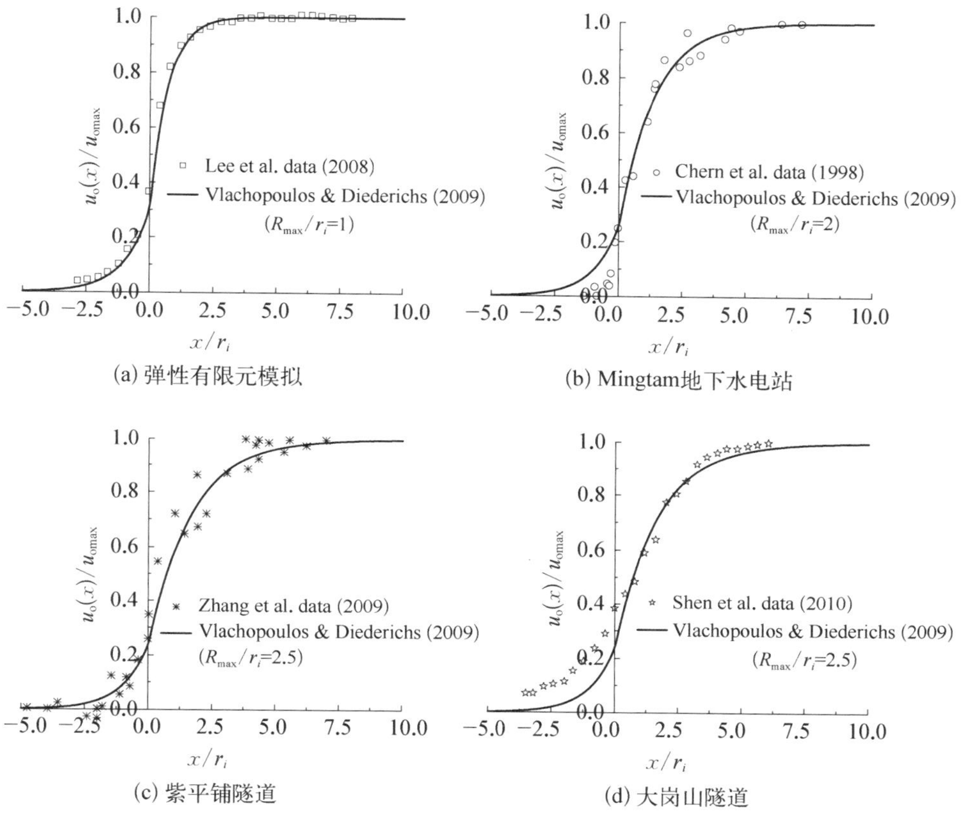

(a) 弹性有限元模拟

(b) Mingtam地下水电站

(c) 紫平铺隧道

(d) 大岗山隧道

图 6-11　弹性有限元模拟及工程实测数据对比

数值模型及工程实例详情可参考对应文献。

从图 6-11 可以看出，位移释放系数式(6-12)与弹性数值模拟以及工程实测数据整体吻合的相当好，特别是在隧道开挖面后方。在开挖面前方稍有差异，可能高估也可能低估围岩早期变形，这与开挖面及其前方的位移量测误差相对较大有关。通过位移释放系数式(6-12)对开挖面后方监测数据的拟合，可以近似反分析得出无支护平面应变状态下围岩的塑性区最大半径 R_{max}，为隧道的支护设计和围岩参数评价提供一定的参考。

通过与其他位移释放系数、支护力系数、弹性数值模拟结果以及工程实测数据等比较，充分说明了 Vlachopoulos 和 Diederichs(2009)以围岩塑性区最大半径 R_{max} 为基础的位移释放系数式(6-12)的正确性和广泛适用性，其公式形式简单、应用方便，对弹性围岩和各种弹塑性围岩均适用，可以综合考虑多种因素对隧道开挖面空间效应的影响。因而下面将采用位移释放系数式(6－12)确定隧道前期变形 u_0，进而结合收敛约束法，比较不同空间效应所对应的支护压力和围岩稳定变形差异，以及各因素的影响特性分析。

6.5 支护压力确定及对比分析

6.5.1 隧道支护设计与空间效应的关系

隧道开挖面附近是典型的三维问题，其空间效应最为显著。隧道支护施作后，随着开挖面的继续推进，开挖面的空间效应逐渐减弱并最终转化为围岩变形和支护压力，空间效应转化而来的支护压力就是支护荷载的主要来源(不考虑围岩流变)，因而隧道开挖面空间效应的大小及其变化过程对支护受力和变形具有重要影响。应用收敛约束法进行支护设计时，确定支护的起始作用位置是关键，即利用位移释放系数确定隧道前期变形 u_0。同一时间设置不同刚度的支护，得到的支护压力不同，如图 6－12 中的支护①和②；不同时间设置相同刚度的支护，对应不同的开挖面空间效应，即不同的前期变形 u_0，将得到明显不同的支护压力，如图 6－12 中的支护①和③。因此针对支护压力的确定，不仅要考虑支护刚度的影响，更要考虑开挖面空间效应变化的影响，即对应不同的支护起始作用位置。

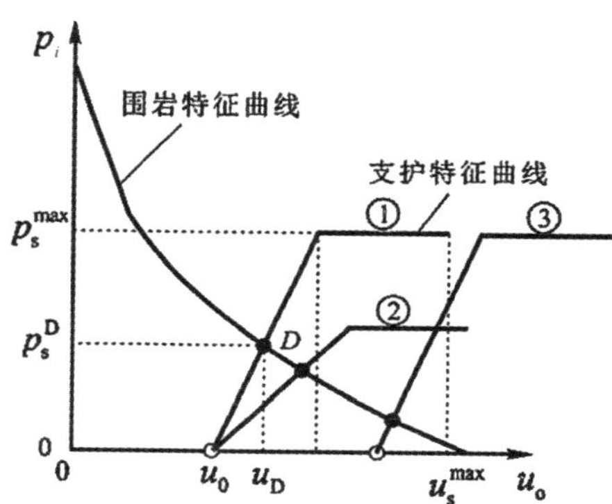

图 6－12 支护压力确定及安全系数定义

常见的岩石隧道初次支护有喷射混凝土、各种锚杆、钢拱架及其联合或复合支护，其最大支护能力不仅与支护的材料特性、截面尺寸和形状有关，还取决于与围岩的接触条件。对于理想弹-塑性材料构筑的常见支护结构形式，文献[153]给出了支护刚度和最大支护能力的计算方法。设置支护后，隧道洞壁变形应能控制在工程允许的范围内，同时还要保证支护具有一定的安全储备，即支护结构的强度安全和变形安全，对应强度安全系数 FS_s 和变形安全系数 FS_d (图 6－12)[219]，其定义分别为：

$$FS_s = \frac{P_s^{max}}{P_s^D} \tag{6-15}$$

$$FS_d = \frac{u_s^{max} - u_0}{u_D - u_0} \tag{6-16}$$

式中，u_0 为支护施作时的隧道前期变形，P_s^D、u_D 为平衡点对应的支护压力和围岩变形，P_s^{max}、u_s^{max} 为支护的最大支护能力和最大允许变形。

由图 6－12 可以看出，对于理想弹-塑性材料构筑的支护结构，其变形安全系数 FS_d 一般大于等于其强度安全系数 FS_s，即强度安全是支护结构设计的控制因素，故主要针对支护结构的强度安全储备 FS_s 进行讨论。

6.5.2　不同的位移释放系数

不同的位移释放系数公式代表了不同的隧道纵向变形曲线，将对支护设置的起始作用位置有直接影响，进而影响支护压力和围岩稳定变形。现选择 Panet(1995)[239]的位移释放系数式(6－7)和 Hoek(1999)[160]的位移释放系数式(6－11)作为代表，与 Vlachopoulos 和 Diederichs(2009)[246]的位移释放系数式(6－12)进行比较，以说明因位移释放系数公式不同而导致的收敛约束差异。

选择硬岩和软岩两种代表性岩体，硬岩的广义 Hoek－Brown 经验强度准则参数及等效抗剪强度参数，见本书第 5 章表 5－1 和表 5－2。软岩的广义 Hoek－Brown经验强度准则参数[166]，如表 6－1 所示。软岩对应的等效抗剪强度参数，如表 6－2 所示，其确定方法同硬岩。对于两种特性不同的岩体，隧道半径 r_i 均取为 5.0 m，硬岩的初始地应力 p_o =150 MPa，软岩的初始地应力 p_o = 40 MPa，其初始地应力分别等于对应完整岩块的单轴抗压强度 σ_c。

表 6－1　软岩的广义 Hoek－Brown 经验强度准则参数[166]

GSI	σ_c/MPa	E_i/GPa	ν_i	m_b	s	a	E_r/GPa	ν_r	m_{br}	s_r	a_r
50	40	9	0.25	2.01	0.003 9	0.51	5	0.25	0.34	0	0.53

表 6－2　软岩等效抗剪强度参数

c_i/MPa	φ_i/deg	c_r/MPa	φ_r/deg
4.20	32.1	1.90	17.9

在以下由本书第 5 章式(5－35)确定围岩特征曲线，以及支护压力和围岩稳定变形的参数影响分析中，除特别说明外，均采用与 5.5 节相同的默认条件：围

岩符合弹-脆-塑性模型，统一强度理论参数 $b=0.5$，剪胀特性参数 $\beta=1.5$，半径相关的弹性模量 $E(r)$ 和弹性应变第三定义 $f_3(r)$。支护设为由理想弹-塑性材料构筑的常刚度均质圆环结构，不区分硬岩隧道和软岩隧道支护的差异。

当参数 $b=0.5$ 时，由式(5-17)得无支护隧道的塑性区半径 R_{max} 分别为 $1.89r_i$(硬岩) 和 $3.01r_i$(软岩)，进而可得出位移释放系数式(6-12)沿隧道纵向的分布，如图 6-13 所示。

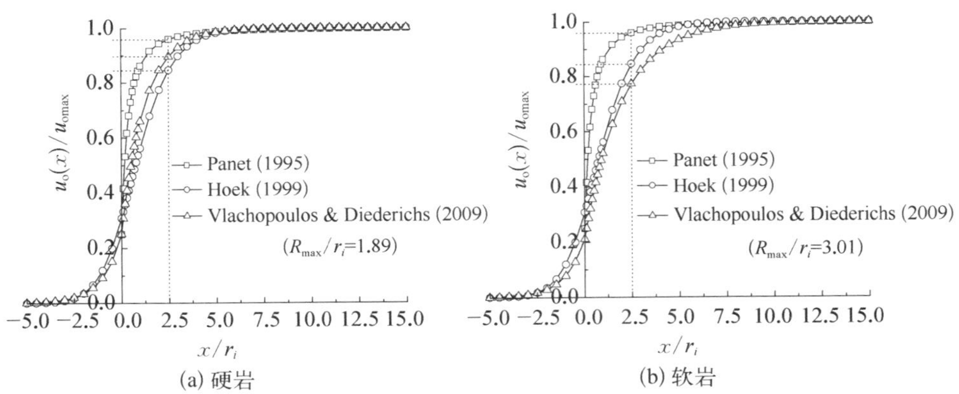

图 6-13 不同的位移释放系数

设支护在隧道开挖面后方 $x=2.5r_i$ 处施作，并可以立即发挥支撑作用，此时由图 6-13 得对应的位移释放系数 u^* 分别为 0.96(式(6-7))，0.85(式(6-11))，0.90(硬岩)和 0.77(软岩)。可见，不同的位移释放系数公式反映了支护施作时围岩已发生的不同变形情况，Panet(1995)式(6-7)所得位移释放系数最高，Hoek(1999)式(6-11)所得位移释放系数比 Vlachopoulos 和 Diederichs (2009)式(6-12)对应硬岩的位移释放系数低，而比软岩的位移释放系数高。

用位移释放系数 u^* 乘以无支护隧道的最大洞壁位移 u_{omax}，得到隧道前期变形 u_0，继而确定收敛约束法中支护特征曲线的起始点，如图 6-14 所示，也就是支护起始作用位置(图中支护特征曲线以黑色斜直线表示)，进而利用围岩特征曲线和支护特征曲线的交点(图中以实心符号表示，硬岩对应黑色方块，软岩对应黑色圆点)。两特征曲线交点的纵坐标对应支护压力，横坐标即为围岩稳定时的最终相对变形值(图中以交点的水平和竖向点画线与坐标轴的相交确定)。

由图 6-14 可以看出，不同的位移释放系数公式对应不同的支护作用起点，得到不同的支护压力和围岩稳定变形。Panet(1995)式(6-7)对应的支护作用起点最靠右，得到的支护压力最小，围岩稳定变形最大。对于硬岩，Hoek(1999)

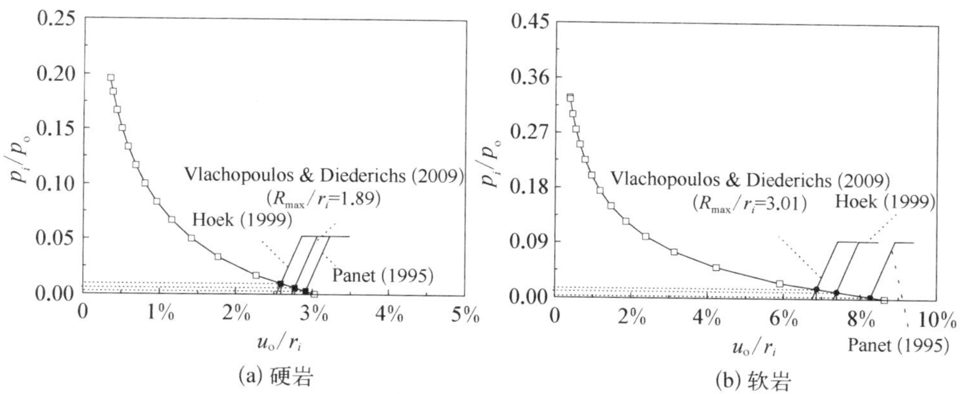

(a) 硬岩　　(b) 软岩

图 6-14　不同位移释放系数比较

式(6-11)对应的支护作用起点最靠左，得到的支护压力最大，围岩稳定变形最小；对于软岩，Hoek(1999)式(6-11)对应的支护作用起点居中，较 Vlachopoulos 和 Diederichs(2009)式(6-12)得到的支护压力要小。因此，使用 Panet(1995)位移释放系数式(6-7)会低估支护压力，造成支护设计偏危险。Hoek(1999)位移释放系数式(6-11)仅适用于相对半径 $R_{max}/r_i=2$ 的围岩，否则将会低估支护压力($R_{max}/r_i>2$)，或者高估支护压力($R_{max}/r_i<2$)，造成支护设计不合理。Vlachopoulos 和 Diederichs(2009)的位移释放系数式(6-12)以围岩塑性区最大半径 R_{max} 为基础，反映了围岩特性、地应力以及施工方法等影响，能较准确地确定支护压力和围岩稳定变形。

6.5.3　不同的支护施作距离

实际工程支护施作时，由于受施工机械和工作面大小等影响，常在开挖面后方不同距离处构筑相同支护。距开挖面不同的距离，对应不同的位移释放系数，得到的支护压力和围岩稳定变形也不同。现取距开挖面后方 $x=1.25r_i$ 和 $x=2.5r_i$ 两处，分别施作相同支护，得到的对应位移释放系数，如图 6-15 所示；对应的支护压力和围岩稳定变形，如图 6-16 所示。

由图 6-15 可以看出，距开挖面的距离越近，位移释放系数越小，隧道开挖面的空间效应越强。对应 $x=1.25r_i$、$x=2.5r_i$ 处的位移释放系数 u^* 分别为 0.72、0.90(硬岩)和 0.58、0.77(软岩)，即 $x=1.25r_i$ 处的位移释放系数 u^* 明显小于 $x=2.5r_i$ 处的。

由图 6-16 可以看出，支护压力随着距离 x 的增加明显减小，$x=2.5r_i$ 对

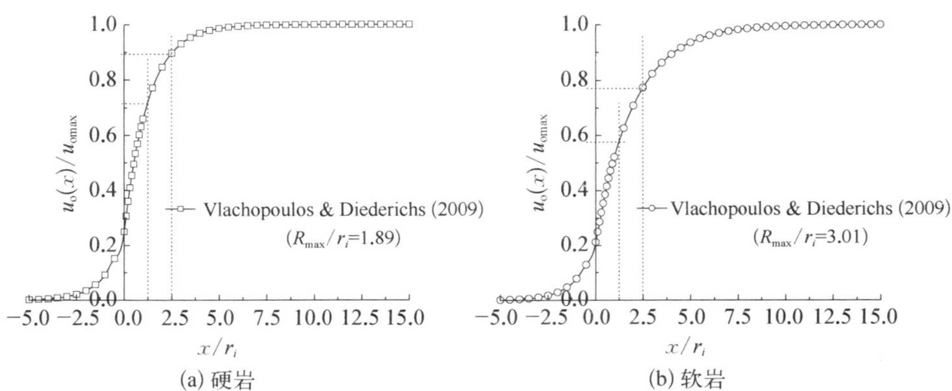

图 6-15 不同支护距离下的位移释放系数

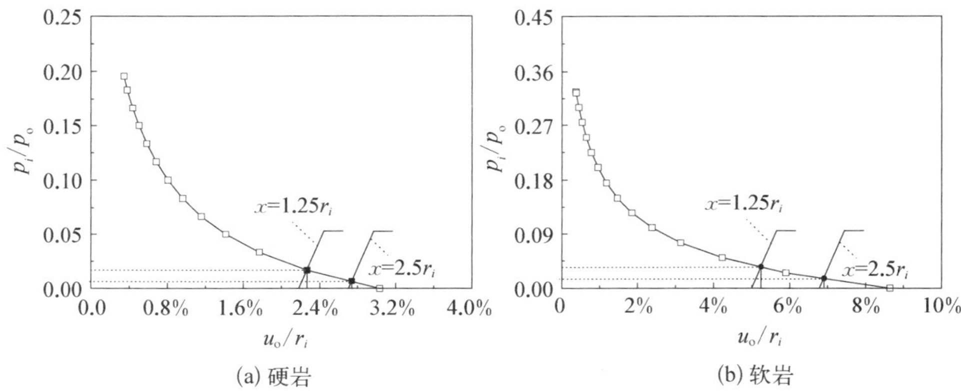

图 6-16 不同支护距离下的比较

应的支护压力不到$x=1.25r_i$时的1/2。由于支护结构承担了更多围岩压力，所以$x=1.25r_i$处的支护较$x=2.5r_i$的支护，对围岩变形起到了更好的限制作用。不宜将依据距开挖面较远处得到的支护压力而设计的支护结构随意前移，否则将难以保证支护结构的强度安全系数要求，甚至造成支护结构承载失效。应依据围岩特性，充分调动围岩的自承能力，合理地适时进行支护，既要保证支护结构的安全，又要保证围岩的变形在允许的范围内。

6.5.4 不同的支护起始位置方法

不同的支护起始确定方法，也会造成支护压力和围岩稳定变形的差异。常有2种不同的支护起始位置确定方法：一是利用隧道纵向变形曲线，即用某处的位

移释放系数 u^* 乘以对应的隧道最大洞壁位移 u_{omax}，得到隧道前期变形 u_0；二是直接给定隧道洞壁相对变形大小，如取定 $u_o/r_i = 3\%$ 作为支护起始作用点。

理想弹-塑性模型（Perfectly plastic）为弹-脆-塑性模型（Elastic-brittle-plastic）的特例，不考虑岩体峰后强度的下降，均采用峰值强度参数，即 $c_r = c_i$、$\varphi_r = \varphi_i$，进而由式（5－17）求得理想弹-塑性模型对应的围岩塑性区最大半径 R_{max} 分别为 $1.23r_i$（硬岩）和 $1.49r_i$（软岩）。图 6－17 给出了围岩为理想弹-塑性模型和弹-脆-塑性模型情况下，位移释放系数沿隧道的纵向分布。可以看出，材料模型对位移释放系数的影响显著，理想弹-塑性模型对应的位移释放系数高于弹-脆-塑性模型，即弹-脆-塑性模型的开挖面空间效应影响范围更大。对于硬岩，$x = 2.5r_i$ 处的位移释放系数 u^* 分别为 0.97（理想弹-塑性模型）和 0.90（弹-脆-塑性模型）；对于软岩，$x = 2.5r_i$ 处的位移释放系数 u^* 分别为 0.94（理想弹-塑性模型）和 0.77（弹-脆-塑性模型）。

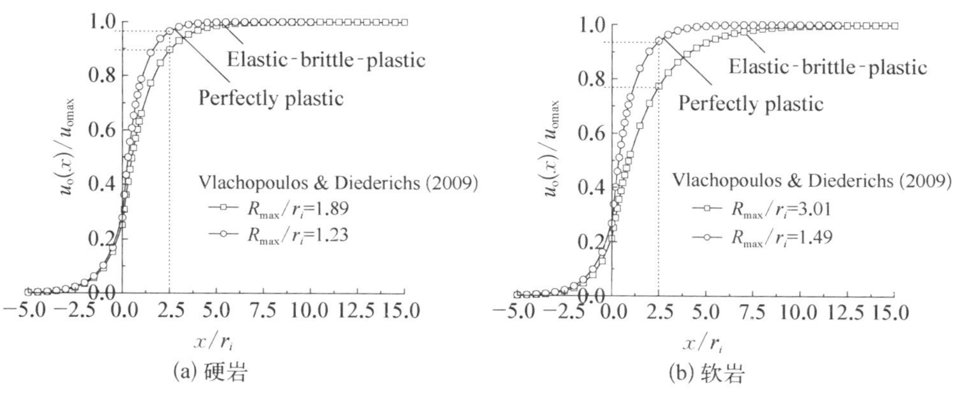

图 6－17　不同材料模型下的位移释放系数

图 6－18 给出了不同支护起始位置方法下，支护压力和围岩稳定变形的差异情况，包括理想弹-塑性模型和弹-脆-塑性模型。图中采用位移释放系数确定作用起点的支护特征曲线，用黑色细线表示；对于给定相对变形确定作用起点的支护特征曲线，用黑色粗线表示。

由图 6－18 可以看出，不同材料模型下的围岩特征曲线差异显著，弹-脆-塑性模型的隧道位移远大于理想弹-塑性模型。不同模型对应的支护起始点相距较远，围岩稳定变形也差异显著，但支护压力却几乎没有差异。以硬岩为例，弹-脆-塑性模型下围岩稳定变形是理想弹-塑性模型下围岩稳定变形的 3 倍还多，但二者的支护压力却相差无几。

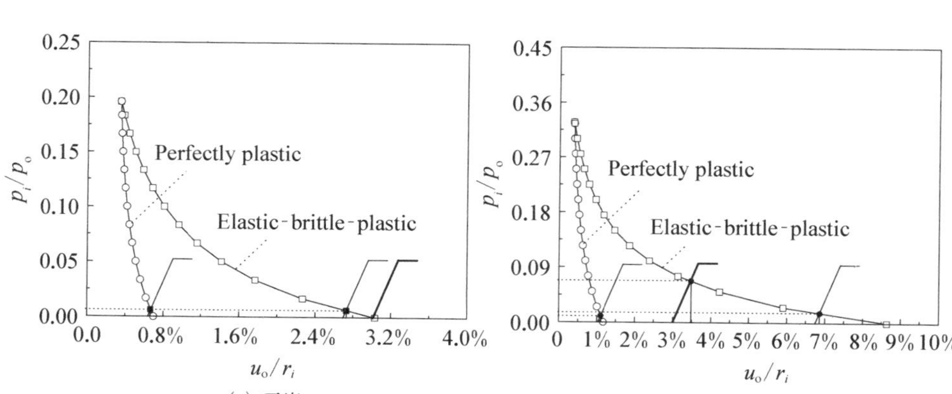

(a) 硬岩　　(b) 软岩

图 6-18　不同支护起始位置方法的比较

如果按给定洞壁相对变形（$u_o/r_i = 3\%$）进行收敛约束分析，将得到与按位移释放系数确定支护起点明显不同的结果。对于硬岩而言，不管是理想弹-塑性模型还是弹-脆-塑性模型，当 $u_o/r_i = 3\%$ 时，围岩变形已稳定，支护（图中黑色粗线表示）将不再分担围岩压力，仅作为安全储备；对于理想弹-塑性模型下的软岩，支护施作时围岩业已稳定，但对于弹-脆-塑性模型下的软岩，此时支护还需要承担较大的支护压力。不同的支护起始位置确定方法，将得到明显不同的支护压力和围岩稳定变形。对性质迥异的岩体，给定相同的洞壁相对变形作为支护作用起点，难以真正反映开挖面空间效应的机理，以此进行的支护设计不合理，没有做到适时动态支护。

6.5.5　与支护力系数法的对比

Thomas 和 Nedim(2009)[231]的支护力系数式(6-1)也可以用来确定支护作用起始位置，进而由特征曲线的交点确定支护压力和围岩稳定变形。但式(6-1)仅适用于理想弹-塑性围岩，并对内摩擦角 φ 和塑性区最大半径 R_{max} 都有适用范围。由表 5-2 知，硬岩的峰值内摩擦角 $\varphi_i = 45.8°$，不在式(6-1) 内摩擦角 $20° \leqslant \varphi \leqslant 40°$ 的适用范围内，所以此处只分析理想弹-塑性模型下软岩的支护压力和围岩稳定变形。

同时，由图 6-9 知，在开挖面后方一倍隧道半径内，支护力系数 $p_i^*(x)$ 迅速下降，两倍隧道半径外相差不大，故此处仅通过对 $x = 0.4r_i$ 处施作支护的情况，对比分析支护力系数法和位移释放系数法的收敛约束差异。对于理想弹-塑性模型下的软岩，由式(5-17)求得围岩塑性区最大半径 $R_{max} = 1.49r_i$。图

6－19 给出了对应的位移释放系数，对应 $x=0.4r_i$ 的位移释放系数 u^* 为 0.48，进而乘以隧道最大洞壁位移 u_{omax}，就可以确定支护作用起点，如图 6－20 所示，图中以黑色细线代表位移释放系数法的支护特征曲线，对应的特征曲线交点用黑色圆点表示。

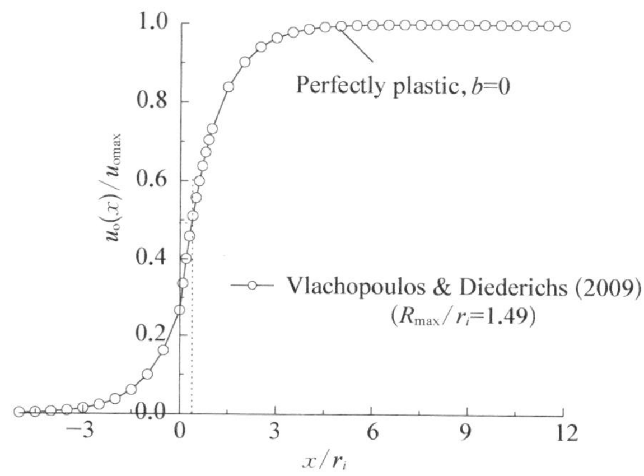

图 6－19　理想弹-塑性模型下软岩的位移释放系数

因软岩塑性区最大半径 $R_{max}=1.49r_i$，由式(6－2)可以求出塑性区相对深度 $\bar{\eta}$ 为 0.49，进而结合软岩的峰值内摩擦角 $\varphi_i=32.1°$，由 Thomas 和 Nedim (2009)的支护力系数式(6－1)，就可以求出对应 $x=0.4r_i$ 的支护力系数 $p_i^*=0.098$，继而按图 6－20 箭头所示方向就可以确定支护起始作用点，图中以黑色粗线代表支护力系数法的支护特征曲线，对应的特征曲线交点用黑色方块表示。

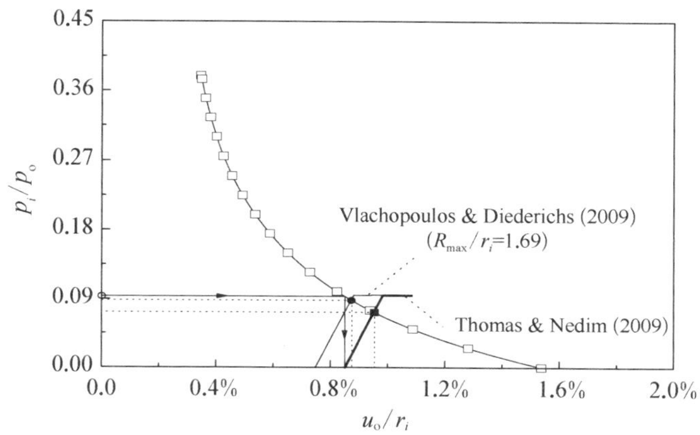

图 6－20　软岩支护压力的比较

由图 6-20 可以看出，支护力系数法和位移释放系数法确定的支护压力和围岩稳定变形存在一定的差异，但整体差异不大。相比位移释放系数法，支护力系数法对应的支护起始作用点更靠右，得到的支护压力偏小，围岩稳定变形偏大，这可能与支护力系数式(6-1)的来源有关。式(6-1)是通过三维弹塑性数值模拟得到隧道纵向变形后，再结合二维平面应变围岩位移公式，反算求得虚拟支护力，并对其进行公式拟合得到的，与实际利用隧道纵向变形曲线的位移释放系数法有所不同。相比来说，利用 Vlachopoulos 和 Diederichs(2009)的位移释放系数式(6-12)确定支护压力和围岩稳定变形更简洁、更合理，同时也更准确。

6.6 参数影响分析

针对 5.5 节所讨论的 5 种因素：中间主应力 σ_2 效应、围岩脆性软化、剪胀特性、塑性区半径相关的弹性模量，以及塑性区不同的弹性应变定义，此处主要探讨其对支护压力和围岩稳定变形的影响特性，为隧道支护的结构设计提供依据。

6.6.1 中间主应力的影响

不同的参数 b 对应岩石不同程度的中间主应力 σ_2 效应，$0 \leqslant b \leqslant 1$。同时，$b$ 也是统一强度理论的准则选择参数，$b=0$ 对应 Mohr-Coulomb 强度准则，$b=1$ 对应双剪应力强度理论，$0<b<1$ 为一系列有序的新的线性强度准则。由 5.5.1节知，参数 b 对围岩的塑性区范围影响显著，结合 Vlachopoulos 和 Diederichs(2009)的位移释放系数式(6-12)，给出了不同 b 值下的位移释放系数沿隧道纵向的分布，如图 6-21 所示。

由图 6-21 可以看出，参数 b 对隧道位移释放系数的影响显著，随着参数 b 的增大，塑性区半径 R_{max} 不断减小，位移释放系数不断增加，且影响的范围在逐渐减小。对于硬岩，由图 6-21(a)知隧道开挖面处的位移释放系数 u_0^* 范围为 0.24～0.26，约在开挖面后方 3 倍直径处，隧道开挖面的空间效应消失。与硬岩相比，由图 6-21(b)可以看出，软岩受参数 b 的影响更大，隧道开挖面处的位移释放系数 u_0^* 范围为 0.18～0.23。同时，软岩隧道开挖面的空间效应影响范围更大，约在开挖面后方 6 倍直径处，其开挖面的空间效应才消失。但在隧道开挖面前方，两种岩体不同 b 值间的位移释放系数差别均较小，都约在 2 倍隧道直径处趋于零位移释放。参数 $b=0$、0.5 和 1 时，$x=2.5r_i$ 处所对应的位移释放系数

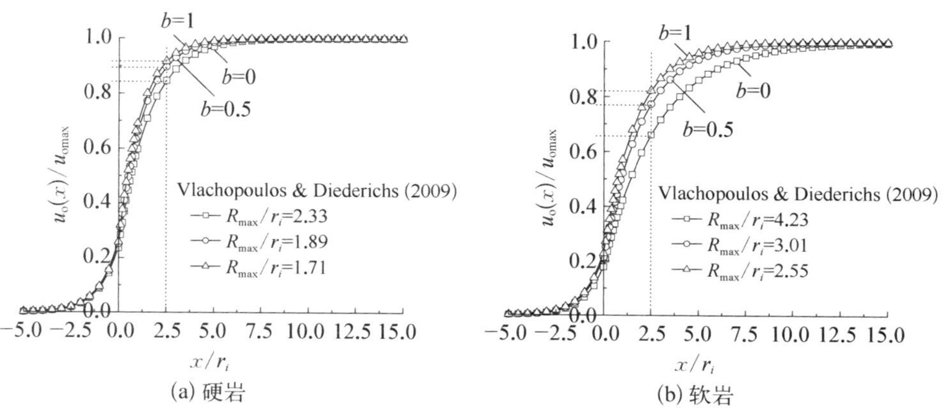

(a) 硬岩　(b) 软岩

图 6－21　中间主应力对位移释放系数的影响

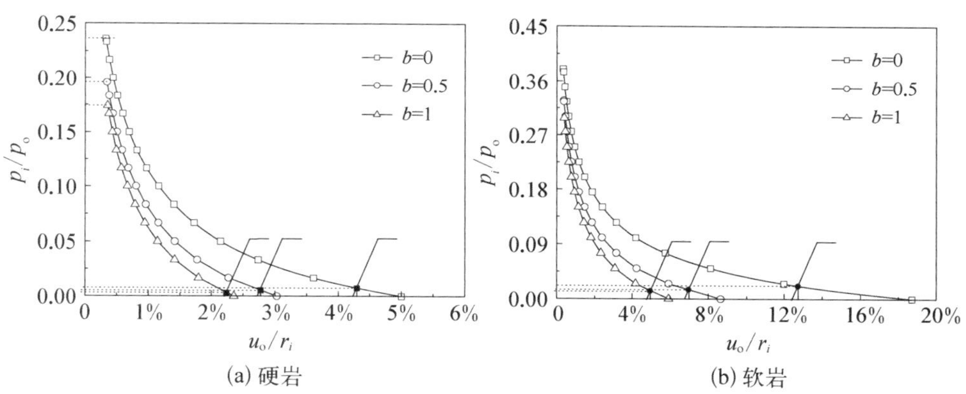

(a) 硬岩　(b) 软岩

图 6－22　中间主应力对收敛约束的影响

u^* 分别为 0.85、0.90 和 0.92(硬岩),以及 0.66、0.77 和 0.82(软岩)。

由本书 5.5.1 节知,参数 b 同样影响隧道最大洞壁位移 u_{omax} 和围岩特征曲线,只有将对应相同 b 值下的位移释放系数 u^* 和最大洞壁位移 u_{omax} 相乘,才能准确地确定相应的隧道前期变形 u_0,进而结合同一 b 值下的围岩特征曲线,就可以确定支护压力和围岩稳定变形,如图 6－22 所示。

由图 6－21 和图 6－22 可以看出,不同的参数 b 既对应不同的位移释放系数 u^*,又对应不同的最大洞壁位移 u_{omax},因而对应围岩特征曲线横坐标上不同的支护起始作用位置,并且参数 b 越大,支护起始作用位置越靠左。$b=0$ 对应 Mohr－Coulomb 强度准则计算的结果太保守,随着参数 b 的增大,支护压力逐渐下降,围岩稳定变形明显减小,最大可相差 2 倍多,相应的支护可以减弱或改用轻型支护。因此考虑中间主应力 σ_2 的影响,即隧道结构的强度理论效应,可以更加充分发挥围岩的强度潜能和自承载能力,能节约大量的工程费用,具有非常可观的经济效益。

6.6.2 脆性软化的影响

不考虑内摩擦角 φ_r 的变化,峰后粘聚力 c_r 分别取 3.2 MPa 和 6.4 MPa(硬岩)、0.95 MPa 和 1.90 MPa(软岩),由式(5-17)得围岩塑性区相对最大半径 $R_{max}/r_i = 2.46$ 和 1.89(硬岩)、4.93 和 3.01(软岩),进而结合 Vlachopoulos 和 Diederichs(2009)的位移释放系数式(6-12),给出了不同 c_r 值下的位移释放系数沿隧道纵向的分布,如图 6-23 所示。

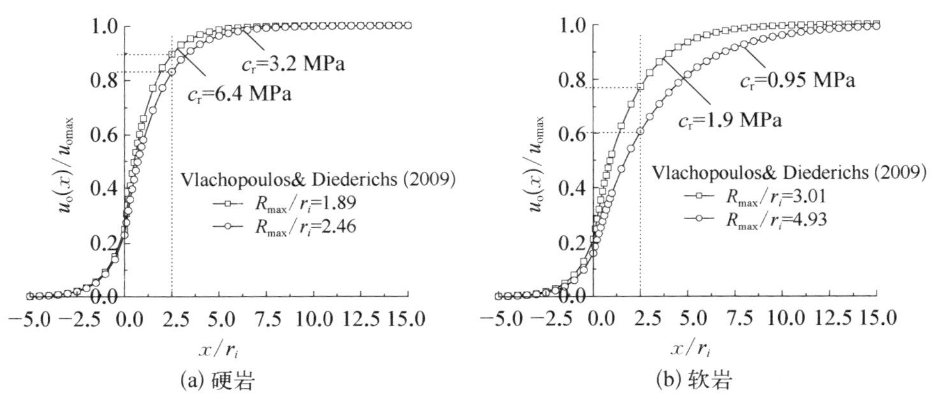

(a) 硬岩　　(b) 软岩

图 6-23 脆性软化对位移释放系数的影响

由图 6-23 可以看出,峰后粘聚力 c_r 对位移释放系数的影响显著,随着峰后粘聚力 c_r 的增大,围岩塑性区范围不断减小,位移释放系数不断升高,$x = 2.5r_i$ 处所对应的位移释放系数 u^* 分别为 0.83 和 0.90(硬岩),以及 0.61 和 0.77(软岩)。

不同的粘聚力 c_r 对应不同的围岩特征曲线和不同的最大洞壁位移 u_{omax},将相同 c_r 值下的位移释放系数 u^* 和最大洞壁位移 u_{omax} 相乘,即可确定相应的隧道前期变形 u_0,并结合同一 c_r 值下的围岩特征曲线,就可以确定支护压力和围岩稳定变形,如图 6-24 所示。可以看出,围岩脆性软化 c_r 值对支护压力和围岩稳定变形的影响规律和参数 b 的影响规律类似,即参数 c_r 值越大,支护起始作用位置越靠左,围岩稳定变形显著减小,但支护压力相差不大。

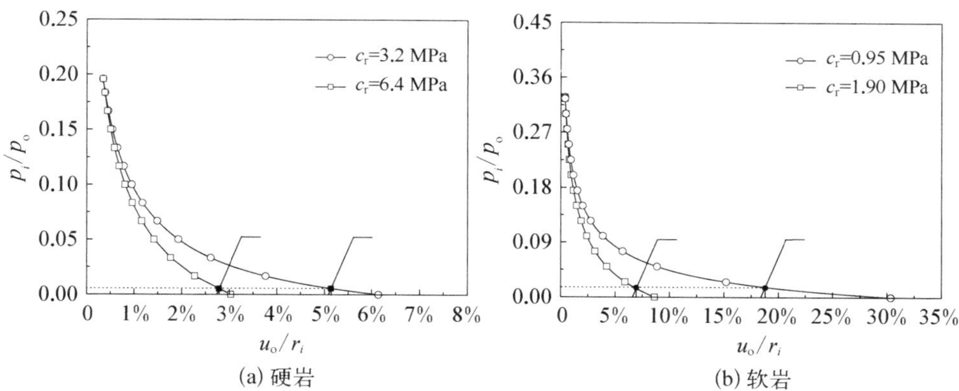

图 6-24　脆性软化对收敛约束的影响

6.6.3　剪胀特性的影响

由式(5-17)知，围岩塑性区最大半径 R_{max} 与剪胀特性、围岩塑性区的弹性模量和弹性应变无关，因此在以下的隧道纵向变形曲线分析中，位移释放系数大小及分布均与本书 6.6.1 节相同，即对应于图 6-21，即参数 $b=0$、0.5 和 1 时，$x=2.5r_i$ 处所对应的位移释放系数 u^* 仍分别为 0.85、0.90 和 0.92(硬岩)，以及 0.66、0.77 和 0.82(软岩)。

取 2 个剪胀特性参数 β 值：$\beta=1.0$(不考虑围岩剪胀) 和 $\beta=1.5$(考虑剪胀)，来分析参数 $b=0.5$ 时剪胀特性对收敛约束分析的影响，如图 6-25 所示。

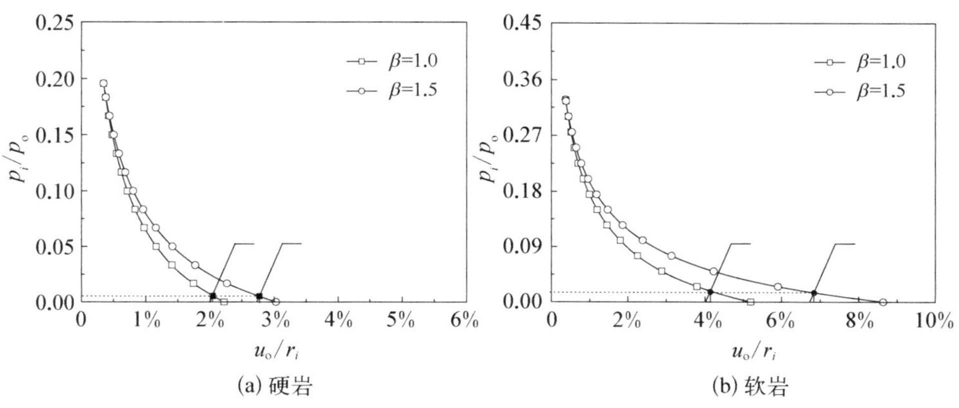

图 6-25　剪胀特性对收敛约束的影响

由图 6 - 25 可以看出，不同的剪胀特性对应不同的围岩特征曲线，即对应不同的最大洞壁位移 u_{omax}。不同的参数 β 虽具有相同的位移释放系数，但由于最大洞壁位移 u_{omax} 不同，故支护的起始作用位置也不相同。剪胀特性参数 β 越大，围岩特征曲线和支护起始作用位置越靠右，围岩稳定变形明显增大，在软岩中尤为显著，但支护压力却基本无变化。

6.6.4 塑性区弹性模量的影响

围岩塑性区的弹性模量具有渐进增大的特性，此处还是针对 3 种不同的弹性模量 $E(r)$ 处理方法，即方法 1 不区分围岩弹性区弹性模量和塑性区弹性模量之间的差异，即 $E_r = E_i = 42$ GPa(硬岩)，$E_r = E_i = 9$ GPa(软岩) 和 $n = 0$；方法 2 对围岩塑性区弹性模量采用一较小常数，即 $E_r = 10$ GPa、$E_i = 42$ GPa(硬岩)，$E_r = 5$ GPa、$E_i = 9$ GPa(软岩) 和 $n = 0$，不考虑其沿半径方向的渐进变化；方法 3 采用塑性区半径相关的弹性模量式(5 - 9)，即 $E_r = 10$ GPa、$E_i = 42$ GPa(硬岩)，$E_r = 5$ GPa、$E_i = 9$ GPa(软岩) 和 $n > 0$。

图 6 - 26 给出了 3 种不同塑性区弹性模量方法下，围岩收敛约束分析随参数 b 的变化，剪胀特性参数 $\beta = 1.5$。

由图 6 - 26 可以看出，考虑围岩塑性区弹性模量的变化，将得到较大的洞壁位移 u_o，特别是对硬岩而言，塑性区的弹性模量 E_r 还不到其初始弹性模量 E_i 的 1/4，得到的最大洞壁位移 u_{omax} 为不考虑弹性模量变化时的 1.9 倍，这是因为硬岩峰前强度高，进入塑性变形后，其弹性模量下降幅度较大。相比而言，软岩峰前和峰后的弹性模量变化相对较小，故由不同弹性模量关系而产生的围岩特征曲线间的差异不如硬岩那么显著。

方法 1 所对应的围岩特征曲线和支护起始作用位置最靠左，得到的围岩稳定变形最小，是下限；方法 2 所对应的围岩特征曲线和支护起始作用位置最靠右，得到的围岩稳定变形最大，是上限。塑性区采用半径相关的弹性模量，即方法 3 得到的围岩特征曲线处于方法 1 下限和方法 2 上限之间，真正体现了隧道开挖卸载受扰程度的不断减小，所对应的支护起始作用位置和围岩稳定变形也处于方法 1 下限和方法 2 上限之间，这在硬岩中尤为明显。不同弹性模量方法间的支护压力，却差异非常小。

另外，从图 6 - 26 还可以看出，不同参数 b 下，3 种方法所得到的围岩稳定变形间的差异明显不同。其差异程度随着参数 b 的增大而减小，参数 $b = 0$ 时相差最大，参数 $b = 1$ 时相差最小，参数 b 取其他值时，均处于二者之间的中间状态。

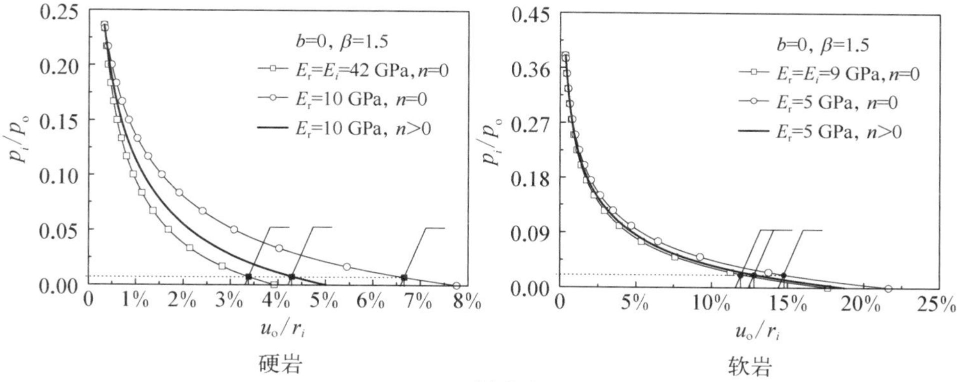

硬岩　　软岩

(a) b=0

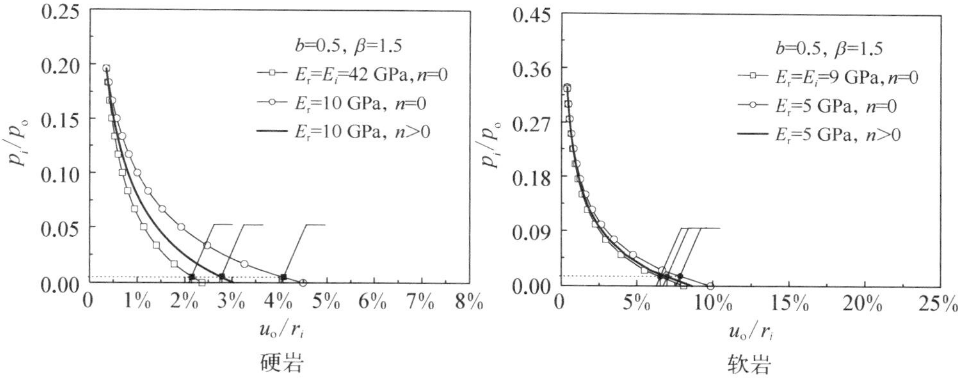

硬岩　　软岩

(b) b=0.5

硬岩　　软岩

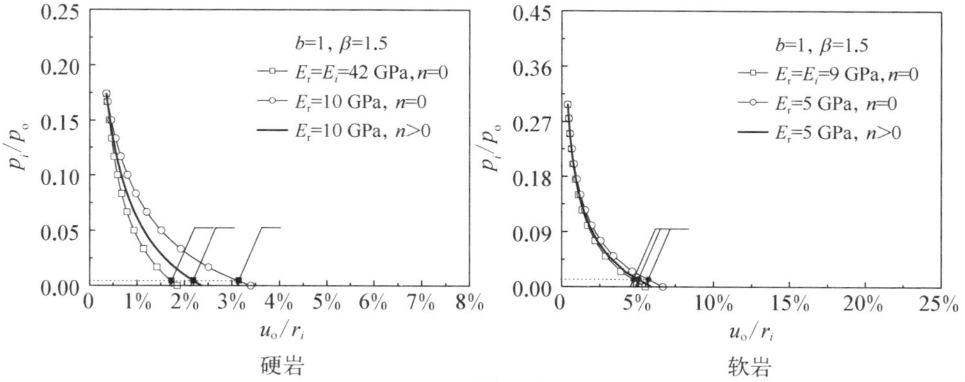

(c) b=1

图 6－26　塑性区弹性模量对收敛约束的影响

随着参数 b 的增大，支护压力不断减小。

6.6.5 塑性区弹性应变的影响

由本书5.5.5节知，围岩塑性区弹性应变第二定义 $f_2(r)$ 与第三定义 $f_3(r)$ 之间的差异很小，所以此处仅讨论第一定义 $f_1(r)$ 与第三定义 $f_3(r)$ 在收敛约束分析中的差异。图6-27给出了两种不同塑性区弹性应变定义下，围岩收敛约束分析随参数 b 的变化，剪胀特性参数 $\beta=1.5$。

从图6-27可以看出，不同参数 b 下，第一定义 $f_1(r)$ 得到的围岩特征曲线和支护起始作用位置都最靠左，对应的围岩稳定变形也最小，因此采用第一定义 $f_1(r)$ 低估了围岩稳定变形，设计偏不安全。

另外，不同参数 b 下，不同弹性应变定义所得到的围岩稳定变形间的差异明显不同。其差异程度亦随着参数 b 的增大而减小，参数 $b=0$ 和1是两个极端，参数 $0<b<1$ 时，均处于中间差异状态。与图6-26类似，随着参数 b 的增大，支护压力亦不断减小。

综合比较各因素的参数影响分析，可以看出：中间主应力对支护压力和围岩稳定变形都有影响，随着参数 b 的增大，支护压力和围岩稳定变形均不断减小，尤其是围岩稳定变形，这说明隧道结构的强度理论效应显著，考虑中间主应力可以更好地发挥围岩的强度潜能；其余4个因素对围岩稳定变形的影响都很显著，但对支护压力几乎没有影响，这与收敛约束法的支护起始作用位置确定方法有关，因此隧道支护设计不应仅依据支护压力，还要考虑对围岩变形的有效控制作用。

如果反过来以围岩稳定变形作为控制指标，则可以利用围岩特征曲线和支护特征曲线的交点(保证支护强度安全系数的条件下)，反推支护起始作用位置，再结合隧道纵向变形曲线，就可以最终确定支护距开挖面的施作距离 x。此时，围岩的稳定变形相同，支护压力和支护起始作用位置将相差较大。仅以剪胀特性影响下的软岩为例(图6-25(b))，如果以隧道围岩洞壁相对位移 $u_o/r_i=3\%$ 作为围岩稳定变形要求，则对应的收敛约束分析，如图6-28(a)所示。如果既要保证围岩的稳定变形相同，又要保证相同的支护起始作用位置，则要求支护的刚度不同，如图6-28(b)所示。

由图6-28(a)可以看出，在相同的围岩稳定变形和相同的支护刚度条件下，不同的剪胀特性参数 β 对应不同的支护起始作用位置和不同的支护压力。参数 β 越大，支护压力越大，支护起始作用位置越靠左。依据支护起始作用位置处的

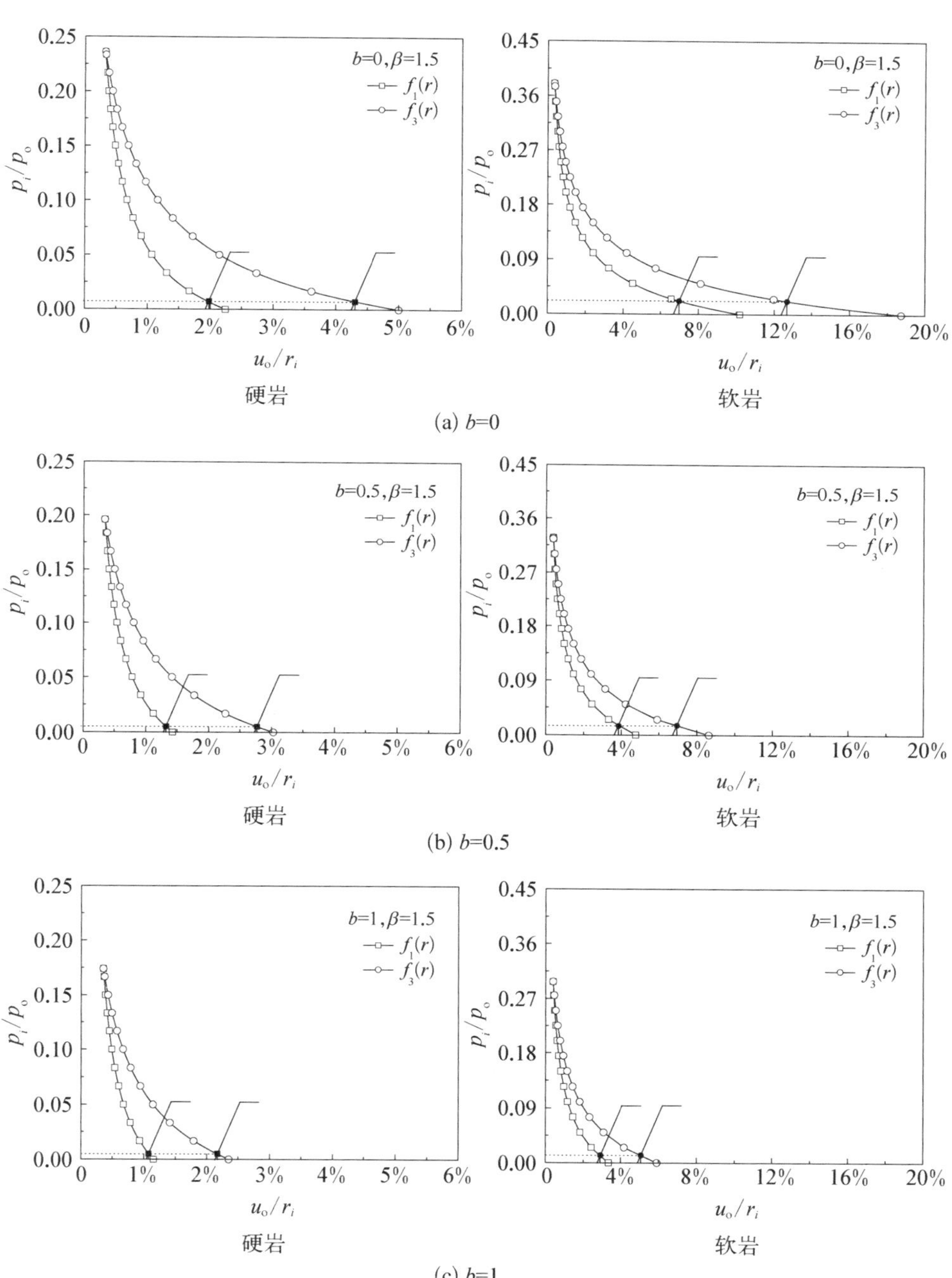

(a) b=0

(b) b=0.5

(c) b=1

图 6－27　塑性区弹性应变对收敛约束的影响

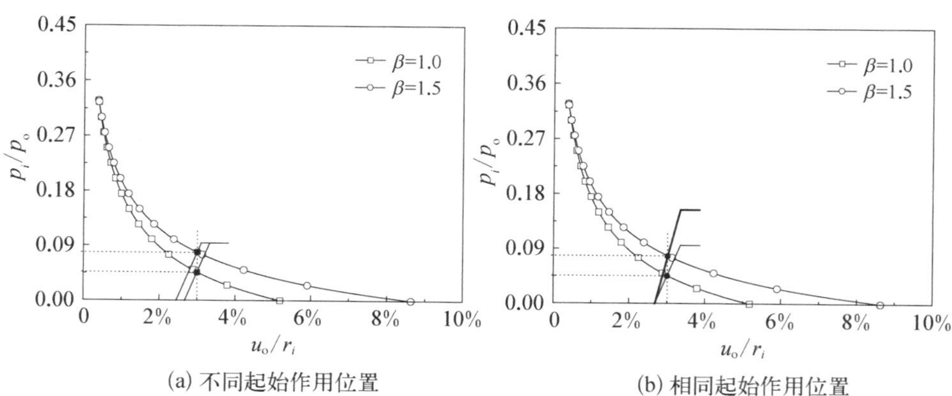

图 6-28　以限制围岩变形为目标的收敛约束分析

前期变形 u_0 与隧道洞壁最大位移 u_{omax} 的比值，再结合 Vlachopoulos 和 Diederichs(2009)的位移释放系数式(6-12)，就可以反算出不同参数 β 下的支护距离 x，则对应得出参数 β 越大，支护距开挖面的距离越小。由图 6-28(b)可以看出，要保证相同的围岩稳定变形和相同的支护起始作用位置，就要对应不同刚度的支护，产生不同的支护压力。参数 β 越大，支护刚度要求越高，产生的支护压力也越大。其他条件下各因素的影响规律均与此类似，重要的是需要首先明确支护设计的依据和目的。

6.7　本章小结

本章对深埋圆形隧道的开挖面空间效应机理进行分析，介绍了支护力系数公式和各种常见位移释放系数公式，分析比较其适用性及空间效应差异，结合代表性硬岩和软岩两种岩体，利用收敛约束法特征曲线的交点，对比研究因空间效应差异、不同支护起始位置方法等所造成的支护压力和围岩稳定变形的不同，最后探讨了各因素的影响特性，得到如下结论：

(1) 通过与其他位移释放系数、支护力系数、弹性数值模拟结果以及工程实测数据等比较，充分说明了 Vlachopoulos 和 Diederichs(2009)以围岩塑性区最大半径 R_{max} 为基础的位移释放系数式(6-12)的正确性和广泛适用性，对弹性围岩和各种弹塑性围岩均适用，可以考虑多种因素对隧道开挖面空间效应的影响，能较准确地确定支护压力和围岩稳定变形。

(2) 以 Panet(1995)式(6－7)为代表的弹性位移释放系数会低估支护压力，造成支护设计偏危险。以 Hoek(1999)式(6－11)为代表的塑性位移释放系数仅适用于相对半径 $R_{max}/r_i = 2$ 的隧道围岩，否则将会低估或者高估支护压力，造成支护设计得不合理。

(3) 支护力系数式(6－1)仅能反映理想弹-塑性围岩开挖面及其后方的空间效应，并且对围岩内摩擦角和塑性区最大半径都有要求，其受围岩塑性区半径的影响比受内摩擦角的影响显著，且在开挖面后方一倍隧道半径内急剧变化，对应得到的支护压力偏小，围岩稳定变形偏大。

(4) 不同的支护施作距离以及不同的支护起始位置方法，将得到明显不同的支护压力和围岩稳定变形。不宜将依据距开挖面较远处得到的支护压力而设计的支护结构随意前移构筑，应依据围岩特性，合理地适时进行支护。给定洞壁相对变形作为支护作用起点，不能反映性质迥异岩体的开挖面空间效应差异，以此进行的支护设计不合理。

(5) 中间主应力对位移释放系数、支护起始作用位置、支护压力和围岩稳定变形的影响显著。随着参数 b 的增大，位移释放系数不断增加，支护起始作用位置逐渐左移，使得支护压力和围岩稳定变形都不断减小，尤其是围岩稳定变形，相应的支护可以减弱或改用轻型支护，因此考虑中间主应力 σ_2 的影响，即隧道结构的强度理论效应，可以更好地发挥围岩的强度潜能，具有非常可观的经济效益。

(6) 脆性软化、剪胀特性、塑性区半径相关的弹性模量以及不同的塑性区弹性应变定义 4 个因素，对围岩稳定变形的影响都很显著，但对支护压力几乎没有影响，这与收敛约束法的支护起始作用位置确定方法有关。隧道支护设计应首先明确其依据和目的，不应仅依据支护压力，还要考虑对围岩变形的有效控制作用。

(7) 塑性区弹性模量变化和不同弹性应变定义的影响程度与中间主应力效应密切相关，一定程度上体现了多因素的相互共同影响。差异程度随着中间主应力效应的增加而减小，中间主应力效应最小时，差异程度最大；中间主应力效应最大时，差异程度最小；其他各种情况，均为二者之间的中间状态。

第7章 结论与展望

7.1 结　　论

本书在连续介质理论和工程应用的框架下，以统一强度理论为基础，对非饱和土强度理论及工程应用和隧道收敛约束法的应用改进进行了系统的研究，取得了一系列新的研究成果，并且可以充分发挥材料的强度潜能，在理论上、工程实践以及经济上都有重要的意义。

1. 对非饱和土强度理论及工程应用研究，得到如下结论：

(1) 将非饱和土抗剪强度公式分为4类，分析了其特点和不足，指出吸附强度表达式的不同导致了抗剪强度公式的多样性，并总结当前非饱和土真三轴试验研究的不足以及完整真三轴试验的研究内容。

(2) 利用双剪应力概念建立了复杂应力状态的非饱和土统一强度理论，它包括饱和土的统一强度理论和非饱和土的 Mohr - Coulomb 强度准则，而且还包括很多其他新的强度准则。其极限线覆盖了从内边界的 Mohr - Coulomb 强度准则 ($b=0$) 到外边界的双剪应力强度理论($b=1.0$) 之间的所有区域，可适用于各种不同特性的非饱和土。

(3) 非饱和土刚性和柔性真三轴仪的试验结果均验证了非饱和土统一强度理论的正确性，其较非饱和土 Mohr - Coulomb 强度准则更接近试验结果，且可以更加充分发挥非饱和土的强度潜能。外接圆 Drucker - Prager 准则不能反映非饱和土强度的应力 Lode 角 θ_σ 效应，且预测结果明显偏大。参数 $b=1/2$ 的非饱和土统一强度理论可看作是拓展的非线性 SMP 准则的线性逼近。

(4) 非饱和土平面应变抗剪强度统一解能合理地反映中间主应力效应，可以得到一系列新的非饱和土抗剪强度公式，饱和土抗剪强度统一解是其基质吸

力为零时的一个特例。拟合了高基质吸力的一个抗剪强度参数,并将吸附强度看作总粘聚力的组成部分,进而将非饱和土平面应变抗剪强度统一解应用于常见岩土结构的解析计算。

(5) 所得非饱和土主动及被动土压力、地基极限承载力和临界荷载的解析解具有广泛的理论意义,可根据实际工程具体情况,进行多种选择。基于 Mohr - Coulomb 强度准则的结果是解析解中参数 $b=0$ 时的特例,参数 b 取其他值可得到一系列新的解答;当基质吸力为零时,得到饱和土对应解;土体侧压力系数 $k_0=1$ 时,得到自重应力场如同静水压力时的地基临界荷载。经与主动土压力及地基极限承载力的试验结果比较,验证了对应解析解的正确性。

(6) 中间主应力对所得解析解的影响显著,随着中间主应力效应的增加,被动土压力、地基极限承载力和临界荷载均不断增加,主动土压力不断减小,这都说明了考虑中间主应力可以更好地发挥非饱和土自身的强度潜能,能更经济、安全地进行工程设计,降低工程造价。非饱和土超固结比对临界荷载的影响亦不容忽视。

(7) 基质吸力对所得解析解具有显著影响,应考虑基质吸力对非饱和土强度的增强作用,要设法保护土中的基质吸力,避免吸附强度的丧失;基质吸力沿深度线性减小时的影响不如沿深度为常数时那么显著,工程实践中应实测其大小和分布情况,以便更好地指导工程设计。

(8) 高基质吸力具有双重影响,取决于角 φ^b 减小的影响和基质吸力增大的效应之间的相对大小,可分为 3 种情况,所对应的解析解随着基质吸力的增大,或逐渐减小并最后趋于稳定,或略有增加,或大幅增加,这实际反映的是高基质吸力下非饱和土强度的非线性特性。

2. 对隧道收敛约束的应用改进研究,得到如下结论:

(1) 所得深埋圆形岩石隧道弹-脆-塑性应力和位移的解析新解是真正意义上的理论解析解,综合反映了 5 种因素的影响,是一系列有序有规律解的集合,能退化为众多已有解答,而且还包含很多其他新的解答,具有广泛的适用性和很好的可比性。经与统一弹-塑性有限元结果以及广义 Hoek - Brown 经验强度准则半解析解的比较,进一步验证了解析新解的正确性。

(2) 通过与其他位移释放系数、支护力系数、弹性数值模拟结果以及工程实测数据等比较,充分说明了 Vlachopoulos 和 Diederichs(2009)以围岩塑性区最大半径 R_{max} 为基础的位移释放系数式(6 - 12)的正确性和广泛适用性,并得出以 Panet(1995)式(6 - 7)为代表的弹性位移释放系数低估了支护压力,以 Hoek

(1999)式(6-11)为代表的塑性位移释放系数仅适用于相对半径 $R_{max}/r_i=2$ 的隧道围岩；由支护力系数式(6-1)得到的支护压力偏小，围岩稳定变形偏大。

(3) 不同的支护施作距离以及不同的支护起始位置方法，将得到明显不同的支护压力和围岩稳定变形。不宜将依据距开挖面较远处得到的支护压力而设计的支护结构随意前移，应依据围岩特性，合理地适时进行支护。给定洞壁相对变形作为支护作用起点，不能反映性质迥异岩体的开挖面空间效应差异，以此进行的支护设计不合理。

(4) 中间主应力对围岩临界支护力、塑性区范围、弹性模量变化、应力和位移分布、围岩特征曲线、位移释放系数、支护起始作用位置、支护压力和围岩稳定变形的影响都很显著，即隧道结构的强度理论效应显著。考虑岩石的中间主应力效应，可以更好地发挥围岩的强度潜能，所得围岩临界支护力、塑性区半径、支护压力和围岩稳定变形均不断减小，相应的支护可以减弱或改用轻型支护，具有非常可观的经济效益。

(5) 岩石脆性软化和剪胀特性对围岩变形和特征曲线具有显著影响。采用理想弹-塑性模型或不考虑围岩剪胀特性，将低估隧道塑性区范围和变形，设计偏危险。塑性区弹性应变应优先选用更合理和准确的第三定义，第一定义的误差较大，设计偏不安全。在应用岩体非线性强度准则时，可近似利用第二定义进行围岩特征曲线分析和支护压力确定。

(6) 不考虑围岩塑性区弹性模量的降低得到的位移最小，围岩特征曲线最靠左，是下限；设围岩塑性区弹性模量为一较小值得到的位移最大，围岩特征曲线最靠右，是上限。半径相关的围岩塑性区弹性模量考虑了应力重分布及爆破开挖损伤等影响，得到的围岩位移和特征曲线处于上、下限之间，体现了隧道开挖卸载受扰程度的距离渐进变化，能更接近隧道实际变形情况。

(7) 脆性软化、剪胀特性、塑性区半径相关的弹性模量以及不同的塑性区弹性应变定义 4 个因素，对围岩稳定变形的影响都很显著，但对支护压力几乎没有影响，这与收敛约束法的支护起始作用位置确定方法有关。隧道支护设计不应仅依据支护压力，还要考虑支护对围岩变形的有效控制作用。

(8) 塑性区弹性模量变化和不同弹性应变定义对围岩变形和特征曲线的影响程度与中间主应力效应和剪胀特性密切相关，体现了多因素的相互共同影响。差异程度随着中间主应力效应的增加而减小，随着剪胀特性的增大而增大。中间主应力效应最小、剪胀特性最大时，差异程度最大；中间主应力效应最大、剪胀特性最小时，差异程度最小；其他各种情况，均为二者之间的中间状态。

7.2 展望与建议

统一强度理论作为从单剪到双剪覆盖外凸极限面全域的强度理论，将其推广应用到某一新领域的研究时，其问题也是非常复杂的。通过本书在非饱和土强度理论及工程应用和隧道收敛约束法的应用改进方面的工作，虽取得一些阶段性的新成果，但尚有许多问题需进一步深化和探讨。

(1) 更多不同种类非饱和土的真三轴试验研究，特别是非饱和黏性土，试验内容应包括在应力 Lode 角 θ_σ 的整个 60°范围内，不同平均净主应力 σ_{oct}、不同基质吸力($u_a - u_w$) 下的强度特性。

(2) 将非饱和土统一强度理论拓展应用于降雨影响下的边坡、挡土墙以及地基等稳定性分析。加强基质吸力分布的现场实测，并建立其分布与地面覆盖条件、当地气候条件和非饱和土土体特性参数之间的关系，预测基质吸力的分布及变化对工程设计的影响。

(3) 浅埋或非轴对称条件的隧道收敛约束法应用研究，包括破碎岩体自重、复杂洞形、非静水应力或复杂地质条件等影响，还有隧道局部的三维空间效应分析，同时还需深入分析支护刚度对开挖面空间效应的影响。对深埋软岩工程，应考虑其长期流变特性和挤压性态的影响，拓展隧道设计的时空效应。富水条件下，地下水渗流对围岩强度特性以及支护设计的重要影响。

(4) 依托大型非饱和土或深埋岩石工程，结合室内材料或模型试验、现场实测数据和数值模拟等多种手段，全面多角度地检验本书所得解析解的正确性，并尽可能给出简易的工程实用设计方法。

参考文献

[1] 俞茂宏，Oda Y，盛谦，等. 统一强度理论的发展及其在土木水利等工程中的应用和经济意义[J]. 建筑科学与工程学报，2005，22(1)：24－41.

[2] 俞茂宏，魏雪英，李建春，等. 材料强度理论和结构强度理论研究[C]//钱学森技术科学思想与力学论文集，2001：398－403.

[3] 范文. 岩土工程结构强度理论研究[D]. 西安：西安交通大学，2003.

[4] 孙钧. 岩土材料流变及其工程应用[M]. 北京：中国建筑工业出版社，1999.

[5] 沈珠江. 理论土力学[M]. 北京：水利水电出版社，2001.

[6] 俞茂宏. 双剪理论及其应用[M]. 北京：科学出版社，1998.

[7] Fredlund D G，杨宁. 非饱和土的力学性能与工程应用[J]. 岩土工程学报，1991，13(5)：24－35.

[8] 包承纲. 非饱和土的性状及膨胀土边坡稳定问题[J]. 岩土工程学报，2006，28(1)：1－15.

[9] Fredlund D G，Rahardjo H. Soil mechnics for unsaturated soils[M]. New York：John Wiley and Sons，lnc.，1993.

[10] 卢肇钧，张惠明，陈建华，等. 非饱和土抗剪强度与膨胀压力[J]. 岩土工程程学报，1992，14(3)：1－8.

[11] 卢肇钧，吴肖茗，孙玉珍，等. 膨胀力在非饱和土强度理论中的作用[J]. 岩土工程学报，1997，19(5)：20－27.

[12] 包承纲，詹良通. 非饱和土性状及其与工程问题的联系[J]. 岩土工程学报，2006，28(2)：129－136.

[13] 黄书岭. 高应力下脆性岩石的力学模型与工程应用研究[D]. 武汉：中国科学院武汉岩土力学研究所，2008.

[14] 唐雄俊. 隧道收敛约束法的理论研究与应用[D]. 武汉：华中科技大学，2009.

[15] 薛守义. 论连续介质概念与岩体的连续介质模型[J]. 岩石力学与工程学报，1999，18(2)：230－232.

[16] 吉岭充俊，胡小荣，俞茂宏，等. 强度理论效应对岩土工程结构分析的影响[J]. 岩石力学与工程学报，2002，21(增 2)：2314－2317.

[17] Fredlund D G，Rahardjo H. 非饱和土土力学[M]. 陈仲颐，张在明，陈愈炯，等译. 北京：中国建筑工业出版社，1997.

[18] Bishop A W，Blight G E. Some aspects of effective stress in saturated and partly saturated soils[J]. Geotechique，1963，13(3)：177－197.

[19] Fredlund D C，Morgenstem N R，Widger R A. The shear strength of unsaturated soils [J]. Canadian Geotechnical Journal，1978，15(3)：313－321.

[20] Lamborn M J. A micromechanical approach to modeling partly saturated soils[D]. Texas A & M University，1986.

[21] Vanapalli S K，Fredlund D G，Pufahl D E，et al. Model for the prediction of shear strength with respect to soil suction[J]. Canadian Geotechnical Journal，1996，33(3)：379－392.

[22] Garven E A，Vanapalli S K. Evaluation of empirical procedures for predicting the shear strength of unsaturated soils[C]//Proceeding of the Fourth International Conference of Unsaturated Soil-Unsaturated Soil 2006，Carefree，2006：2570－2581.

[23] Oberg A L，Sallfors G. Determination of shear strength parameters of unsaturated silt and sands based on the water retention curve[J]. Geotechnical Testing Journal，1997，20(1)：40－48.

[24] Khalili N，Khabbaz M H. A unique relationship for χ for the determination of the shear strength of unsaturated soils[J]. Geotechnique，1998，48(5)：681－687.

[25] Bao C G，Gong B W，Zhan L T. Properties of unsaturated soils and slope stability of expansive soil[C]//Proceedings of the 2th International Conference on Unsaturated Soils，Beijing，China，1998，vol. 2：71－98.

[26] Hossain M A，Yin J H. Behavior of a compacted completely decomposed granite soil from suction controlled direct shear tests [J]. Journal of Geotechnical and Geoenvironmental Engineering，ASCE，2010，136(1)：189－198.

[27] Hossain M A，Yin J H. Shear strength and dilative characteristics of an unsaturated compacted completely decomposed granite soil[J]. Canadian Geotechnical Journal，2010，47(10)：1112－1126.

[28] Escario V，Juca J. Strength and deformation of partly saturated soils[C]//Proceedings of the 12th International Conference on Soil Mechanics and Foundation Engineering，Rio De Janeiro，Brazil，1989：43－46.

[29] Rohm S A，Vilar O M. Shear strength of an unsaturated sandy soil[C]//Proceedings of the 1st International Conference on Unsaturated Soils，Paris，France，1995，vol. 1：

189 - 193.

[30] 沈珠江. 当前非饱和土力学研究中的若干问题[C]//区域性土的岩土工程问题学术讨论会论文集,南京：原子能出版社,1996：1 - 9.

[31] Lee S J, Lee S R, Kim Y S. An approach to estimate unsaturated shear strength using artificial neural network and hyperbolic formulation[J]. Computers and Geotechnics, 2003, 30(6)：489 - 503.

[32] Jiang M J, Leroueil S, Konrad J M. Insight into shear strength functions of unsaturated granulates by DEM analyses[J]. Computers and Geotechnics, 2004, 31(6)：473 - 489.

[33] Vilar O M. A simplified procedure to estimate the shear strength envelope of unsaturated soils[J]. Canadian Geotechnical Journal, 2006, 43(10)：1088 - 1095.

[34] Miao L C, Yin Z Z, Liu S Y. Empirical function representing the shear strength of unsaturated soils[J]. Geotechnical Testing Journal, 2001, 24(2)：220 - 223.

[35] Rassam D W, Cook F. Predicting the shear strength envelope of unsaturated soils[J]. Geotechnical Testing Journal, 2002, 25(2)：215 - 220.

[36] Xu Y F. Fractal approach to unsaturated shear strength[J]. Journal of Geotechnical and Geoenvironmental Engineering, ASCE, 2004, 130(3)：264 - 273.

[37] 李培勇,杨庆. 非饱和土抗剪强度的非线性分析[J]. 大连交通大学学报,2009,30(1)：1 - 4.

[38] 党进谦,李靖. 非饱和黄土的强度特征[J]. 岩土工程学报,1997,19(2)：56 - 61.

[39] Tekinsoy M A, Kayadelan C, Keskin M S, et al. An equation for predicting shear strength envelope with respect to matric suction[J]. Computers and Geotechnics, 2004, 31(7)：589 - 593.

[40] Kayadelen C, Tekinsoy M A, Taskiran T. Influence of matric suction on shear strength behavior of a residual clayey soil[J]. Environmental Geology, 2007, 53(4)：891 - 901.

[41] 马少坤,黄茂松,扈萍,等. 吸力强度修正对数模型在地基承载力中的应用[J]. 岩土力学,2010,31(6)：1853 - 1858.

[42] Rassam D W, Williams D J. A relationship describing the shear strength of unsaturated soils[J]. Canadian Geotechnical Journal, 1999, 36(2)：363 - 368.

[43] Lee I M, Sung S G, Cho G C. Effect of stress state on the unsaturated shear strength of a weathered granit[J]. Canadian Geotechnical Journal, 2005, 42(2)：624 - 631.

[44] Houston S L, Perez-Garcia N, Houston W N. Shear strength and shear-induced volume change behavior of unsaturated soils from a triaxial test program[J]. Journal of Geotechnical and Geoenvironmental Engineering, ASCE, 2008, 134(11)：1619 - 1632.

[45] Zhou A N, Sheng D C. Yield stress, volume change, and shear strength behaviour of unsaturated soils: validation of the SFG model[J]. Canadian Geotechnical Journal, 2009, 46(9): 1034 - 1045.

[46] 缪林昌,仲晓晨,殷宗泽.膨胀土的强度与含水量的关系[J].岩土力学,1999,20(2):71 - 75.

[47] 杨和平,张锐.非饱和膨胀土总应力强度的确定方法及其应用[J].长沙理工大学学报(自然科学版),2004,1(2):1 - 6.

[48] 杨和平,张锐,郑健龙.非饱和膨胀土总强度指标随饱和度变化规律[J].土木工程学报,2006,39(4):58 - 62.

[49] 凌华,殷宗泽.非饱和土强度随含水量的变化[J].岩石力学与工程学报,2007,26(7):1499 - 1503.

[50] 马少坤,黄茂松,范秋雁.基于饱和土总应力强度指标的非饱和土强度理论及其应用[J].岩石力学与工程学报,2009,28(3):636 - 640.

[51] 肖治宇,陈昌富,杨剑祥.非饱和残坡积土强度随含水量变化试验研究[J].湖南大学学报(自然科学版),2010,37(10):20 - 24.

[52] 罗军,王桂尧,匡波.含水量对粉土强度影响的试验研究[J].路基工程,2010,(1):116 - 117.

[53] 边佳敏,王保田.含水量对非饱和土抗剪强度影响研究[J].人民黄河,2010,32(11):124 - 125.

[54] 王中文,洪宝宁,刘鑫,等.红黏土抗剪强度的水敏性研究[J].四川大学学报(工程科学版),2011,43(1):17 - 22.

[55] 沈珠江.非饱和土力学实用化之路探索[J].岩土工程学报,2006,28(2):256 - 259.

[56] 陈铁林,陈生水,章为民,等.折减吸力在非饱和土土压力和膨胀量计算中的应用[J].岩石力学与工程学报,2008,27(增2):3341 - 3348.

[57] 胡再强,刘兰兰,李宏儒,等.非饱和黄土等效吸力的研究[J].岩石力学与工程学报,2010,29(9):1901 - 1906.

[58] 汤连生.从粒间吸力特性再认识非饱和土抗剪强度理论[J].岩土工程学报,2001,23(4):412 - 417.

[59] Matsuoka H, Sun D A, Kogane A, et al. Stress-strain behaviour of unsaturated soil in true triaxial tests[J]. Canadian Geotechnical Journal, 2002, 39(3): 608 - 619.

[60] Macari E J, Hoyos L R. Mechanical behavior of an unsaturated soil under multi-axial stress states[J]. Geotechnical Testing Journal, 2001, 24(1): 14 - 22.

[61] Hoyos L R, Macari E J. Development of a stress/suction-controlled true triaxial testing device for unsaturated soils[J]. Geotechnical Testing Journal, 2001, 24(1): 5 - 13.

[62] Hoyos L R, Laloui L, Vassallo R. Mechanical testing in unsaturated soils[J]. Geotechnical and Geological Engineering, 2008, 26(6): 675 - 689.

[63] Hoyos L R, Laikram A, Puppala A J. A novel true triaxial apparatus for testing unsaturated soils under suction-controlled multi-axial stress states[C]//Proceedings of the 16th International Conference on Soil Mechanics and Geotechnical Engineering, Osaka, Japan, 2005: 387 - 390.

[64] Hoyos L R, Perez-Ruiz D D, Puppala A J. Modeling unsaturated soil behavior under multiaxial stress paths using a refined suction-controlled cubical test cell[C]// Proceedings of GeoShanghai 2010 International Conference-Experimental and Applied Modeling of Unsaturated Soils (GSP 202), Shanghai, China, 2010: 40 - 47.

[65] Escario V, Saez J. The shear strength of partly saturated soils[J]. Geotechnique, 1986, 36(3): 453 - 456.

[66] Gan K J, Frelund D G. Multistage direct Shear testing of unsaturated soils[J]. Geotechnical Testing Journal, 1988, 11(2): 132 - 138.

[67] Fredlund D G. Unsaturated soil mechanics in engineering practice[J]. Journal of Geotechnical and Geoenvironmental Engineering, ASCE, 2006, 132(3): 286 - 321.

[68] Hobbs D W. The strength of coal under biaxial compression[J]. Colliery Engineering, 1962, 39: 285 - 290.

[69] Murrell S A F. The effect of triaxial stress systems on the strength of rocks at atmospheric temperatures[J]. Geophysical Journal of the Royal Astronomical Society, 1965, 10(3): 231 - 281.

[70] Handin J, Heard H C, Magouirk J N. Effect of the intermediate principal stress on the failure of limestone, dolomite, and glass at different temperature and strain rate[J]. Journal of Geophysics Research, 1967, 72(2): 611 - 640.

[71] Hoskins E R. The failure of thick-walled hollow cylinders of isotropic rock[J]. International Journal of Rock Mechanics and Mining Sciences & Geomechanics Abstracts, 1969, 6(1): 99 - 116.

[72] Mogi K. Effect of the intermediate principal stress on rock failure[J]. Journal of Geophysics Research, 1967, 72(20): 5117 - 5131.

[73] Mogi K. Effect of the triaxial stress system on the failure of dolomite and limestone [J]. Tectonophysics, 1971, 11(11): 111 - 127.

[74] Mogi K. Fracture and flow of rocks under high triaxial compression[J]. Journal of Geophysics Research, 1971, 76(5): 1255 - 1269.

[75] Mogi K. Fracture and flow of rocks[J]. Tectonophysics, 1972, 13(1 - 4): 541 - 568.

[76] Mogi K. Flow and fracture of rocks under general triaxial compression[J]. Applied

Mathematic and Mechanics (English Edition), 1981, 2(6): 635 - 651.

[77] Mechelis P. Polyaxial yielding of granular rock[J]. Journal of Engineering Mechanics, ASCE, 1985, 111(8): 1049 - 1066.

[78] Mechelis P. True triaxial cyclic behavior of concrete and rock in compression[J]. International Journal of Plasticity, 1987, 3(3): 249 - 270.

[79] Takahashi M, Koide H. Effect of the intermediate principal stress on strength and deformation behavior of sedimentary rocks at the depth shallower than 2000 m[C]. Proceedings of Rock at Great Depth, Rotterdam, Balkema, 1989, vol. 1: 19 - 26.

[80] Haimson B C, Chang C. A new true triaxial cell for testing mechanical properties of rock, and its use to determine rock strength and deformability of westerly granite[J]. International Journal of Rock Mechanics and Mining Sciences, 2000, 37(1 - 2): 285 - 296.

[81] Chang C, Haimson B C. True triaxial strength and deformability of the KTB deep hole amphibolite[J]. Journal of Geophysical Research, 2000, 105(B8): 18999 - 19013.

[82] Haimson B C, Chang C. True triaxial strength of KTB amphibolite under borehole wall conditions and its use to estimate the maximum horizontal in-situ stress[J]. Journal of Geophysical Research, 2002, 107(B10): 2257 - 2271.

[83] Chang C, Haimson B C. Non-dilatant deformation and failure mechanism in two long valley caldera rocks under true triaxial compression[J]. International Journal of Rock Mechanics and Mining Sciences, 2005, 42(3): 402 - 414.

[84] Haimson B C. True triaxial stresses and the brittle fracture of rock[J]. Pure and Applied Geophysics, 2006, 163(5 - 6): 1101 - 1130.

[85] Oku H, Haimson B C, Song S R. True triaxial strength and deformability of the siltstone overlying the Chelungpu fault (Chi-Chi earthquake), Taiwan[J]. Geophysical Research Letters, 2007, 34(L09306): 1 - 5.

[86] Haimson B C, Rudnicki J W. The effect of the intermediate principal stress on fault formation and fault angle in siltstone[J]. Journal of Structural Geology, 2010, 32(11): 1701 - 1711.

[87] Haimson B C. Consistent trends in the true triaxial strength and deformability of cores extracted from ICDP deep scientific holes on three continents[J]. Tectonophysics, 2011, 503(1 - 2): 45 - 51.

[88] 张金铸,林天健. 三轴试验中岩石的应力状态和破坏性质[J]. 力学学报,1979,2(2): 99 - 108.

[89] 许东俊. 高孔隙性软弱砂岩在一般三轴应力状态下的力学特性[J]. 岩土力学,1982,3(1): 13 - 25.

[90] 许东俊,耿乃光. 岩石强度随中间主应力变化规律[J]. 固体力学学报,1985,6(1): 72-80.

[91] 尹光志,李贺,鲜学福,等. 工程应力变化对岩石强度特性影响的试验研究[J]. 岩土工程学报,1987,9(2): 20-28.

[92] 许东俊,耿乃光. 中等主应力变化引起的岩石破坏与地震[J]. 地震学报,1984,6(2): 159-166.

[93] 耿乃光,许东俊. 最小主应力减小引起岩石破坏时中间主应力的影响[J]. 地球物理学报,1985,28(2): 191-197.

[94] 耿乃光. 应力减小引起地震[J]. 地震学报,1985,7(4): 445-451.

[95] 李小春,许东俊. 双剪应力强度理论的实验验证-拉西瓦花岗岩强度特性真三轴试验研究[R]. 中国科学院岩土力学研究所,岩土(90)报告 52 号,1990.

[96] 陶振宇,高廷法. 红砂岩真三轴压力试验与岩石强度极限统计[J]. 武汉水利电力大学学报,1993,26(4): 300-305.

[97] 高廷法,陶振宇. 岩石强度准则的真三轴压力试验检验与分析[J]. 岩土工程学报,1993,15(4): 26-32.

[98] 明治清,沈俊,顾金才. 拉-压真三轴仪的研制及其应用[J]. 防护工程,1994,(3): 1-9.

[99] 陈景涛,冯夏庭. 高地应力下岩石的真三轴试验研究[J]. 岩石力学与工程学报,2006,25(8): 1537-1543.

[100] 向天兵,冯夏庭,陈炳瑞,等. 开挖与支护应力路径下硬岩破坏过程的真三轴与声发射试验研究[J]. 岩土力学,2008,29(增): 500-506.

[101] 向天兵,冯夏庭,陈炳瑞,等. 三向应力状态下单结构面岩石试样破坏机制与真三轴试验研究[J]. 岩土力学,2009,30(10): 2908-2916.

[102] 杨继华,刘汉东. 中间主应力对岩体力学特性影响的试验研究[J]. 华北水利水电学院学报,2007,28(3): 66-68.

[103] 刘汉东,曹杰. 中间主应力对岩体力学特性影响的试验研究[J]. 人民黄河,2008,30(1): 59-60.

[104] Tiwari R P, Rao K S. Physical modeling of a rock mass under a true-triaxial stress state[J]. International Journal of Rock Mechanics and Mining Sciences, 2004, 41(Supplement 1): 396-401.

[105] Tiwari R P, Rao K S. Response of an anisotropic rock mass under polyaxial stress state[J]. Journal of Materials in Civil Engineering, ASCE, 2007, 19(5): 393-403.

[106] 连升志,张金铸. 真三轴应力条件下圆形巷道的破坏准则[J]. 长沙矿山研究院季刊,1982,2(2): 47-52.

[107] 张强勇,李术才,尤春安,等. 新型组合式三维地质力学模型试验台架装置的研制及应用[J]. 岩石力学与工程学报,2007,26(1): 143-148.

[108] 朱维申，李勇，张磊，等. 高地应力条件下洞群稳定性的地质力学模型试验研究[J]. 岩石力学与工程学报，2008，27(7)：1308 - 1314.

[109] 朱维申，张乾兵，李勇，等. 真三轴荷载条件下大型地质力学模型试验系统的研制及其应用[J]. 岩石力学与工程学报，2010，29(1)：1 - 7.

[110] 陈安敏，顾金才，沈俊，等. 地质力学模型试验技术应用研究[J]. 岩石力学与工程学报，2004，23(22)：3785 - 3789.

[111] 孙晓明，何满潮，刘成禹，等. 真三轴软岩非线性力学试验系统研制[J]. 岩石力学与工程学报，2005，24(16)：2870 - 2874.

[112] 姜耀东，刘文岗，赵毅鑫. 一种新型真三轴巷道模型试验台的研制[J]. 岩石力学与工程学报，2004，23(21)：3727 - 3731.

[113] 俞茂宏. 双剪应力强度理论研究[M]. 西安：西安交通大学出版社，1988.

[114] 沈珠江. 关于破坏准则和屈服函数的总结[J]. 岩土工程学报，1995，17(1)：1 - 8.

[115] 俞茂宏，刘继明，Oda Y，等. 论岩土材料屈服准则的基本特性和创新[J]. 岩石力学与工程学报，2007，26(9)：1745 - 1757.

[116] Hoek E, Brown E T. Empirical strength criterion for rock masses[J]. Journal of Geotechnical Engineering, ASCE, 1980, 106(9): 1013 - 1035.

[117] Hoek E, Brown E T. Practical estimates of rock mass strength[J]. International Journal of Rock Mechanics and Mining Sciences, 1997, 34(8): 1165 - 1186.

[118] Hoek E, Carranza-Torres C, Corkum B. Hoek - Brown failure criterion - 2002 edition [C]. Proceedings of the North American Rock Mechanics Symposium, Toronto, 2002: 1267 - 1273.

[119] Pan X D, Hudson J A. A simplified three dimensional Hoek - Brown yield criterion [C]. Rock Mechanics and Power Plants, ISRM Symposium, Balkema, Netherlands, 1988: 95 - 103.

[120] 昝月稳，俞茂宏，王思敬. 岩石的非线性统一强度准则[J]. 岩石力学与工程学报，2002，21(10)：1435 - 1441.

[121] Yu M H, Zan Y W, Zhao J, et al. A unified strength criterion for rock material[J]. International Journal of Rock Mechanics and Mining Sciences, 2002, 39(8): 975 - 989.

[122] Zhang L Y, Zhu H H. Three-dimensional Hoek - Brown strength criterion for rocks [J]. Journal of Geotechnical and Geoenvironmental Engineering, ASCE, 2007, 133 (9): 1128 - 1135.

[123] Zhang L Y. A generalized three-dimensional Hoek - Brown strength criterion[J]. Rock Mechanics and Rock Engineering, 2008, 41(6): 893 - 915.

[124] Al-Ajmi A M, Zimmerman R W. Relation between the Mogi and the Coulomb failure

criteria[J]. International Journal of Rock Mechanics and Mining Sciences, 2005, 42(3): 431 - 439.

[125] Al-Ajmi A M, Zimmerman R W. Stability analysis of vertical boreholes using the Mogi-Coulomb failure criterion[J]. International Journal of Rock Mechanics and Mining Sciences, 2006, 43(8): 1200 - 1211.

[126] Wiebols G, Cook N. An energy criterion for the strength of rock in polyaxial compression[J]. International Journal of Rock Mechanics and Mining Sciences & Geomechanics Abstracts, 1968, 5(6): 529 - 549.

[127] Costamagna R, Bruhns O T. A four-parameter criterion for failure of geomaterials [J]. Engineering Structures, 2007, 29(3): 461 - 468.

[128] Mortara G. A new yield and failure criterion for geomaterials[J]. Geotechnique, 2008, 58(2): 125 - 132.

[129] 姚仰平,路德春,周安楠,等.广义非线性强度理论及其变换应力空间[J].中国科学(E辑),2004,34(11): 1283 - 1299.

[130] 胡小荣,俞茂宏.岩土类介质强度准则新探[J].岩石力学与工程学报,2004,23(18): 3037 - 3043.

[131] 周凤玺,李世荣.广义 Drucker - Prager 强度准则[J].岩土力学,2008,29(3): 747 - 751.

[132] 尤明庆.岩石指数型强度准则在主应力空间的特征[J].岩石力学与工程学报,2009,28(8): 1541 - 1551.

[133] You M Q. True-triaxial strength criteria of rock[J]. International Journal of Rock Mechanics and Mining Sciences, 2009, 46(1): 115 - 127.

[134] 肖杨,刘汉龙,朱俊高.一种散粒体材料破坏准则研究[J].岩土工程学报,2010,32(4): 586 - 591.

[135] Colmenares L B, Zoback M D. A statistical evaluation of intact rock failure criteria constrained by polyaxial test data for five different rocks[J]. International Journal of Rock Mechanics and Mining Sciences, 2002, 39(6): 695 - 729.

[136] 俞茂宏.岩土类材料的统一强度理论及其应用[J].岩土工程学报,1994,16(2): 1 - 10.

[137] 俞茂宏,杨松岩,刘春阳,等.统一平面应变滑移线场理论[J].土木工程学报,1997,30(2): 14 - 26.

[138] Yu M H, Yang S Y, Fan S C, et al. Unified elasto-platic associated and non-associated constitutive model and its engineering applications[J]. Computers and Structures, 1999, 71(6): 627 - 636.

[139] Yu M H. Advances in strength theories for materials under complex stress state in

the 20th Century[J]. Applied Mechanics Reviews, ASME, 2002, 55(3): 169 - 218.

[140] Yu M H. Unified strength theory and its applications[M]. Berlin, Heidelberg, New York: Springer, 2004.

[141] 俞茂宏.线性和非线性的统一强度理论[J].岩石力学与工程学报,2007,26(4):662 - 669.

[142] 章道义.周培源——中国科教界一颗明亮的星[N].科技日报,2002 - 08 - 28(4).

[143] 赵旭峰.挤压性围岩隧道施工时空效应及其大变形控制研究[博士学位论文].上海:同济大学,2007.

[144] Oreste P P, Peila D. Modelling progressive hardening of shotcrete in convergence-confinement approach to tunnel design[J]. Tunnelling and Underground Space Technology, 1997, 12(3): 425 - 431.

[145] Oreste P P. A procedure for determining the reaction curve of shotcrete lining considering transient conditions[J]. Rock Mechanics and Rock Engineering, 2003, 36(3): 209 - 236.

[146] Grazuani A, Boldini D, Ribacchi R. Practical estimate of deformations and stress relief factors for deep tunnels supported by shotcrete[J]. Rock Mechanics and Rock Engineering, 2005, 38(5): 345 - 372.

[147] Hobbs D W. A study of the behavior of broken rock under triaxial compression, and its application to mine roadways[J]. International Journal of Rock Mechanics and Mining Sciences & Geomechanics Abstracts, 1966, 3(1): 11 - 43.

[148] Lombardi G. Influence of rock characteristics on the stability of rock cavities[J]. Tunnels and Tunnelling, 1970, 2(1): 19 - 22.

[149] Lombardi G. Some comments on the convergence-confinement method [J]. Underground Space, 1980, 4(4): 249 - 258.

[150] Kennedy T C, Lindberg H E. Tunnel closure for nonlinear Mohr - Coulomb functions [J]. Journal of the Engineering Mechanics Division, ASCE, 1978, 104(EM6): 1313 - 1326.

[151] Egger P. Deformations at the face of the heading and determination of the cohesion of the rock mass[J]. Underground Space, 1980, 4(5): 313 - 318.

[152] Egger P. Design and construction aspects of deep tunnels (with particular emphasis on strain softening rocks)[J]. Tunnelling and Underground Space Technology, 2000, 15(4): 403 - 408.

[153] Hoek E, Brown E T. Underground excavations in rock[M]. London: The Institution of Mining and Metallurgy, 1980.

[154] Brown E T, Bray J W, Ladanyi B, et al. Ground response curves for rock tunnels

[J]. Journal of Geotechnical Engineering, ASCE, 1983, 109(1): 15-39.

[155] Reed M B. Stresses and displacements around a cylindrical cavity in soft rock[J]. IMA Journal of Applied Mathematics, 1986, 36(3): 223-245.

[156] Ogawa T, Lo K Y. Effects of dilatancy and yield criteria on displacements around tunnels[J]. Canadian Geotechnical Journal, 1987, 24(1): 100-113.

[157] Pan Y W, Chen Y M. Plastic zones and characteristics-line families for openings in elasto-plastic rock mass[J]. Rock Mechanics and Rock Engineering, 1990, 23(4): 275-292.

[158] Wang Y. Ground response of circular tunnel in poorly consolidated rock[J]. Journal of Geotechnical Engineering, ASCE, 1996, 122(9): 703-708.

[159] Yu H S, Rowe R K. Plasticity solutions for soil behaviour around contracting cavities and tunnels[J]. International Journal for Numerical and Analytical Methods in Geomechanics, 1999, 23(12): 1245-1279.

[160] Carranza-Torres C, Fairhurst C. The elasto-plastic response of underground excavations in rock masses that satisfy the Hoek - Brown failure criterion[J]. International Journal of Rock Mechanics and Mining Sciences, 1999, 36(6): 777-809.

[161] Carranza-Torres C, Fairhurst C. Application of the convergence-confinement method of tunnel design to rock masses that satisfy the Hoek - Brown criterion[J]. Tunnelling and Underground Space Technology, 2000, 15(2): 187-213.

[162] Jiang Y, Yoneda H, Tanabasi Y. Theoretical estimation of loosening pressure on tunnels in soft rocks[J]. Tunnelling and Underground Space Technology, 2001, 16(2): 99-105.

[163] Carranza-Torres C. Dimensionless graphical representation of the exact elasto-plastic solution of a circular tunnel in a Mohr - Coulomb material subject to uniform far-field stresses[J]. Rock Mechanics and Rock Engineering, 2003, 36(3): 237-253.

[164] Sharan S K. Elastic-brittle-plastic analysis of circular openings in Hoek - Brown media[J]. International Journal of Rock Mechanics and Mining Sciences, 2003, 40(6): 817-824.

[165] Sharan S K. Exact and approximate solutions of displacements around circular openings in elastic-brittle-plastic Hoek - Brown rock[J]. International Journal of Rock Mechanics and Mining Sciences, 2005, 42(4): 524-532.

[166] Sharan S K. Analytical solutions for stresses and displacements around a circular opening in a generalized Hoek - Brown rock[J]. International Journal of Rock Mechanics and Mining Sciences, 2008, 45(1): 78-85.

[167] Alonso E, Alejano L R, Varas F, et al. Ground response curves for rock masses exhibiting strain-softening behavior [J]. International Journal for Numerical and Analytical Methods in Geomechanics, 2003, 27(13): 1153 - 1185.

[168] Alejano L R, Rodriguez-Dono A, Alonso E, et al. Ground reaction curves for tunnels excavated in different quality rock masses showing several types of post-failure behaviour[J]. Tunnelling and Underground Space Technology, 2009, 24(6): 689 - 705.

[169] Alejano L R, Alonso E, Rodriguez-Dono A, et al. Application of the convergence-confinement method to tunnels in rock masses exhibiting Hoek - Brown strain-softening behaviour [J]. International Journal of Rock Mechanics and Mining Sciences, 2010, 47(1): 150 - 160.

[170] Park P H, Kim Y J. Analytical solution for a circular opening in an elastic-brittle-plastic rock[J]. International Journal of Rock Mechanics and Mining Sciences, 2006, 43(4): 616 - 622.

[171] Guan Z, Jiang Y, Tanabasi Y. Ground reaction analyses in conventional tunneling excavation[J]. Tunnelling and Underground Space Technology, 2007, 22(2): 230 - 237.

[172] Lee Y K, Pietruszczak S. A new numerical procedure for elasto-plastic analysis of a circular opening excavated in a strain-softening rock mass[J]. Tunnelling and Underground Space Technology, 2008, 23(5): 588 - 599.

[173] Park K H, Tontavanich B, Lee J G. A simple procedure for ground response curve of circular tunnel in elastic-strain softening rock masses[J]. International Journal of Rock Mechanics and Mining Sciences, 2008, 23(2): 151 - 159.

[174] Fahimifar A, Hedayat A R. Elasto-plastic analysis in conventional tunnelling excavation[J]. ICE-Geotechnical Engineering, 2010, 163(1): 37 - 45.

[175] Chen R, Tonon F. Closed-form solutions for a circular tunnel in elastic-brittle-plastic ground with the original and generalized Hoek - Brown failure criteria[J]. Rock Mechanics and Rock Engineering, 2011, 44(2): 169 - 178.

[176] 侯学渊. 地下圆形结构弹塑性理论[J]. 同济大学学报,1982,10(4): 50 - 62.

[177] 于学馥,郑颖人,刘怀恒,等. 地下工程围岩稳定分析[M]. 北京: 煤炭工业出版社,1983.

[178] 刘夕才,林韵梅. 软岩巷道围岩弹塑性变形的理论分析[J]. 岩土力学,1994,15(2): 27 - 36.

[179] 刘夕才,林韵梅. 软岩扩容性对巷道围岩特征曲线的影响[J]. 煤炭学报,1996,21(6): 596 - 601.

[180] 吉小明,黄秋菊,王景春.考虑岩石扩容性质的隧道围岩塑性区位移分析[J].石家庄铁道学院学报,1999,12(4):80-82.

[181] 胡小荣,俞茂宏.统一强度理论及其在巷道围岩弹塑性分析中的应用[J].中国有色金属学报,2002,12(5):1021-1026.

[182] 徐栓强,俞茂宏,胡小荣.基于双剪统一强度理论的地下圆形洞室稳定性的研究[J].煤炭学报,2003,28(5):522-526.

[183] Xu S Q, Yu M H. The effect of the intermediate principal stress on the ground response of circular openings in rock mass [J]. Rock Mechanics and Rock Engineering, 2006, 39(2): 169-181.

[184] 范文,俞茂宏,陈立伟,等.考虑剪胀及软化的洞室围岩弹塑性分析的统一解[J].岩石力学与工程学报,2004,23(19):3213-3220.

[185] 李宗利,任青文,王亚红.考虑渗流场影响深埋圆形隧洞的弹塑性解[J].岩石力学与工程学报,2004,23(8):1291-1295.

[186] 王秀英,谭忠盛,王梦恕,等.高水位隧道堵水限排围岩与支护相互作用分析[J].岩土力学,2008,29(6):1623-1628.

[187] 王星华,章敏,王随新.考虑渗流及软化的海底隧道围岩弹塑性分析[J].岩土力学,2009,30(11):3267-3272.

[188] 黄阜,杨小礼.考虑渗透力和原始 Hoek-Brown 屈服准则时圆形洞室解析解[J].岩土力学,2010,31(5):1627-1632.

[189] Zhang C G, Zhang Q H, Zhao J H, et al. Unified analytical solutions for a circular opening based on non-linear unified failure criterion[J]. Journal of Zhejiang University Science A (Applied Physics & Engineering), 2010, 11(2): 71-79.

[190] Zhang C G, Wang J F, Zhao J H. Unified solutions for stresses and displacements around circular tunnels using the Unified Strength Theory [J]. Science China Technological Sciences, 2010, 53(6): 1694-1699.

[191] 张强,王水林,葛修润.圆形巷道围岩应变软化弹塑性分析[J].岩石力学与工程学报,2010,29(5):1031-1035.

[192] 王水林,吴振君,李春光,等.应变软化模拟与圆形隧道衬砌分析[J].岩土力学,2010,31(6):1929-1936.

[193] Wang S L, Yin X T, Tang H, et al. A new approach for analyzing circular tunnel in strain-softening rock masses[J]. International Journal of Rock Mechanics and Mining Sciences, 2010, 47(1): 170-178.

[194] Wang S L, Yin S D. A closed-form solution for a spherical cavity in the elastic-brittle-plastic medium[J]. Tunnelling and Underground Space Technology, 2011, 26(1): 236-241.

[195] 温森,杨圣奇. 基于 Hoek - Brown 准则的隧洞围岩变形研究[J]. 岩土力学,2011,32(1): 63 - 69.

[196] 范鹏贤,王明洋,李文培. 岩土介质中圆形隧洞围岩压力理论分析进展[J]. 现代隧道技术,2010,47(2): 1 - 7.

[197] 蒋明镜,沈珠江. 考虑剪胀的线性软化柱形孔扩张问题[J]. 岩石力学与工程学报,1997,16(6): 550 - 557.

[198] 赵星光,蔡美峰,蔡明,等. 剪胀对脆性硬岩破坏和变形的影响-以加拿大地下实验室 Mine-by 试验隧道为例题[C]. 第三届废物地下处置学术讨论会论文集,杭州,2010: 235 - 246.

[199] Kaiser P K. A new concept to evaluate tunnel performance-influence of excavation procedure[C]//Proceeding of the 22nd U. S. Symposium on Rock Mechanics, Cambridge, MA, 1981: 264 - 271.

[200] Kulhawy F H. Stress deformation properties of rock and rock discontinuities[J]. Engineering Geology, 1975, 9(4): 327 - 350.

[201] Santarelli F J, Brown E T, Maury V. Analysis of borehole stresses using pressure-dependent, linear elasticity[J]. Journal of Rock Mechanics and Mining Sciences & Geomechanics Abstracts, 1986, 23(6): 445 - 449.

[202] Brown E T, Bray J W, Santarelli F J. Influence of stress-dependent elastic moduli on stresses and strains around axisymmetric boreholes[J]. Rock Mechanics and Rock Engineering, 1989, 22(3): 189 - 203.

[203] Nawrocki P A, Dusseault M B. Modelling of damaged zones around openings using radius-dependent Young's modulus[J]. Rock Mechanics and Rock Engineering, 1995, 28(4): 227 - 239.

[204] Verman M, Singh B, Viladkar M N, et al. Effect of tunnel depth on modulus of deformation of rock mass[J]. Rock Mechanics and Rock Engineering, 1997, 30(3): 121 - 127.

[205] Lionco A, Assis A. Behaviour of deep shafts in rock considering nonlinear elastic models[J]. Tunnelling and Underground Space Technology, 2000, 15(4): 445 - 451.

[206] Asef M R, Reddish D J. The impact of confining stress on the rock mass deformation modulus[J]. Geotechnique, 2002, 52(4): 235 - 241.

[207] Ewy R T, Cook N G W. Deformation and fracture around cylindrical openings in rock-I. Observations and analysis of deformations[J]. International Journal of Rock Mechanics and Mining Sciences & Geomechanics Abstracts, 1990, 27(5): 387 - 407.

[208] 严克强. 不对称荷载作用下圆洞围岩塑性区的估算方法[J]. 岩土工程学报,1980,2(2): 74 - 79.

[209] Detournay E, Fairhurst C. Two-dimensional elastoplastic analysis of a long, cylindrical cavity under non-hydrostatic loading[J]. International Journal of Rock Mechanics and Mining Sciences & Geomechanics Abstract, 1987, 24(4): 197 - 211.

[210] Detournay E, John C M S. Design charts for a deep circular tunnel under non-uniform loading[J]. Rock Mechanics and Rock Engineering, 1988, 21(2): 119 - 137.

[211] 陈立伟,彭建兵,范文,等.基于统一强度理论的非均匀应力场圆形巷道围岩塑性区分析[J].煤炭学报,2007,32(1):20 - 23.

[212] 章定文,刘松玉,顾沉颖.非轴对称荷载下圆形隧洞围岩弹塑性分析解析解[J].岩土力学,2009,30(6):1631 - 1634.

[213] Fritz P. An analytical solution for axisymmetric tunnel problems in elasto-viscoplastic media[J]. International Journal for Numerical Analytical Methods in Geomechanics, 1984, 8(4): 325 - 342.

[214] Sulem J, Panet M, Guenot A. An analytical solution for time-dependent displacements in a circular tunnel[J]. International Journal of Rock Mechanics and Mining Sciences & Geomechanics Abstract, 1987, 24(3): 155 - 164.

[215] 张良辉,熊厚金,张清.隧道围岩位移的弹塑粘性解析解[J].岩土工程学报,1997,19(4):66 - 72.

[216] 金丰年.考虑时间效应的围岩特征曲线[J].岩石力学与工程学报,1997,16(4):344 - 353.

[217] Kontogianni V, Psimoulis P, Stiros S. What is the contribution of time-dependent deformation in tunnel convergence? [J]. Engineering Geology, 2006, 82(4): 264 - 267.

[218] 赵旭峰,王春苗,孔祥利.深部软岩隧道施工性态时空效应分析[J].岩石力学与工程学报,2007,26(2):404 - 409.

[219] 孙钧.岩石流变力学及其工程应用研究的若干进展[J].岩石力学与工程学报,2007,26(6):1081 - 1106.

[220] Cantieni L, Anagnostou G. The effect of the stress path on squeezing behavior in tunneling[J]. Rock Mechanics and Rock Engineering, 2009, 42(2): 289 - 318.

[221] Oreste P P. The convergence-confinement method: roles and limits in modern geomechanical tunnel design[J]. American Journal of Applied Sciences, 2009, 6(4): 757 - 771.

[222] 李桂臣,张农,王成,等.高地应力巷道断面形状优化数值模拟研究[J].中国矿业大学学报,2010,39(5):652 - 658.

[223] Peila D, Oreste P P. Axisymmetric analysis on ground reinforcing in tunnelling design [J]. Computers and Geotechnics, 1995, 17(2): 253 - 274.

[224] Fahimifar A, Ranjbarnia M. Analytical approach for the design of active grouted rockbolts in tunnel stability based on convergence-confinement method[J]. Tunnelling and Underground Space Technology, 2009, 24(4): 363 - 375.

[225] Sakurai S. Approximate time-dependent analysis of tunnel supports structure considering progress of tunnel face[J]. International Journal for Numerical Analytical Methods in Geomechanics, 1978, 2(2): 159 - 175.

[226] Gesta P, Kreisel J, Londe P, et al. Tunnel stability by convergence-confinement method[J]. Underground Space, 1980, 4(4): 225 - 232.

[227] 孙钧,朱合华. 软弱围岩隧洞施工性态的力学模拟与分析[J]. 岩土力学,1994,15(4): 20 - 33.

[228] 金丰年,钱七虎. 隧洞开挖的三维有限元计算[J]. 岩石力学与工程学报,1996,15(3): 193 - 200.

[229] 张传庆,冯夏庭,周辉,等. 应力释放法在隧洞开挖模拟中若干问题的研究[J]. 岩土力学,2008,29(5): 1174 - 1180.

[230] 高峰,孙常新. 隧道开挖模拟的支撑荷载法研究[J]. 中国公路学报,2010,23(4): 70 - 77.

[231] Thomas P D, Nedim R D. Prediction of spatial displacement development[J]. Geomechanics and Tunnelling Engineering, 2009, 2(3): 250 - 259.

[232] AFTES. Recommendation on the convergence-confinement method[R]. 2001.

[233] Daemen J, Fairhurst C. Rock failure and tunnel support loading[C]//Proceedings of the International Symposium on Underground Openings, Luzern, Switzerland, 1972: 356 - 369.

[234] Hocking G. Three-dimensional elastic stress distribution around the flat end of a cylindrical cavity[J]. International Journal of Rock Mechanics and Mining Sciences & Geomechanics Abstract, 1976, 13(12): 331 - 337.

[235] Panet M, Guenot A. Analysis of convergence behind the face of a tunnel[C]// Proceedings of the 3rd International Symposium on Tunnelling, Brighton, London, 1982: 197 - 204.

[236] Kitagawa T, Kumeta T, Ichizyo T, et al. Application of convergence-confinement analysis to the study of preceding displacement of a squeezing rock tunnel[J]. Rock Mechanics and Rock Engineering, 1991, 24(1): 31 - 51.

[237] Corbetta F, Nguyen-Minh D. Steady state method for analysis of advancing tunnels in elastoplastic and viscoplastic media[C]//Proceedings of the International Symposium on Numerical Models in Geomechanics, Netherlands, 1992: 747 - 757.

[238] Guilloux A, Kastner R. French national report on braced walls in soft ground[C].

Proceedings of the International Symposium on Underground Construction in Soft Ground, New Dehli, India, 1994: 3 - 16.

[239] Unlu T, Gercek H. Effect of Poisson's ratio on the normalized radial displacements occurring around the face of a circular tunnel[J]. Tunnelling and Underground Space Technology, 2003, 18(5): 547 - 553.

[240] 李煜舲,林铭益,许文贵.三维有限元分析隧道开挖收敛损失与纵剖面变形曲线关系研究[J].岩石力学与工程学报,2008,27(2): 258 - 265.

[241] 李煜舲,许文贵,林铭益.以隧道变形量测资料分析掘进效应与约束损失[J].岩石力学与工程学报,2009,28(1): 39 - 46.

[242] Bernaud D, Brosset G. The new implicit method for tunnel analysis[J]. International Journal for Numerical and Analytical Methods in Geomechanics, 1996, 20(9): 673 - 690.

[243] Chern J C, Shiao F Y, Yu C W. An empirical safety criterion for tunnel construction [C]//Proceedings of the Regional Symposium on Sedimentary Rock Engineering, Taipei, Taiwan, 1998: 222 - 227.

[244] Nam S W, Bobet A. Radial deformations induced by groundwater flow on deep circular tunnels[J]. Rock Mechanics and Rock Engineering, 2007, 40(1): 23 - 39.

[245] Gonzalez-Nicieza C, Alvarez-Vigil A E, Menendez-Diaz A, et al. Influence of the depth and shape of a tunnel in the application of the convergence-confinement method [J]. Tunnelling and Underground Space Technology, 2008, 23(1): 25 - 37.

[246] Vlachopoulos N, Diederichs M S. Improved longitudinal displacement profiles for convergence confinement analysis of deep tunnels[J]. Rock Mechanics and Rock Engineering, 2009, 42(2): 131 - 146.

[247] Basarir H, Genis M, Ozarslan A. The analysis of radial displacements occurring near the face of a circular opening in weak rock mass[J]. International Journal of Rock Mechanics and Mining Sciences, 2010, 47(5): 771 - 783.

[248] 唐德高,王桐封.地下洞室掘进面空间效应的三维有限元分析[J].工程兵工程学院学报,1988,4(3): 41 - 49.

[249] 唐德高,王桐封.地下洞室掘进面空间效应的简化分析[C]//中国土木工程学会隧道及地下工程学会第七届年会暨北京西单地铁车站工程学术讨论会论文集(下),洛阳,1992: 450 - 455.

[250] 朱维申,何满潮.复杂条件下围岩稳定性与岩体动态施工力学[M].北京:科学出版社,1996.

[251] 唐雄俊,狄先均,李强,等.隧道开挖面附近约束损失分析[J].华中科技大学学报(城市科学版),2009,26(4): 49 - 52+66.

[252] 张平，尹建军，曹文贵. 上下台阶开挖下城门形隧洞纵向变形规律分析[J]. 水文地质工程地质，2009，36(2)：40－46.

[253] 王燕. 基于风险的岩石隧道支护结构设计研究[D]. 上海：同济大学，2009.

[254] 赵均海. 强度理论及其工程应用[M]. 北京：科学出版社，2003.

[255] Lee Y K, Ghosh J. The significance of J_3 to the prediction of shear bands[J]. International Journal of Plasticity, 1996, 12(9): 1179－1197.

[256] 李小春，许东俊，刘世煜，等. 真三轴应力状态下拉西瓦花岗岩的强度、变形及破裂特性试验研究[C]//中国岩石力学与工程学会第三次大会论文集，1994：153－159.

[257] 高红，郑颖人，冯夏庭. 岩土材料能量屈服准则研究[J]. 岩石力学与工程学报，2007，26(12)：2437－2443.

[258] 赵均海，张永强，李建春，等. 用统一强度理论和统一滑移线场理论求解某些塑性平面应变问题[J]. 机械工程学报，1999，35(6)：61－66.

[259] 张永强，范文，俞茂宏. 边坡极限载荷的统一滑移线解[J]. 岩石力学与工程学报，2000，19(增)：994－996.

[260] 程彩霞，赵均海，魏雪英. 边坡极限荷载的统一滑移线解与有限元分析[J]. 工业建筑，2005，35(10)：33－35＋46.

[261] 周小平，黄煜镔，丁志诚. 考虑中间主应力的太沙基地基极限承载力公式[J]. 岩石力学与工程学报，2002，21(10)：1554－1556.

[262] 范文，白晓宇，俞茂宏. 基于统一强度理论的地基极限承载力公式[J]. 岩土力学，2005，26(10)：1617－1622.

[263] 高江平，俞茂宏，李四平. 太沙基地基极限承载力的双剪统一解[J]. 岩石力学与工程学报，2005，24(15)：2736－2740.

[264] 王祥秋，杨林德，高文华. 基于双剪统一强度理论的条形地基承载力计算[J]. 土木工程学报，2006，39(1)：79－82.

[265] 谢群丹，何杰，刘杰，等. 双剪统一强度理论在土压力计算中的应用[J]. 岩土工程学报，2003，25(3)：343－345.

[266] 陈秋南，张永兴，周小平. 三向应力作用下的 Rankine 被动土压力公式[J]. 岩石力学与工程学报，2005，24(5)：880－882.

[267] 范文，林永亮，秦玉虎. 基于统一强度理论的地基临界荷载公式[J]. 长安大学学报(地球科学版)，2003，25(3)：48－51.

[268] 杨小礼，李亮. 条形基础下纤维加筋土地基承载力初探[J]. 地下空间，2000，20(1)：58－60.

[269] 蒋明镜，沈珠江. 岩土类软化材料的柱形孔扩张统一解问题[J]. 岩土力学，1996，17(1)：1－8.

[270] 曹黎娟，赵均海，魏雪英. 基于统一强度理论的灰土挤密桩应力分析[J]. 岩土力学，

2006,27(10):1786-1790.

[271] 王亮.基于统一强度理论的桩基扩孔问题弹塑性分析[D].西安:长安大学,2007.

[272] 王鹏程,朱向荣.应变软化及剪胀性土体中考虑大应变的孔扩张问题解析[J].浙江大学学报(工学版),2004,38(7):909-914.

[273] 王鹏程,朱向荣,方鹏飞.考虑土应变软化及剪胀特性的大应变球孔扩张的问题[J].水利学报,2004,35(9):78-87.

[274] 罗战友,夏建中,龚晓南.不同拉压模量及软化特性材料的球形孔扩张问题的统一解[J].工程力学,2006,23(4):22-27.

[275] 王延斌,范文,徐拴强.基于统一强度理论的柱形孔扩张问题研究[J].岩土力学,2003,24(增):125-132.

[276] 宋俐,张永强,俞茂宏.压力隧洞弹塑性分析的统一解[J].工程力学,1998,15(4):57-61.

[277] 范文,俞茂宏,陈立伟.考虑材料剪胀及软化的有压隧洞弹塑性分析的解析解[J].工程力学,2004,21(5):16-24.

[278] 张常光,张庆贺,赵均海.考虑应变软化、剪胀和渗流的水工隧洞解析解[J].岩土工程学报,2009,31(12):1941-1946.

[279] 张常光,张庆贺,赵均海,等.具有衬砌的圆形水工隧洞弹塑性应力统一解[J].同济大学学报(自然科学版),2010,38(1):50-53+134.

[280] 张常光,胡云世,赵均海,等.深埋圆形水工隧洞弹塑性应力和位移统一解[J].岩土工程学报,2010,32(11):1738-1745.

[281] 张常光,张庆贺,赵均海.非饱和土抗剪强度及土压力统一解[J].岩土力学,2010,30(6):1871-1876.

[282] 张常光,曾开华,赵均海.非饱和土临界荷载和太沙基极限承载力解析解[J].同济大学学报(自然科学版),2010,38(12):1736-1740.

[283] 张常光,胡云世,赵均海.平面应变条件下非饱和土抗剪强度统一解及其应用[J].岩土工程学报,2011,33(11):32-37.

[284] Guan G S, Rahardjo H, Choon L E. Shear strength equations for unsaturated soil under drying and wetting [J]. Journal of Geotechnical and Geoenvironmental Engineering, ASCE, 2010, 136(4): 594-606.

[285] Fredlund D G, Sheng D C, Zhao J D. Estimation of soil suction from the soil-water characteristic curve[J]. Canadian Geotechnical Journal, 2011, 48(2): 186-198.

[286] Fredlund D G, Xing A. Equations for the soil-water characteristic curve[J]. Canadian Geotechnical Journal, 1994, 31(4): 521-532.

[287] Leong E C, Rahardjo H. Review of soil-water characteristic curve equations[J]. Journal of Geotechnical Engineering, ASCE, 1997, 123(12): 1106-1117.

[288] 陈正汉. 重塑非饱和黄土的变形、强度、屈服和水量变化特性[J]. 岩土工程学报, 1999,21(1): 82 - 90.

[289] Xie D Y, Xu M, Liu F Y. Affection of stress condition to the suction characteristics of unsaturated soils [C]//Proceedings of the 2th International Conference on Unsaturated Soils, Beijing, China, 1998, vol. 1: 179 - 185.

[290] 徐永福,史春乐. 用土的分形结构确定土的水分特征曲线[J]. 岩土力学,1997,18(2): 40 - 43.

[291] 徐永福,董平. 非饱和土的水分特征曲线的分形模型[J]. 岩土力学,2002,23(4): 400 - 405.

[292] 苗强强,张磊,陈正汉,等. 非饱和含黏砂土的广义土-水特征曲线试验研究[J]. 岩土力学,2010,31(1): 102 - 107.

[293] 陈存礼,褚峰,李雷雷,等. 侧限压缩条件下非饱和原状黄土的土水特征[J]. 岩石力学与工程学报,2011,30(3): 610 - 615.

[294] 刘艳,赵成刚,王靖安,等. 基于土性参数的土水特征曲线的预测方法[J]. 北京工业大学学报,2010,36(11): 1457 - 1464.

[295] Poulovassilis A. Hysteresis of pore water-an application of the concept of independent domains[J]. Soil Science, 1962, 93(6): 405 - 412.

[296] Nimmo J R. Semi-empirical model of soil water hysteresis[J]. Soil Science Society of American Journal, 1992, 56(6): 1723 - 1730.

[297] Pham H Q, Fredlund D G, Barbour S L. A Study of hysteresis models for soil-water characteristic curves[J]. Canadian Geotechnical Journal, 2005, 42(6): 1548 - 1568.

[298] Hassanizadeh S M, Gray W G. Thermodynamics basis of capillary pressure in porous media[J]. Water Resources Research, 1993, 29(10): 3389 - 3405.

[299] Likos W J, Lu N. Hysteresis of capillary stress in unsaturated granular soil[J]. Journal of Engineering Mechanics, ASCE, 2004, 130(6): 646 - 655.

[300] Yang H, Rahardjo H, Leong E C, et al. Factors affecting drying and wetting soil-water characteristic curves of sandy soils[J]. Canadian Geotechnical Journal, 2004, 41(5): 908 - 920.

[301] 龚壁卫,周小文,周武华. 干-湿循环过程中吸力与强度关系研究[J]. 岩土工程学报, 2006,28(2): 207 - 209.

[302] 刘艳,赵成刚. 土水特征曲线滞后模型的研究[J]. 岩土工程学报,2008,30(3): 399 - 405.

[303] 贺炜,陈永贵,王泓华. 基于正态分布的土水特征曲线独立域滞后模型[J]. 长沙理工大学学报,2009,6(2): 28 - 32.

[304] 贺炜,赵明华,陈永贵,等. 土-水特征曲线滞后现象的微观机制与计算分析[J]. 岩土

力学,2010,31(4):1078-1083.
[305] 李幻,韦昌富,颜荣涛,等.非饱和土毛细滞回内变量模型的修正[J].岩土力学,2010,31(12):3721-3726.
[306] 李顺群.非饱和土的吸力与强度理论研究及其试验验证[D].大连:大连理工大学,2006.
[307] 陈正汉.非饱和土的应力状态与应力状态变量[C]//第七届全国土力学及基础工程学术会议论文选集,北京:中国建筑工业出版社,1994:186-191.
[308] 李顺群,贾艳东,沈颖,等.双应力状态变量表示方法的正交试验验证[J].辽宁工程技术大学学报,2005,24(4):530-532.
[309] Alonso E E, Gens A, Josa A A. A constitutive model for partially saturated soils[J]. Geotechnique, 1990, 40(3): 405-430.
[310] 史宏彦,谢定义,汪闻韶.平面应变条件下无黏性土的破坏准则[J].土木工程学报,2001,34(1):79-83.
[311] 高大钊.土力学与基础工程[M].北京:中国建筑工业出版社,1999.
[312] 叶为民,陈宝,卞祚庥,等.上海软土的非饱和三轴强度[J].岩土工程学报,2006,28(3):317-321.
[313] 赵树德.地基弹塑性承载力 $K \neq 1.0$ 时的计算公式[J].西安建筑科技大学学报,1995,27(3):294-298.
[314] 周安楠,姚仰平.侧压力系数对临界荷载的影响分析[J].建筑结构,2005,35(12):27-30.
[315] Pufahl D E, Fredlund D G, Rahardjo H. Lateral earth pressures in expansive clay soils[J]. Canadian Geotechnical Journal, 1983, 20(2): 228-241.
[316] 瞿礼生.中国膨胀土地基承载力的选用[R].中国建筑科学研究院,1988.
[317] 徐永福.膨胀土地基承载力研究[J].岩石力学与工程学报,2000,19(3):387-390.
[318] 赵炼恒,李亮,杨峰,等.基于SQP和上限法的非饱和土条形基础极限承载力计算[J].岩石力学与工程学报,2009,28(增1):3021-3028.
[319] Costa Y D, Cintra J C, Zornberg J C. Influence of matric suction on the results of plate load tests performed on a lateritic soil deposit[J]. Geotechnical Testing Journal, 2003, 26(2): 219-226.
[320] Vanapalli S K, Mohamed F M O. Bearing capacity of model footings in unsaturated soils[C]//Experimental Unsaturated Soil mechanics, New York: Springer, 2007: 483-493.
[321] Oh W T, Vanapalli S K. Modelling the stress versus settlement behavior of model footings in saturated and unsaturated sandy soils[C]//Proceedings of the 12th International Conference of International Association for Computer Methods and

Advances in Geomechanics, Goa, India, 2008: 2126 - 2137.

[322] Oh W T, Vanapalli S K. Modelling the applied vertical stress and settlement relationship of shallow foundations in saturated and unsaturated sands[J]. Canadian Geotechnical Journal, 2011, 48(3): 425 - 438.

[323] 现代工程数学手册编委会. 现代工程数学手册[M]. 武汉: 华中科技大学出版社,1985.

[324] Kumbhokjar A S. Numerical evaluation of Terzaghi's N_γ[J]. Journal of Geotechnical Engineering, ASCE, 1993, 119(3): 598 - 607.

[325] Vesic A B. Analysis of ultimate loads of shallow foundations[J]. Journal of the Soil Mechanics and Foundations Division, ASCE, 1973, 99(1): 45 - 73.

[326] 潘晓明,孔娟,杨钊,等. 统一弹塑性本构模型在 ABAQUS 中的开发与应用[J]. 岩土力学,2010,31(4): 1092 - 1098.

[327] RocScience, RocLab. Rocscience Inc. , Toronto, Canada, 2002.

[328] Fazio L A, Ribacchi R. Influence of seepage on tunnel stability[C]//Proceedings of ISRM Symposium on Design and Performance of Underground Excavations, British Geotechnical Society, Cambridge, 1984: 173 - 181.

[329] Rodriguez-Dono A, Alejano L R, Veiga M. Analysis of longitudinal deformation profiles using FLAC3D[C]//ISRM International Symposium 2010 and 6th Asian Rock Mechanics Symposium-Advances in Rock Mechanics, New Delhi, India, 2010: 1 - 8.

[330] 申艳军,徐光黎,张璐,等. 基于 Hoek - Brown 准则的开挖扰动引起围岩变形特性研究[J]. 岩石力学与工程学报,2010,29(7): 1355 - 1362.

后 记

岁月如梭，回忆三年前，很多事很多人仿佛就在眼前，在同济大学的求学生涯即将结束，自己的学生时代也暂告一段落。在本书完成之际，谨向多年来给予我帮助的老师们和朋友们表达我最诚挚的谢意。

首先向我的导师张庆贺教授表示最衷心的感谢！感谢张老师的精心培养，为我创造的各种学习机会，也感谢张老师三年来在生活上对我的帮助。恩师诚恳的为人、孜孜不倦的敬业精神、诲人不倦的工作作风和丰富的工作经验一直激励着我，是我今后工作和学习的榜样。感谢师母刘医生在博士学习期间给予的关心和帮助。

衷心感谢地下建筑与工程系胡向东、杨林德、夏才初、蒋明镜、王宝亭和唐国钧等老师所给予的帮助和支持。感谢上海市第一市政工程有限公司的徐飞经理、张振光、马喜强、王帅、关伟以及深圳港创管片预制厂秦刚等工程师在深圳地铁项目调研、管片仪器埋设和现场监测中的帮助和指导。

衷心感谢我的硕士导师长安大学赵均海教授在我攻读博士学位期间在学业和生活上所给予的无私帮助。

感谢求学路上相互帮助的师兄弟们！他们是肖立博士、赵飞博士、王鑫博士、原华博士、陈宇博士、余睿智、周禾、周斌等硕士。感谢香港科技大学吕虎博士、新加坡南洋理工大学邓小芳博士、意大利都灵理工大学卢立恒博士、长安大学孙姗姗博士、上海交通大学文峰博士、中科院余文龙博士等对我的帮助，特别是英语写作能力的提高。

还要感谢同届的杨砚宗博士、吴创周博士、王磊博士、肖维民博士、张国柱博士、潘晓明博士、饶平平博士等平时的关心和照顾。同学间的情谊最难得、最珍贵。

课题研究和本书撰写过程中参阅、引用了很多文献和资料，特向这些文献、资料的作者表示感谢！

特别感谢我的父母和所有的家人、亲友，二十多年的求学生涯，他（她）们一直都无微不至地关心我、支持我、鼓励我！值此课题完成之际，向你们表达我衷心的感谢和祝福！

张常光